LANDUNGSSCHIFFE DER U.S. NAVY

seit 1939

Wilhelm M. Donko

Motor
buch
Verlag

Einbandgestaltung: Luis dos Santos

Bildnachweis: Die zur Illustration dieses Buches verwendeten Aufnahmen stammen – wenn nicht anderes vermerkt ist – aus für die Öffentlichkeit freigegebenen Beständen der U.S. Navy und sind als Werke der Regierung der Vereinigten Staaten gemeinfrei.

Gewidmet meinem Onkel Alois Donko (1920–1943)

ISBN 978-3-613-04334-3

1. Auflage 2020

Sie finden uns im Internet unter www.motorbuch-verlag.de

Lektorat: Joachim Köster
Innengestaltung: WS – WerbeService Linke, 76185 Karlsruhe
Druck und Bindung: Conzella, 85609 Aschheim-Dornach
Printed in Germany

Inhalt

LHD-1 »Wasp« am 4.10.2007 im Golf von Akaba während Tests mit MV-22-Kipprotor-Flugzeugen.

LPH-9 »Guam« läuft am 23.9.1990 aus Norfolk aus; Breitseite Steuerbord.

AGC-11 »Eldorado« auf einer Luftaufnahme in den späten 1950er Jahren, im Eis vor Alaska.

Vorwort

Die Landungsschiffe haben heute einen festen Platz in der amerikanischen Flotte, sie stehen als eigene Gattung zwischen den Kampf- und den Hilfsschiffen. Allzu leicht vergisst man dabei, dass sie erst im Zweiten Weltkrieg diese derart hohe Bedeutung innerhalb der Flotte und auch die Selbständigkeit als Schiffsgattung erlangten. Die Nachkriegsentwicklung ging dann weiter in Richtung ständiger Wertsteigerungen der einzelnen Typen der Landungsschiffe, hin zum Spezialschiff und sehr deutlich weg vom Hilfsschiff. Das amphibische Schiff der Gegenwart ist speziell für seine Aufgabe konstruiert, erreicht eine Geschwindigkeit von deutlich über 20 Knoten, ist mit erstklassiger Technik ausgestattet und auch zur Aufnahme von Hubschraubern, Flugzeugen und Luftkissen-Landungsbooten eingerichtet. In der Tendenz hin zum amphibischen Mehrzweckschiff erreichen moderne Einheiten die Größe früherer Flottenflugzeugträger. Die modernsten Typen haben über 40.000 ts Wasserverdrängung, können F-35B Tarnkappen- und MV-22 Kipprotor-Flugzeuge aufnehmen und kosten ca. vier Milliarden Dollar pro Schiff, Fluggeräte nicht eingerechnet. Ohne die amphibischen Schiffe ist die moderne U.S. Navy heute gar nicht mehr vorstellbar.

Alle Landungsschiffe der amerikanischen Marine werden in diesem Buch nach Typen und Klassen vorgestellt, konkret sämtliche jemals von der U.S. Navy als Landungsschiffe klassifizierten Einheiten. Der Schwerpunkt liegt dabei natürlich bei all jenen Einheiten, die selbst nicht am Strand anlanden, d.h. bei den »amphibischen Mutterschiffen« der U.S. Navy; das allein sind deutlich über 600 Schiffe. Der Begriff »Mutterschiffe« umfasst hier grob gesprochen amphibische Frachtschiffe und amphibische Truppentransporter, amphibische Schnelltransporter (auf Basis von Zerstörer-Umbauten), alle Typen von Docklandungsschiffen, amphibische Hubschrauberträger bzw. Mehrzweckschiffe, amphibische Unterseeboote und amphibische Kommandoschiffe. Überblicksweise werden aber darüber hinaus sämtliche Landungsschiffe der U.S. Navy zur direkten Anlandung am Strand vorgestellt, nämlich konkret die großen Tank-Landungsschiffe (LST), von denen allein etwa 1200 Nummern vergeben wurden, und die mittelgroßen Landungsschiffe (LSM), die über 500 Nummern umfassen, sowie die über 1000 Infanterie-Landungsboote (LCI). Nur sehr grob zusammenfassend werden die verschiedenen Typen der kleineren Landungsboote behandelt (im Oberbegriff als »Landing Craft« bezeichnet), die in der Regel von den amphibischen Mutterschiffen mitgeführt wurden bzw. werden.

Besonders wichtig war mir die fotografische Behandlung mit Blick auf die Schiffserkennung. Sämtliche Klassen werden in möglichst repräsentativen Breitseitaufnahmen fotografisch erfasst, es handelt sich durchwegs um offizielle Aufnahmen der U.S. Navy. Vorgestellt werden dabei am Rande außerdem die wichtigsten Hubschrauber- und Flugzeugtypen an Bord der Schiffe.

Die Entstehung dieses Buches hat eine besonders lange Geschichte, die ich hier nur ganz kurz zusammenfassen will. Die erste Manuskriptseite trägt das Datum 2.10.1984. Ich habe mich damals, als Student der Geschichte und dazu leidenschaftlicher Marinehistoriker, intensiv in das Thema vertieft, mein Ziel war die Veröffentlichung eines sehr umfangreichen Werkes über alle U.S.-Landungsschiffe, das auch sämtliche Schiffslebensläufe umfassen sollte. Für einen Verlag war das vom Umfang her aber schwer umsetzbar. Nach über 800 maschinengeschriebenen Manuskriptseiten ging ich 1988 nach Japan und war danach beruflich in den nächsten Jahren nicht mehr in der Lage, mich mit dieser Arbeit weiter zu beschäftigen bzw. das Material für einen Verlag entsprechend aufzubereiten. Ich arbeite aber seit 1980 eng mit dem bekannten Marineexperten Stefan Terzibaschitsch (*22.3.1926 – †8.1.2008) zusammen, der darauf drängte, ein Buch über die U.S.-Landungsschiffe zu veröffentlichen, es aber selbst bisher mit Rücksicht auf meine Arbeit unterlassen hatte.

LCAC-100, das erste Luftkissen-Landungsboot der neuen Generation (SSC) wurde am 6.2.2020 an die U.S. Navy abgeliefert (Foto: Textron Systems).

Nachdem ich das Buch in absehbarer Zeit nicht abschließen konnte, wollte er doch selbst eines schreiben, natürlich ganz im Stil seiner bisherigen Bücher über die einzelnen Kategorien der U.S. Kriegsschiffe, eine Arbeit, die er als ein Gesamtwerk sah. Ich stellte ihm dafür schließlich mein Manuskript und meine Fotosammlung zur Verfügung. Sein Buch erschien 1995 unter dem Titel »50 Jahre Amphibische Schiffe der U. S. Navy« im Eigenverlag in Leonberg mit nur 400 Stück Auflage; in der Einführung wies er umfassend und sehr fair darauf hin, dass das Material dafür weitgehend von mir aufbereitet worden war. Das Buch mit Softcover-Umschlag war leider in sehr einfacher Druckqualität hergestellt worden, worunter besonders die Fotos litten, und ist natürlich längst vergriffen bzw. eine antiquarische Rarität, die teilweise zu stolzen Preisen gehandelt wird. Ich hatte immer wieder vor, mein umfangreiches historisches Material für eine Publikation entsprechend zu kürzen und zu überarbeiten, um ein eigenes Buch zum Thema zu veröffentlichen, aufbauend auf meiner Gliederung und ganz nach meinen Ansätzen. Erst 2019/20 kam ich dazu, das auch umzusetzen. Zudem mussten natürlich über drei Jahrzehnte der aktuellen Entwicklung der amphibischen U.S.-Flotte völlig neu bearbeitet werden, was keine echte Schwierigkeit darstellte, da ich die Entwicklungen immer mitverfolgt hatte. Besonders erfreulich war dabei, dass ich über diese Entwicklungen auch mehrfach mit meinem Freund und Kollegen in Oslo, US-Botschafter Kenneth J. Braithwaite diskutieren konnte, der von Präsident Trump überraschend als neuer Marineminister (Secretary of the Navy) nominiert wurde und am 29.5.2020 sein Amt im Pentagon antrat; er wird als SECNAV großartige Arbeit leisten, auch für die amphibische Flotte.
Herrn Dr. Manfred Falter gilt mein Dank für die sorgfältige Durchsicht des Manuskriptes. Ich danke dem Motorbuch-Verlag in Stuttgart und besonders Herrn Joachim Kuch von der Programmleitung für die Möglichkeit, hier nun diese Arbeit über eine junge, aber längst sehr bedeutsame Schiffskategorie der U.S. Navy, einer interessierten Leserschaft näherbringen zu können.

Wilhelm M. Donko
Oslo, im Juli 2020

Der Autor

Wilhelm M. DONKO, Jahrgang 1960, in Linz/Donau geboren und in Schärding/Inn aufgewachsen. Nach kurzer Seefahrtzeit Studium der Geschichte und Geographie an den Universitäten Salzburg und Tokio (»Todai«); 1990 Eintritt in den diplomatischen Dienst der Republik Österreich. Nachfolgend an den österreichischen Vertretungen in Algier, Moskau und Ankara stationiert, danach österreichischer Botschafter in Seoul (2005-09) und in Manila (2009-13); in Wien insgesamt acht Jahre in der Asien-Abteilung des Außenministeriums tätig, seit 2017 österreichischer Botschafter in Oslo. Zahlreiche Artikel- und Buchveröffentlichungen, hauptsächlich zum Thema Marinegeschichte.

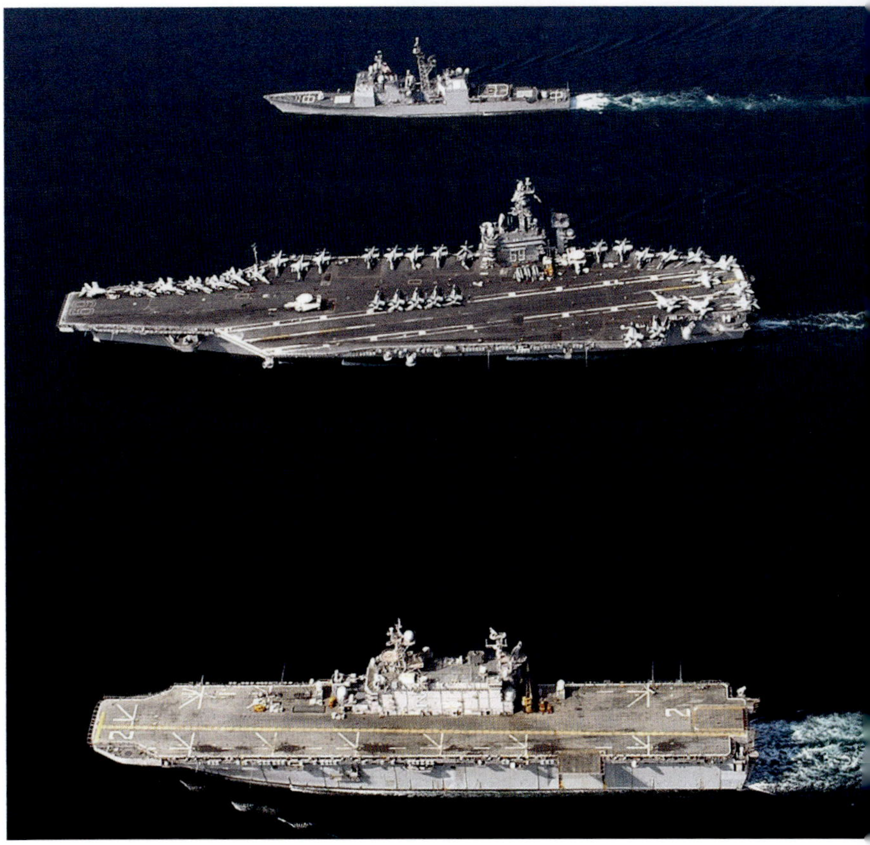

Amphibische Hubschrauberträger brauchen den Vergleich mit Flottenflugzeugträgern von der Größe her nicht zu scheuen. Hier LHA-2 »Saipan« der »Tarawa«-Klasse neben dem nukleargetriebenen Flugzeugträger CVN-69 »Dwight D. Eisenhower« der »Nimitz«-Klasse (und dem Kreuzer CG-68 »Anzio«), aufgenommen am 20.11.2006 bei Manövern der 5. Flotte.

1. Einführung

Moderne amphibische Schiffe der U.S. Navy sind speziell für ihre Aufgabe entworfen und gebaut, nämlich die Anlandung von Kampftruppen und Material an einer gegnerischen Küste, ohne Hilfe von Hafeninfrastruktur und sonstiger Logistik vor Ort. Es ist heute somit problemlos möglich, ein Landungsschiff in einer Masse von Schiffen zu erkennen. Doch das ist das Ergebnis der Entwicklung der Schiffstypen in einem erst sehr jungen Zeitraum, beginnend im Zweiten Weltkrieg.

Die Aufgabe der Anlandung von Truppen und Material war zuvor die von Hilfsschiffen, meist von einfachen Fracht- und Passagierschiffen und deren Beibooten. Auch die Art der Landung war weitgehend ein Novum des Zweiten Weltkrieges, z.T. mitten in schwerbefestigten Küstenabschnitten, ebenso die Entfernungen, über die amphibische Operationen abgewickelt wurden. Früher wurde eher versucht, Truppen an einem sicheren Abschnitt einer gegnerischen Küste anzulanden, weit weg im Hinterland, und erst dann in ein klassisches Gefecht von Truppen an Land überzugehen. Die neuen Aufgaben und Herausforderungen erforderten zunehmend speziell gebaute und ausgerüstete Schiffstypen, und diese entstanden natürlich nicht über Nacht.

Der Begriff Landungsschiff bzw. amphibisches Schiff

Es stellte sich also bei der Vorbereitung dieses Buches erst einmal die Aufgabe, ein amerikanisches Landungsschiff bzw. ein amphibisches Schiff als solches zu definieren. Die U.S. Navy bietet dafür eine sehr wichtige Hilfestellung, ihr einzigartiges Klassifikationssystem. Jedes Schiff der U.S. Navy ist in ein sehr aussagekräftiges Nummern- und Buchstabensystem eingebettet, das zwar in einzelnen Bereichen zu Kritik Anlass geben kann, dennoch aber einheitlicher, konsequenter und aussagekräftiger ist, als das aller anderen Marinen auf der Welt.

Das Wort »amphibisch« kommt aus dem Griechischen und bedeutet »beide« oder »doppelt« (= »amphi«) und »Leben« (= »bios«), gemeint sind Lebewesen, die sowohl im Wasser als auch auf dem Land leben. Ins Maritime übertragen, müsste es sich also um Schiffe handeln, die sowohl im Wasser als auch auf dem Land eingesetzt werden können, z.B. Schwimmpanzer oder Luftkissen-Landungsboote. Gemeint ist in der Praxis aber nur die Fähigkeit, Truppen und Material von einem Schiff an Land zu setzen, ohne dabei die Infrastruktur von Hafeneinrichtungen zu verwenden und das auch gegen militärischen Widerstand. Diese Einteilung erscheint auf den ersten Blick recht klar und einfach. Das Wort »Landungsschiff« (Landing ship) finde ich hier fast trefflicher als der Ausdruck »amphibisches Schiff«.

Erst spät wurden Landungsschiffe umfassend als eigenständige Kategorie in dieses Klassifikationssystem eingebaut, erst seit Verordnung des Marineministers (SECNAVINST) aus 1968 (mit Inkrafttreten 1.1.1969) haben sie durchgehend ihre heutige Stellung mit »L« für »Landing«, d.h. ohne das »A« am Anfang, das die meisten Landungsschiffe immer noch als Hilfsschiffe (»Auxiliary Ships«) gekennzeichnet hatte. Aber 1968 kann nicht als Jahr des Beginns einer amphibischen Klassifikation herangezogen werden. Es gab amphibische Schiffstypen schon viele Jahre davor und sie wurden im Verständnis der U.S. Navy schon vorher klar als solche geführt.

Als Beginn der Einführung einer amphibischen Klassifikation könnte man daher eher die Jahre 1942/43 ansehen. Eindeutige amphibische Klassifikationen lassen sich aber schon ab 1940 als solche interpretieren.

Ich werde auf die einzelnen Typen noch zurückkommen, aber das bisher Gesagte macht schon deutlich, dass man ohne genauere Betrachtung der Aufgabenstellung der einzelnen Hilfsschifftypen (»A«-Schiffe) und Klassen zu keinem Ergebnis dahingehend kommen kann, was nun als amphibisches Schiff zu betrachten ist. Erst auf diese Weise kann man ein halbwegs klares Bild ausarbeiten, immer auf Basis des Klassifikationssystems der U.S. Navy. Die einzelnen Klassifikationen der amphibischen Schiffe werden im nächsten Kapitel ausführlich abgehandelt.

Hat ein Schiff der U.S. Navy jemals eine amphibische Klassifikation getragen, so wird es in diesem Buch behandelt. Es wird aber nicht die Geschichte der amphibischen Kriegsführung der amerikanischen Marine oder ihrer Organisation darstellen, sondern sich ausschließlich auf die Schiffe selbst konzentrie-

ren. Die einzelnen Schiffstypen sind gegliedert und werden innerhalb dieser Typen klassenweise abgehandelt.
Hier aber noch ein einmal ein Blick auf die Frage, warum das amtliche Klassifikationssystem so wichtig für die Zuordnung der amphibischen Schiffe ist. Als ich im März 1980 erstmals einen Brief an den U.S. Navy-Spezialisten und meinen späteren engen Freund Stefan Terzibaschitsch schrieb, habe ich ihn heftig kritisiert, weil er die Träger der »Iwo Jima«-Klasse (LPH) und »Tarawa«-Klasse (LHA) nicht in sein Buch über die U.S. Flugzeugträger aufgenommen hatte, also diese Schiffe nicht »nach ihrem wahren Wesen, sondern rein nach der amtlichen Klassifikation« behandelt hatte. Er schrieb mir damals: »... die amtliche Klassifikation ist der Anker und der Mast, an dem zumindest ich mich festhalten muß! Es gibt so viele Autoren, die ihre Publikationen immer mehr nach dem ‚Gefühl' gliedern, sie erfüllen dabei vielleicht gelegentlich den Willen der Leser, sie gehen aber oft unerlaubte Wege.«
Heute weiß ich längst, dass er damals vollkommen Recht hatte. Es würde komplett ausufern, Schiffe nur nach ihrer tatsächlichen Verwendung oder nach irgendwelchen anderen »privaten« oder scheinbar »sinnvollen« Kriterien zu gliedern, z.B. einen Frachter der U.S. Navy, der im Gefecht Landungstruppen ausschiffte, schon als Landungsschiff zu behandeln und ein amphibisches Frachtschiff, das im Krieg nur Transportdienste leistete und nie an einer Landung teilnahm, als Frachtschiff zu behandeln. Man müsste dann damit beginnen zu definieren, ab wann man von einer Landung sprechen kann. Bei allen Schwächen ist das amerikanische Klassifikationssystem nicht willkürlich, man kann sich getrost daran orientieren. Auf gröbere Ungereimtheiten, besonders bei den »Kinderkrankheiten«, d.h. der Klassifizierung völlig neuer Schiffstypen, werde ich versuchen, entsprechend hinzuweisen. Es betrifft aber nur eine kleine Anzahl von Schiffen, die sich damit quasi in das Buch »eingeschlichen« haben, ohne »echte« Landungsschiffe zu sein, wie z.B. frühe Ro/Ro-Frachter, die als LSV klassifiziert waren etc.
Insgesamt hat sich im Zweiten Weltkrieg recht klar herauskristallisiert, was als amphibisches Schiff zu betrachten ist und was nicht; aber man musste noch einige Jahre die einzelnen Kategorien selektieren, bevor die Navy 1968 klare Richtlinien für die Klassifizierung als amphibische Schiffe generell und exklusiv anwendete.
Ein weiteres großes Problem bildet jedoch die schiere Menge der Schiffe bzw. ihre notwendige Begrenzung in einem Buch. Als eine solche würde sich scheinbar die Größe anbieten. Nicht jedes kleine Landungsboot kann hier Gegenstand der Behandlung sein, zumindest nicht in gleicher Ausführlichkeit wie ein großes Docklandungsschiff. Das Office of Naval Intelligence legte in einem amtlichen Handbuch 1943 (ONI 226) eine interessante Trennung fest. Es unterscheidet in LS für seegehende »Landing Ships« mit über 200 Fuß Länge, LC für nicht seegehende »Landing Craft« und LV für kleinere »Landing Vehicle«, bis hinunter zum Schwimmpanzer. Als deutsche Bezeichnungen dieser drei Gruppen eignen sich: Landungsschiff, Landungsboot und Landungsfahrzeug. Aber man sieht hier auch, dass die Navy den Buchstaben »L« anfangs nur für jene Einheiten vergab, die direkt für eine Anlandung am Strand vorgesehen waren. Für die viel größeren Schiffe, welche solche Einheiten über viele Tausend Seemeilen an die Landestellen brachten, war weiterhin der Buchstabe »A« für »Auxiliaries« (Hilfsschiffe) vorgesehen. Und allein die Zahl der vergebenen Nummern für die großen, hochseegängigen Tank-Landungsschiffe (LST) betrug im Zweiten Weltkrieg 1152, die mittelgroßen Landungsschiffe (LSM) umfassten 558 Laufnummern, dazu kamen noch über 1000 Infanterie-Landungsboote (LCI), erst dann folgten die zahlreichen verschiedenen Typen der noch kleineren Landungsboote und Landungsfahrzeuge, welche meist von amphibischen Mutterschiffen bis zum vorgesehenen Landungsabschnitt transportiert und dort ausgeschifft wurden.
Eine Unterteilung in Schiffe mit über und unter 200 Fuß Länge erschiene mir sehr willkürlich und sinnlos. Ich habe mich deshalb entschlossen, zu allererst ein viel klareres Trennungskriterium zu wählen, das nicht nur sehr eindeutig ist, sondern sich geradezu aufdrängt, nämlich in Schiffe, die selbst am Strand anlanden und jene, die solche Fahrzeuge nur befördern und aussetzen. Oder anders ausgedrückt, dieses Buch behandelt vordergründig die Landungsschiffe, die gar nicht selbst anlanden können und diesen Namen daher scheinbar nur beschränkt verdienen, nämlich die »amphibischen Mutterschiffe«, was aber allein weit über 600 Schiffe der U.S. Navy betrifft. Diese Schiffe werden ausführlich im Hauptteil behandelt.
Gerade ein Kenner der Materie wird hier zurecht einwenden, dass Panzer-Landungsschiffe vom Typ LST schon im Zweiten Weltkrieg zweifellos eigenständige, hochseegängige Kriegsschiffe waren und dieser Typ nach dem Zweiten Weltkrieg nochmals eine erhebliche technische Aufwertung erlebte, bis hin zur »Newport«-Klasse (LST-1179-1198), mit 159 Meter Länge und voll beladen 8500 Tonnen. 1955 erhielten Panzer-Landungsschiffe, die vorher nur Nummern hatten, zusätzlich Namen. Ich werde deshalb sämtliche LST und ebenso die kleineren LSM, die ebenfalls als vollwertige Schiffe anzusehen sind, schiffbaulich vom Typ her in einem Kapitel behandeln und die Schiffe auch einzeln listenmäßig erfassen, trotz der enormen Zahlen von zusammen über 1700 Schiffen. Die noch kleineren Typen wie LCI (sie entsprechen von der Größe her etwa den Marinefährprahmen der Kriegsmarine) und noch kleinere Boote werden aber nicht mehr einzeln erfasst, sondern nur als Typ kurz vorgestellt.
Ein Anliegen war mir dabei, im Text auf die jeweiligen deutschen Bezeichnungen hinzuweisen. Da die englische Sprache bei uns heute so weitverbreitet ist, wird es oft gar nicht

mehr als notwendig erachtet, Schiffs- und Typenbezeichnungen aus dem Englischen zu übersetzen und allzu oft gibt es dafür keinen allgemein gebräuchlichen Fachausdruck mehr, wie z.B. für »LST« oder »LPD«. »Tank-Landungsschiffe«, »Panzer-Landungsschiffe« oder vielleicht noch treffender »Kampfwagen-Landungsschiffe« hat man sie früher z.T. in der Fachliteratur genannt. Für »LPD« würde z.B. »Transport-Docklandungsschiff« zutreffen, während »LSD« nur für »Docklandungsschiff« stehen müsste. Die hier verwendeten Ausdrücke erheben aber keinen Anspruch auf exklusive Gültigkeit, sie mögen nur als Hilfestellung dienen und zeigen, dass es auch aussagekräftige deutsche Fachausdrücke gibt. In der Praxis wird man, schon der Klarheit wegen, oft um die amerikanischen Fachausdrücke gar nicht herumkommen.

Technische Daten und sonstige Angaben zu den Schiffen

Jedes amphibische Schiff der U.S. Navy wird nachstehend einmal mit seiner amphibischen Klassifikation, Laufnummer und Namen als amphibisches US-Kriegsschiff aufgelistet. Dazu auch alle ehemaligen und nachfolgenden Klassifikationen und Namen in der U.S. Navy. Zivile ex-Namen werden ebenfalls vollständig aufgelistet, soweit bekannt. Kam das Schiff nach Außerdienststellung und Verkauf als ziviles Fahrzeug in Fahrt, wird der erste zivile Name ebenfalls genannt, jedoch nicht allfällige weitere, bei neuerlichen Umbenennungen. Hatte ein Schiff mehrere amphibische Klassifikationen in mehreren Schiffskategorien, was für einige wenige zutrifft, wird es trotzdem nur einmal im o.a. Sinne voll erfasst, aber in allen entsprechenden Kategorien mit Laufnummer nochmals erwähnt und darauf verwiesen, wo es als hauptsächlich zugehörig behandelt wird.

Die technischen Angaben zu den Schiffen werden relativ knapp abgefasst und betreffen die wichtigsten Grunddaten. Wer sich jemals mit technischen Daten von Kriegsschiffen im Detail auseinandergesetzt hat, der weiß, wie sehr sie sich nicht nur in den Flottenhandbüchern, sondern sogar in amtlichen Quellen widersprechen. Meist sind die einzelnen Angaben aber gar nicht falsch, sie beziehen sich lediglich auf verschiedene Grundlagen, sehr anschaulich z.B. in Bezug auf die Besatzung. Zwischen der auf dem Papier der Bauwerft berechneten Besatzungszahl, der nach mehreren Umbauten tatsächlichen Zahl der vorhandenen Unterkünfte und der bei den einzelnen Einsätzen tatsächlich an Bord befindlichen Mitgliedern der Besatzung können oft beträchtliche Unterschiede bestehen. Manchmal sind z.B. zusätzlich Stäbe untergebracht und in die Besatzungszahl eingerechnet, manchmal aber nicht, ohne dabei jeweils »falsch« zu sein. Extrem werden die Unterschiede dann beim Thema Aufnahmefähigkeit von Truppen, einem wichtigen Kriterium amphibischer Schiffe. Schiffe mit einer angegebenen Unterbringungsmöglichkeit für 500 Mann führten oft bei Einsätzen 2000 Mann an Bord. Aber haben nicht auch Kreuzer der Kriegsmarine, ohne konstruktiv ausgewiesene Aufnahmefähigkeiten für Truppen, z.B. in Norwegen 1940 etwa 2000 Gebirgsjäger an Bord mitgeführt? Aus diesen Gründen sollen alle angegebenen technischen Daten eher als Richtwerte gesehen werden. Das gilt u.a. auch besonders für die Bewaffnung, die auf Landungsschiffen in der Regel natürlich fast ausschließlich defensiv war bzw. ist.

Die mitgeführten Truppen – d.h. die eigentliche Bewaffnung der amphibischen Schiffe – sind meist Soldaten des Marinekorps (bzw. der »Marines«). Das United States Marine Corps (USMC) ist die Marineinfanterie der Vereinigten Staaten mit der Besonderheit, dass es zwar dem Department of the Navy untersteht, dort jedoch als de facto eigene Teilstreitkraft organisiert ist. Aber natürlich wurden gerade im Zweiten Weltkrieg sehr häufig Soldaten der U.S. Army und anderer bewaffneter Teilstreitkräfte und Organisationen der USA transportiert und auch angelandet.

Bei den als Fracht- und Truppentransportschiffen gebauten Einheiten ist neben der Wasserverdrängung in englischen Tonnen (ts) zu 1016 kg zusätzlich die Vermessung in Bruttoregistertonnen (BRT), Nettoregistertonnen (NRT) und die Tragfähigkeit in Deadweight-Tonnen (dwt) angegeben, soweit die Daten verfügbar waren. Unter Abmessungen finden sich Angaben zu Länge, Breite und Tiefgang, grundsätzlich gemessen in Metern »über alles«, soweit nicht anders angegeben (und oft in Klammer ergänzt in Bezug auf die Konstruktionswasserlinie). Unter Antrieb finden sich die wichtigsten Angaben zur Maschinenanlage bzw. der Motoren inklusive Leistung in Pferdestärken (PS) und Anzahl der Wellen sowie die Geschwindigkeit in Knoten (= 1,852 Kilometern) pro Stunde.

Alle Schiffsklassen werden in schiffbaulicher Hinsicht sowie bezüglich Herkunft, Einsatz und Verbleib kurz beschrieben. Es liegt in der Natur der Sache und wohl auch im Interesse des Lesers, dass einer Klasse großer amphibischer Hubschrauberträger dabei etwas mehr Raum gewidmet wird als einem Standard-Frachtschiff des Zweiten Weltkriegs, von dem nur ein oder zwei Schiffe als amphibische Einheiten umgebaut wur-

den. Da die Zahl der »Standardschiffe« aber insgesamt sehr groß ist, wird diesem wichtigen Thema ein separates Kapitel gewidmet.
Ganz besonderer Wert wird auf die fotografische Darstellung der Schiffe in Bezug auf Schiffserkennung durch aussagekräftige Breitseitaufnahmen gelegt. Die Fotografien stammen durchwegs aus dem Archiv der U.S. Navy selbst.

2. Das Klassifikationssystem der U.S. Navy

Wie vorstehend bereits dargestellt, ist die amphibische Klassifikation die einzige Grundlage für die Aufnahme in dieses Buch. Es ist aber nicht ganz unkompliziert festzustellen, ab wann man wirklich von einer amphibischen Klassifikation sprechen kann. Das heute übliche System von Buchstaben plus Rumpfnummern wurde so erst am 17.7.1920 offiziell eingeführt, es gab aber bereits seit 1885 ein System durchgehender Nummern plus (ausgeschriebener) Schiffsbezeichnungen, also z.B. »Battleship No. 3« (später BB-3). Ab 1940 bzw. 1942 und 1943 wurden Schiffe für amphibische Aufgaben, die selbst nicht am Strand anlanden konnten, teilweise als eigene Gruppe betrachtet und speziell gekennzeichnet. Aber erst 1968 wurde ein klares Konzept der Klassifikation auf Basis des Buchstabens »L« durchgehend in der Flotte angewendet.
Zumindest interpretativ könnte man den 2.8.1940 als Beginn der Verwendung amtlicher amphibischer Klassifikationen ansehen, als einige alte Zerstörer (DD) aus den Beständen des Ersten Weltkrieges auf Schnelltransporter umklassifiziert und amtlich als APD geführt wurden. Das »A« am Anfang stand aber nicht für »Amphibious«, sondern für »Auxiliary Ship« (Hilfsschiffe) und die Typenbezeichnung lautete »High Speed Transport«. Sie ist zwar noch nicht eindeutig amphibisch, wurde aber als Bezeichnung für eine spezielle Schiffskategorie mit dieser Aufgabenstellung verstanden. Die Schiffe wurden, unter Verlust eines beträchtlichen Teils ihrer Bewaffnung, mit Truppenunterkünften, mit zusätzlichem Frachtraum und Landungsbooten ausgerüstet. Sie sollten vor allem kleine Kontingente an Spezialtruppen für amphibische Operationen aufnehmen können. APD 1 »Manley«, als Zerstörer einst DD-74, war aber bereits am 28.11.1938 als AG-28 klassifiziert worden, nachdem das Schiff in der New York NSY einem Umbau zum schnellen Truppentransporter unterzogen worden war und bereits seit Februar 1939 amphibische Manöver absolvierte. Die amtliche Bezeichnung lautete »Miscellaneous Auxiliary«, das »G« leitet sich von »General« (»Allgemein«) ab, zu Deutsch könnte man von der Kategorie »diverser Hilfsfahrzeuge« sprechen. AG ist jedenfalls sicher noch keine amphibische Klassifikation und ging an Schiffe mit sehr unterschiedlichen Aufgabenstellungen, nämlich an solche, die man nirgendwo sonst einordnen konnte. APD war dagegen eine einheitliche und eng mit amphibischen Aufgabenstellungen begrenzte Klassifikation. Erst mit der noch detailliert zu behandelnden Verordnung 5030.1E des Secretary of the Navy aus 1968, in der alle amphibischen Schiffe das »L« erhielten, wurden die APD mit einem »L« (auf LPR) umklassifiziert.
Und bereits 1942 kam das heute noch übliche »L« für »Landing Ship« in der Klassifikation für die neuartigen Docklandungsschiffe (LSD) zur Anwendung, sowie 1944 für die Kategorie der LSV, die man als Ro/Ro-Schiffe bezeichnen könnte. Daneben wurde es, wie schon erwähnt, bereits zuvor für die Fülle der kleineren Einheiten zur direkten Anlandung verwendet.
Im Jahr 1942 galten die APD noch als Hilfsschiffe und in diesem Jahr wurden auch die als APM bzw. BAPM in Bau befindlichen Docklandungsschiffe zu LSD umklassifiziert, konkret am 22.6.1942. Die Klassifikation trat mit 1.7.1942 in Kraft. Das vorangestellte »B« ist hier nicht relevant, es stand nur für »British«, d.h. für Schiffe, die ursprünglich für Großbritannien vorgesehen waren.
Hier kommt man noch um eine andere allgemeine Anmerkung nicht herum: Der Tag, an dem vom Marineminister (Secretary of the Navy) eine Klassifikation angeordnet wird, ist nicht automatisch jener, mit dem sie in Kraft tritt, d.h. »effective« wird. Dies führt dazu, dass sich auch in den amtlichen Unterlagen oft leicht unterschiedliche Daten unter »umklassifiziert am« fin-

den; ich werde später teilweise näher drauf eingehen, soweit zum Verständnis notwendig.
Die Docklandungsschiffe (LSD) waren damit die ersten Schiffe der U.S. Navy, die ein »L« für »Landing« erhielten, obwohl sie selbst nicht am Strand anlanden konnten, sondern nur die dafür vorgesehenen Boote transportierten. Aber es waren eben neu entworfene Spezialschiffe, die eine klare Aufgabenstellung für Landeoperationen hatten, die Navy kam hier quasi um das »L« kaum herum.
Die nächste hier relevante Klassifikation führt wieder auf ein Nebengleis der amphibischen Kriegsführung. Am 22.9.1942 wurde das U-Boot »Argonaut« auf APS 1 umklassifiziert, ähnlich wie APD sollte es kleine Kontingente an Spezialtruppen für amphibische Operationen absetzen können, das »S« stammt hier noch von »Submarine«. Es folgten im Zweiten Weltkrieg keine weiteren Umklassifizierungen von Unterseebooten, aber nach dem Krieg wurden vier Boote mit wechselnden Klassifikationen in die Kategorie amphibischer Schiffe übernommen, nämlich als SSP, dann APSS und ASSP und schließlich wurde mit der erwähnten Verordnung 5030.1E des Secretary of the Navy aus 1968 die Kategorie LPSS eingeführt.
Die erste bedeutende amphibische Operation der amerikanischen Marine im Zweiten Weltkrieg war die Landung in Französisch-Nordafrika im November 1942. Viele Truppentransporter (AP) und Frachtschiffe (AK) der U.S. Navy nahmen daran teil. Obwohl es sich hier um scheinbar recht konventionelle Schiffe handelte, hatten sie doch einige besondere gemeinsame Merkmale: Aufnahmefähigkeit von vielen kleinen Booten als Decksladung zur Anlandung am gegnerischen Küstenabschnitt, verbunden mit zusätzlichen Davits und umfangreichem Ladegeschirr zu deren Ausbringung und andere Einrichtungen zum Aussetzen von Material und Soldaten, sowie entsprechende Truppenunterkünfte.
Eine ganze Reihe dieser als AP und AK klassifizierten Schiffe hatte auch umfangreiche Umbauten für diese spezielle Aufgabenstellung erhalten, d.h. für den amphibischen Transport von Truppen und Material zu Angriffszwecken an einer feindlichen Küste. Am 1.2.1943 wurde dies dahingehend von der Navy berücksichtigt, dass sie ein »A« am Ende der bisherigen Klassifikation erhielten, d.h. APA und AKA. Das »A« stand aber nicht für »Amphibious«, sondern für »Attack«. Das »P« stand für »Transport« und signalisierte einen Schwerpunkt auf der Mitführung von Truppen, das »K« einen Schwerpunkt auf Fracht. Diese Umklassifizierung ist ein besonders wichtiger Meilenstein in der Erfassung der amphibischen Schiffe als solche, denn die Kategorien APA und AKA stellten in den Kriegsjahren das Gros der amphibischen Mutterschiffe. Insgesamt wurden (einschließlich der wenigen in der Nachkriegszeit so klassifizierten Schiffe) die Kennung APA 249-mal und AKA 117-mal in der U.S. Navy vergeben. (Die Klassifikationen APA und LKA wurden mit Verordnung 5030.1E von 1968 auf LPA und LKA abgeändert.)
Amphibische Operationen großen Stils verlangten auch immer mehr Einrichtungen zur effektiven und konzentrierten Führung. Da Stabseinrichtungen auf gewöhnlichen Schiffen nicht mehr ausreichten, um die immer umfangreichere Logistik und Mannschaft dafür aufzunehmen, wurde der Typ des amphibischen Kommandoschiffes entwickelt. Auch hierbei handelte es sich anfangs um Umbauten aus Frachtschiffen. Am 2.10.1943 stellte mit USS »Appalachian« eine erste solche Einheit in Dienst, mit Klassifikation AGC-1. Die Buchstaben leiten sich von »General« und »Communication« ab; sie wurden als »Amphibious Force Flagships« bezeichnet, später aber meist »Amphibious Command Ships« genannt. Die deutsche Bezeichnung kann schlicht »amphibische Kommandoschiffe« lauten, z.T. wurden sie außerdem »Landungsflotten-Leitschiffe« genannt. Sie wurden und werden aber über ihren Aufgabenbereich hinaus für Flaggschiff-Aufgaben großer Verbände genutzt. Es wäre natürlich nicht zwingend, sie im Buch aufzunehmen, denn im Gegensatz zu allen anderen hier behandelten Schiffen sind sie selbst von der Aufgabenstellung her nicht zur Anlandung von Truppen und Material vorgesehen. Mit Navy-Verordnung 5030.1E aus 1968 wurden aber auch sie (zurecht) in die Kategorie »L« übernommen, und zwar als LCC.
Hier noch ein kleiner Schwenk, als zeitlicher Vorgriff, im Bereich der Kommandoschiffe: Keine amphibische Klassifikation stellt AGF dar. 1973 und 1980 wurden die Transport-Docklandungsschiffe LPD 3 und LPD 11, unter Beibehaltung ihrer Laufnummern, auf AGF-3 und AGF-11 umklassifiziert und mit allgemeinen Flaggschiffaufgaben betraut. AGF-3 wurde stark umgebaut, AGF-11 behielt (potentiell) starke amphibische Fähigkeiten. Als LPD werden beide Schiffe selbstverständlich hier behandelt, die Kategorie AGF dagegen nicht.
Die nächste in der U.S. Navy eingeführte amphibische Klassifikation bezog sich auf Schiffe, die ebenfalls einer speziellen Erklärung bedürfen. Am 21.4.1944 wurden sechs recht spezielle Truppentransporter, ausgestattet mit einer Heckrampe, die darüber hinaus zum Aussetzen von Schwimmpanzern geeignet war, von AP auf LSV umklassifiziert. Das »V« am Ende steht hier für »Vehicle«, also Fahrzeug. Neben den LSD sind diese LSV die einzigen amphibischen Mutterschiffe, die bereits im Zweiten Weltkrieg ein »L« als ersten Buchstaben in der Klassifikation erhielten. Sie werden hier behandelt, im Prinzip waren es Ro/Ro-Schiffe. Als dieser Schiffstyp sich im zivilen Bereich als Frachtschiff erfolgreich etablierte, wurde er natürlich nicht mehr als rein amphibisch angesehen. Zwei in der Nachkriegszeit noch vorhandene LSV wurden deshalb wieder als Hilfsschiffe eingestuft und mit Verordnung 5030.1E entsprechend klassifiziert, nämlich als »Fahrzeug-Frachter« bzw. »Vehicle Caro Ships« (AKR). Die Klassifikation LSV wurde insgesamt nur neunmal vergeben.
Nicht aufgenommen in das Buch wurde die Kategorie APH, d.h. »Evakuierungstransporter« bzw. spezielle Lazarettschiffe

zur Unterstützung amphibischer Operationen (das »H« stand für »Hospital«). Es handelt sich um folgende fünf Schiffe: APH-1 »Tryon« (später »Sgt. Charles E. Mower«, T-AP-186), APH-2 »Pinkney« (später »Private Elden H Johnson«, T-AP-184), APH-3 »Rixey« (später »Private William H Thomas«, T-AP-185), APH-112 »Haven« (ex AH-12, später wieder AH-12) und APH-114 »Tranquillity« (ex AH-14, später wieder AH-14). Es gäbe gute Gründe, zumindest die ersten drei Schiffe (d.h. die »Tyron«-Klasse) als amphibische Schiffe zu betrachten, zumal sie nach der Übernahme durch die Navy (1942) auch mit Davits für Landungsboote vom Typ LCM und Truppenunterkünften ausgestattet wurden (sie führten dann aber in der Regel keine Landungsboote in den Davits). Nach Entladung ihrer amphibischen Fracht sollten die Schiffe bis zu 700 Verwundete aufnehmen und versorgen. APH-112 und 113 waren dagegen klar nur Lazarettschiffe und passen sicherlich nicht in das amphibische Klassifikationssystem. Die gesamte Kategorie gehört wohl eher zu den Schiffen, welche eine amphibische Operation unterstützen und wird hier jedenfalls nicht weiter behandelt.
Am 25.5.1955 stellte mit USS »Carronade« das erste »Inshore Fire Support Ship« als IFS-1 in Dienst, zu Deutsch »Feuerschutzschiff« oder »Küstenbeschussschiff«. Dieser Artillerieträger (1500 ts) zur Unterstützung amphibischer Operationen wurde mit Verordnung 5030.1E des Secretary of the Navy als Landungsschiff auf LFR umklassifiziert, wobei das »F« für »Fire« und das »R« für »Rocket« stand. Es war das einzige Schiff, das von Beginn an für diese Klassifikation gebaut wurde. Jedoch wurden mit besagter Verordnung aus 1968 auch alle LSMR (Landing Ship Medium, Rocket), d.h. umgebaute LSM, die Raketenwerfer zum Küstenbeschuss hatten, auf LFR umklassifiziert. Der Typ der Artillerie- und Raketenträger zum Küstenbeschuss kann wohl nur eingeschränkt als vollwertiges amphibisches Schiff gesehen werden, wird aber wegen der entsprechenden Klassifikation kurz im Buch behandelt.
Eine interessante Entwicklung einer eindeutig amphibischen Klassifikation brachte die Redesignierung des ehemaligen Geleitflugzeugträgers CVE-90 »Thetis Bay« auf CVHA-1 am 1.7.1955. Mit der Grundkennung CV war das Schiff in der elitären Kategorie der Flugzeugträger, das angehängte »E« stand für »Escort«. Daraus entstand nun der amphibische Hubschrauberträger, basierend auf der Verwendungsmöglichkeit eines neuartigen Fluggerätes, dem Hubschrauber, zur Anlandung von Truppen und leichtem Material von Schiffen aus. Die ursprüngliche Klassifikation war noch sperrig, CVHA für »Aircraft Carrier-Helicopter-Assault«. Ein zweiter ehemaliger Geleitträger, CVE-106 »Block Island«, wurde mit gleicher Aufgabenstellung am 22.12.1957 als LPH-1 klassifiziert, die amtliche Benennung lautete schlicht »Amphibious Assault Ship«. Diese Klassifikation setzte sich schließlich durch und auch CVHA-1 wurde 1959 auf LPH-6 umklassifiziert. Inzwischen waren auch Neubauten mit dieser Klassifikation versehen (»Iwo Jima«-Klasse) sowie ehemalige Flottenflugzeugträger der »Essex«-Klasse dahingehend umklassifiziert worden.
Mit erweiterter Aufgabenstellung in Richtung eines amphibischen Mehrzweck- bzw. Allzweckschiffes stellte am 29.5.1976 USS »Tarawa« mit der Klassifikation LHA-1 in Dienst. Es war ein großer, vollwertiger Hubschrauberträger, der aber auch Dockungskapazität hatte; fünf Schiffe der Klasse wurden gebaut. Etwa zwölf Jahre später, am 4.8.1987, stellte das Typschiff der vom Konzept her sehr ähnlichen Nachfolgeklasse, die USS »Wasp«, als LHD-1 in Dienst; das »D« stand nun explizit für »Dock«. Die neue Klassifikation war inkonsequent und unsinnig, da ja auch die »Tarawa«-Klasse bereits ein absenkbares Schwimmdock besessen hatte und »Wasp« schiffbaulich über keine substantiellen Neuerungen verfügte. Die Neuklassifikation hatte jedoch vorwiegend politische Gründe. Nach den acht LHD der »Wasp«-Klasse wurde die nachfolgende »America«-Klasse dann wieder als LHA klassifiziert, wohl weil sie über keine Dockungskapazität verfügte. Das Typschiff LHA-6 »America« stellte am 11.10.2014 in Dienst.
Soweit zur Entwicklung der Klassifikation der amphibischen Hubschrauberträger. Als letzte für dieses Buch relevante Klassifikation bleibt noch die Erweiterung des Grundtyps des Docklandungsschiffes LSD auf LPD zu erwähnen. Der Begriff LSD wurde vorwiegend auf einen Schiffstyp angewandt, der aus Transportern zur Ausschiffung von Landungsbooten bestand, die wenig zusätzlichen Raum für Material und Truppen besaßen. Der Begriff LPD war für amphibische Dockschiffe gedacht, die gegenüber den LSD eine deutlich stärkere Fracht- und Truppenkomponente aufwiesen; LPD-1 »Raleigh« wurde am 8.9.1962 in Dienst gestellt. Der Typ setzte sich parallel zu den LSD durch, in Form der »San Antonio«-Klasse werden sie bis heute gebaut, ausgestattet mit moderner Tarnkappen-Technologie.
Dazu baut die Navy sogenannte Littoral Combat Ships (Schiffe für küstennahe Gefechtsführung). Es handelt sich um einen teuren, neuartigen Kriegsschiffstyp der Navy, der auf einer geänderten Bedrohungslage für die asymmetrische Kriegführung im feindlichen Küstenvorfeld basiert und mit LCS klassifiziert wird. LCS-1 »Freedom« wurde 2008 in Dienst gestellt. Das Schiff besitzt Stealth-Technologie und soll zwar auch zum Absetzen von Spezialeinheiten und zum Begleitschutz von Landungsschiffen oder Hubschrauberträgern dienen, doch handelt es sich bei ihnen trotz der mit »L« beginnenden Klassifikation um keine Landungsschiffe. Vielmehr haben in anderen Seestreitkräften kleine Fregatten, Korvetten oder Patrouillenfahrzeuge ein ähnliches Aufgabenprofil. Die L-Klassifikation für »Littoral« ist daher bedauerlich und inkonsequent, sie hat schon jetzt zu vielen Missverständnissen in der Einordnung der neuen Schiffe geführt.

Die Verordnung 5030.1E vom August 1968

Mehrfach wurde hier bereits die Instruktion 5030.1 des Marineministers genannt, ein Schlüsseldokument zur Einteilung der amphibischen Schiffe, die das Wirrwarr der Klassifikationen zwischen Hilfsschiffen der »A«-Kategorie und Landungsschiffen der »L«-Kategorie weitgehend beseitigt hat und in den Grundzügen noch heute gültig ist. Sie hat nicht nur ein einheitliches Klassifikationssystem mit dem Anfangsbuchstaben »L« geschaffen, zugleich ist dieses Dokument auch die Anerkennung der Landungsschiffe als eigenständige Kategorie zwischen den Kampfschiffen und den Hilfsschiffen, weshalb hier noch etwas näher darauf eingegangen werden soll.
Das unscheinbare Dokument mit dem Briefkopf des Office of the Secretary of the Navy vom 14.8.1968, unterzeichnet von Charles f. Bird, Undersecretary of the Navy, behandelt alle Schiffstypen und ist adressiert an »All ships and stations«; es beschreibt die einzelnen Klassifikationen in einem umfassenden Anhang, aufgegliedert in vier Gruppen:

1. List of Combat Ship Classifications
2. List of Combat Craft Classifications
3. List of Auxiliary Ship Classifications
4. List of Service Craft Classifications

Es fehlen hier also die Landungsschiffe im groben Klassifikationsgerüst, sie werden dann im Dokument selbst überraschenderweise der Kategorie 1, d.h. den Kampfschiffen, zugerechnet. Diese ist selbst wieder in drei Gruppen unterteilt:

1. Warships
2. Amphibious Warfare Ships
3. Mine Warfare Ships

Konkret sieht die Auflistung der amphibischen Klassifikationen unter 2. dann wie folgt aus:

- Amphibious Command Ship LCC
- Inshore Fire Support Ship LFR
- Amphibious Fire Support Ship LFS
- Amphibious Assault Ship (General Purpose) LHA
- Amphibious Cargo Ship LKA
- Amphibious Transport LPA
- Amphibious Transport Dock LPD
- Amphibious Assault Ship LPH
- Amphibious Transport (small) LPR
- Amphibious Transport Submarine LPSS
- Dock Landing Ship LSD
- Tank Landing Ship LST

Von den hier aufgelisteten Typen spielt die Klassifikation LFS keine Rolle, da sie nie an ein Schiff der U.S. Navy vergeben wurde und nur auf dem Papier bestand.
Auch die nächste große Reorganisation der Klassifizierung mit Marineminister-Verordnung (SECNAVINST) vom 1.7.1975 hatte keine direkten Auswirkungen auf die hier behandelten Schiffe. In der Substanz hat die SECNAVINST 5030.1E vom August 1968, die mit 1.1.1969 in Kraft trat, bis heute gehalten und mehre Reformen im Klassifikationssystem der U.S. Navy gut überstanden. Neu hinzugekommen ist die erwähnte, reichlich als Willkürakt zu betrachtende Kategorie LHD für die »Wasp«-Klasse. Diese Schiffe sind natürlich auch »Amphibious Assault Ships (General Purpose)« und hätten in die Kategorie LHA gepasst, die für die »Tarawa«-Klasse geschaffen worden war.
Bei den Kleinfahrzeugen (siehe entsprechendes Kapitel), die schon länger das »L« in der Klassifikation führten, ergab sich durch substantielle technische Neuerungen u.a. die Notwendigkeit, die ab 1980 stark verbreiteten Luftkissen-Landungsboote einzubauen, was in Form der Schaffung der Kategorie LCAC (»Landing Craft Air Cushion«) geschah.

Liste der als amphibisch zu bewertenden Klassifikationen

In Summe müssen folgende Schiffe der U.S. Navy als amphibische Einheiten angesehen werden und sind in diesem Buch entsprechend nach Klassen aufgelistet und beschrieben:
Im Bereich der Typen der mit »A« klassifizierten Schiffe (»Auxiliary Ships«):

- AGC
- AKA
- APA
- APD
- APM
- APS
- APSS

Im Bereich der Typen der mit »L« klassifizierten Schiffe (»Landing Ships«):

- LCC
- LFR
- LHA
- LHD
- LKA
- LPA
- LPD
- LPH
- LPR
- LPSS
- LSD
- LSM
- LST

An weiteren Schiffstypen, die als amphibische zu betrachten sind:

- CVHA
- IFS
- SSP

Im Bereich der Landing Craft (LC) werden die Klassifikationen LCI, ex LCI(L) (mit Laufnummern 1 bis 1139) sowie LCU, ex LSU/LCT (mit Laufnummern 1 bis 1666) und LCAC (mit Laufnummern 1 bis 91) zumindest als Typ etwas genauer behandelt, weitere Landungsboote und amphibische Kleinfahrzeuge dann nur mehr kurz erwähnt.
Abschließend noch ein kleiner Hinweis auf ein paar wichtige Buchstaben, die gelegentlich den hier genannten Schiffsklassifikationen vorangestellt sind (in amtlichen Dokumenten manchmal gefolgt von einem Bindestrich): Ein »W« bedeutet, dass sich das Schiff unter der Ägide der U.S. Coast Guard in Dienst befindet. Ein »T« bedeutet ebenfalls, dass das Schiff nicht von der Navy unterhalten wird, sondern vom Military Sea Transportation Service (MSTS) bzw. dem späteren Military Sealift Command (MSC). Wie schon erwähnt bedeutet dagegen ein vorangestelltes »B«, dass das Schiff ursprünglich als »British« in Bau gegeben worden war. Ein Abkürzungsverzeichnis befindet sich am Ende des Buches.

3. Die Bauprogramme der »Standard-Schiffe« im Zweiten Weltkrieg

Ein großer Teil der amphibischen Schiffe der U.S. Navy wurde im Zweiten Weltkrieg über das »Standard-Schiffbauprogramm« gebaut bzw. für die Navy bereitgestellt, vor allem die massenhaft gebauten Typen AKA und APA. Dieses gigantische Bauprogramm vollzog sich außerhalb des direkten Einflussbereichs der Marine. Zum Verständnis der Beschaffungsvorgänge hunderter Kriegsbauten an amphibischen Schiffen scheint es unumgänglich, das Bauprogramm zumindest in den Grundzügen zu kennen. Deshalb soll es hier kurz zusammengefasst werden.
Nach einer riesigen Serie von Handelsschiffbauten im Ersten Weltkrieg zum Nutzen der Entente lag in den USA der Neubau solcher Schiffe in der Zwischenkriegszeit völlig darnieder; in den Jahren 1922 bis 1937 gab es fast keine Neubauten. Erst im Rahmen der US-amerikanischen Vorbereitungen auf einen Krieg begann man dort Mitte der 1930er Jahre mit einem langfristigen Bau- und Standardisierungsprogramm für neue Handelsschiffe in großer Zahl, konkret von Handelsschiffen, die von der Regierung im Krieg requiriert und für militärische Zwecke verwendet werden konnten. Die Standardisierung bezog sich dabei sowohl auf den Entwurf wie auf den Bau der Schiffe. Wichtigste Grundlage war dabei der »Merchant Marine Act« vom 29.6.1936, in dessen Rahmen später auch die »Maritime Commission« (MC) gegründet wurde, die als Art staatliche Dachorganisation für die Beschaffung neuer Handelsschiffe zuständig war (davor hatte das »United States Shipping Board« diese Aufgabe inne).
Der Merchant Marine Act 1936 sah den Bau von 500 Schiffen

in zehn Jahresraten von je 50 Schiffen vor. Diese Zahl wurde ständig erweitert und 1939 und dann nochmals 1940 verdoppelt; 1941 traten die USA in den Krieg ein, bis Kriegsende 1945 wurden aus dem Programm 5777 Handelsschiffe gebaut. Es hatte entscheidenden Anteil an der erdrückenden alliierten Übermacht zur See bzw. am Sieg über die Achsenmächte.

Eigentlich muss man von Standard-Bauprogrammen statt von nur einem Programm sprechen, denn es gliedert sich in drei Programm-Stränge. Erstens das »Long Range Shipbuilding Program«, dessen Beginn man mit dem erwähnten Merchant Marine Act 1936 ansetzen muss. Zweitens dem bereits 1941 parallel dazugekommenen »War Emergency Program«, aus dem die »Liberty«-Schiffe hervorgingen, und drittens dem 1943 gestarteten »Victory-Program«. Schiffe, die im Rahmen dieser drei Serienbauprogramme nach Richtlinien der Maritime Commission (MC) gebaut wurden, bezeichnet man heute als »Standard-Schiffe«.

Von den über 2700 »Liberty«-Schiffen, deren charakteristisches Aussehen bald ganze Geleitzüge prägte, wurde kein einziges als amphibisches Schiff für die Navy angefordert oder umgebaut; sie waren dafür einfach zu langsam. Nach den Baurichtlinien sollte eine Lebensdauer von maximal fünf Jahren völlig genügen. Sie waren im Rahmen des Notprogramms zur möglichst billigen und schnellen Massenherstellung vorgesehen, hohe Verluste waren einkalkuliert. In der Nachkriegszeit haben sie sich aber als durchaus zäh erwiesen, viele blieben nach dem Krieg noch lange in Fahrt. Diese Schiffe aus dem War Emergency Program führten ein »E« für »Emergency« als ersten Buchstaben in der Typisierung der MC. Für dieses Buch sind die »Liberty«-Schiffe jedoch nicht weiter von Bedeutung, es gibt umfangreiche und sehr gute Literatur dazu.

Die »Victory«-Schiffe waren wesentlich teurer und aufwändiger gebaut, schneller und grundsätzlich auch für den Nachkriegsbedarf einer modernen Handelsflotte ausgerichtet. Über 530 »Victory«-Schiffe wurden in diesem 1943 angelaufenen Programm gebaut, die Schiffe führten ein »V« als ersten Buchstaben in der MC-Typisierung. Nur eine amphibische Klasse ist von diesem Programm betroffen, allerdings eine extrem umfangreiche mit nicht weniger als 131 Schiffen, die »Haskell«-Klasse (AKA 117 bis AKA 247). Ich halte es trotzdem für zweckmäßiger, das »Victory«-Programm hier im Gesamtkontext der Standardschiffe zu behandeln, denn als Teil der Klassenbeschreibungen im Hauptteil.

Im März 1943 wurde einem erlauchten Kreis von Experten der Typ vorgestellt, noch mit der MC-Bezeichnung EC2-S-AP-1, wobei das »E« noch für »Emergency« stand. Der Programmverantwortliche sprach in seiner Rede aber den entscheidenden Unterschied zu den Vorgängern an: »Wir haben ein neues Notprogramm-Schiff – das Victory-Schiff –, um die Liberty-Schiffe zu ersetzen. ... Es wird 15 bis 17 Knoten laufen gegenüber den 11 Knoten der Liberty-Schiffe und es wird ein wettbewerbsfähiges Schiff für die Nachkriegszeit sein, was wir vom Typ der Liberties nicht sagen können.«

Anfang April 1943 wurden die ersten MC-Bauverträge vergeben. Am 28.4.1943 wurde das »E« durch ein »V« ersetzt und damit auch äußerlich eine neue Ära im Kriegsbau von amerikanischen Handelsschiffen eingeleitet. Über die »Victory«-Schiffe gibt es ausreichend und gute Literatur, die genaue Programmgeschichte, Abänderungen, Probleme etc. sollen hier nicht weiter beschrieben werden. Die bisherigen Bauverträge bzw. Baunummern der Maritime Commission, die alle mit MC beginnen, wurden auf MCV adaptiert, um sofort den Grundtyp »Victory« kenntlich zu machen.

Das bereits lange vor dem Krieg begonnene Long Range Shipbuilding Program aus dem ursprünglichen Merchant Marine Act 1936 umfasst dagegen eine Fülle amphibischer Typen, die zu amphibischen Schiffen umgebaut wurden. Zahlenmäßig gehört gut die Hälfte der fast 5800 Standard-Schiffen zu diesem Programm, etwa 200 davon wurden als amphibische Schiffe von der U.S.-Navy übernommen. Teilweise wurden sie als »S«-Schiffe, d.h. Spezialschiffe, für die Navy von der MC gebaut, teilweise wurden Frachtschiffe aus dem Programm für die Navy umgebaut.

Die Maritime Commission (MC) führte als Art Schifffahrtsbehörde ein eigenes System der Klassifikation, mit dem man sich zum besseren Verständnis dieser Schiffe etwas vertraut machen sollte. Es ist völlig unterschiedlich zu dem der U.S. Navy gestaltet und basiert auf dem Typ des Schiffes, dazu gibt es auch eine Laufnummer, die sogenannte Rumpf-Nummer (Hull number), gelegentlich auch als MC-Nummer bezeichnet. Bei der »Huskell«-Klasse wurde diese durch eine MCV-Nummer ersetzt, das »V« steht hier für »Victory«, die Schiffe liefen in einer eigenständigen Laufnummernserie bzw. Kategorie. Die Rumpfnummern der MC spielen in der weiteren Behandlung im Buch keine Rolle.

Die wesentlich wichtigere und bekanntere MC-Typenbezeichnung ist aber viel komplexer als das System der Navy und besteht aus einer mehrteiligen Formel, die schon sehr viel über den Typ und die Kapazitäten des Schiffes aussagt. Eigentlich gilt das nachstehend beschriebene System erst ab 1944, vorher war es deutlich simpler und weniger aussagekräftig gestaltet. Hier nur als Einführung zum allgemeinen Verständnis: Die Teile der Formel sind durch Bindestriche getrennt, der erste und wichtigste Teil bezeichnet den Verwendungszweck und die Größe, bestehend aus einem Buchstaben (Typ) und einer Zahl (Größenkategorie). Es wurden auch Kombinationen verwendet wie »P&C« für »Passenger & Cargo«. Die einzelnen Buchstaben bedeuten dabei:

- C Frachter (Cargo)
- L Schiffe für die Großen Seen (Lakes)
- N Küstenfrachter (Narrow)
- P Passagierschiffe (Passenger)

- R Kühlschiffe (Refigerant)
- S Spezialschiffe (Special)
- T Tanker (Tanker)

Die Größenkategorie als zweiter Teil des ersten Formelgliedes ist in englischen Fuß (zu je 30,48 cm) angegeben, bezogen auf die Konstruktionswasserlinie. Es gibt sechs Kategorien in Bezug auf die Größe, die aber im Hinblick auf den jeweiligen Typ unterschiedlich sind:

	1.	2.	3.	4.	5.	6.
C	-400	400–450	450–500	500–550	550–600	-
L	-400	400–450	450–500	500–550	550–600	600–650
N	-200	200–250	250–300	300–350	-	-
P	-500	500–600	600–700	700–800	800–900	900–1000
R	-400	400–450	450–500	500–550	-	-
S	-200	200–300	300–400	400–500	500–600	-
T	-450	450–500	500–550	550–600	600–650	65–700

Der erste Teil der Formel ist also der weitaus wichtigste, ein Schiff vom Typ C2 ist damit ein Frachtschiff in der Größenordnung 400–450 Fuß Länge.
Nach diesem ersten Formelglied folgen ein Bindestrich und danach die Angaben zum Antrieb, die auf den ersten Blick etwas verwirrend erscheinen mögen. Sie kennzeichnen die Art der Maschinenanlage und die Anzahl der Wellen; ich werde auf alle Abkürzungsvarianten aber im Detail nicht eingehen. In der Praxis erfolgten außerdem viele einfache Zusätze zur weiteren Spezifizierung.
Der dritte Teil der Formel bezieht sich auf den schiffbaulichen Entwurf. Die Reihenfolge der Entwürfe ist in der Buchstabenabfolge »A«, »AB«, »C« usw. gekennzeichnet bis »AZ«, und dann wieder weiter mit »B«, »BA«, »BC« etc. Abweichungen innerhalb der einzelnen Entwürfe wurden mit nachgestellten Nummern gekennzeichnet. Die meisten Entwürfe existierten natürlich nur auf dem Papier der Konstruktionsabteilungen. Ab 1950 wurden die einzelnen Entwürfe dann mit Klein- statt zuvor Großbuchstaben angegeben.
Soweit zur Theorie. Diese Art der Typenbezeichnung hat sich insgesamt bewährt und ist auch nach dem Krieg beibehalten und weiter verfeinert worden. Für dieses Buch ist das aber nicht relevant, da amphibische Schiffe nach dem Krieg meist nicht mehr auf Basis von MC-Entwürfen gebaut wurden. Wenn man also ein Beispiel aus den Beständen der Kriegszeit heranziehen will, so sagt etwa die Formel C2-S-AJ3 (= »Tolland«-Klasse) Folgendes aus: Frachter der Größenordnung 2 (400–450 Fuß), Dampfantrieb mit einer Welle, dritte Abwandlung des MC-Entwurfs AJ.
Hier nur die Auflistung aller amphibischen Schiffsklassen, die aus dem Standard-Bauprogramm der MC hervorgegangen sind, betroffen waren nur die Klassifikationen AKA, APA und AGC. Beinhaltet ist hier auch der Nachkriegs-Typ »Mariner«, da das Programm nicht mit Kriegsende eingestellt wurde (das letzte Schiff des Standard-Programms war das berühmte und schnelle Passagierschiff »United States«, das 1952 abgeliefert wurde):

Klasse (Navy-Bezeichnung)	MC-Typ
Typ AKA:	
Arcturus (AKA 1,2,6-8,11)	C2-Cargo (alte Typisierung)
Arcturus (AKA 3,4)	C2-T
Arcturus (AA 12-14)	C2-F
Fomalhaut	C1-A
Alhena	C2-S
Almaack	C3-E
Andromeda	C2-S-B1
Artemis	S4-SE2-BE1
Tolland	C2-S-AJ3
Tulare	C4-S-1a
Typ APA:	
Doyen	P1-S2-L2
President Jackson	C3-A-P&C
Crescent City	C3-Delta
Arthur Middleton	C3-P
Bayfield	C3-S-A2
Ormsby	C2-S-B1
Sumter	C2-S-E1
Windsor	C3-S-A3
Gilliam	S4-SE-BD1
Frederick Funston	C3-S1-A3
Haskell	VC2-S-AP5
Francis Marion	C4-S-1a
Typ AGC:	
Appalachian	C2-S-B1
Ancon	Priv. P&C
Mount McKinley	C2-S-AJ1
Adirondack	C2-S-AJ1

Aus dieser Auflistung wird sofort deutlich, dass alle hier genannten AKA aus Frachtschiff-Entwürfen des MC gebaut wurden, ausgenommen die »Artemis«-Klasse, die von Anfang an als Spezialschiff (»S«) für diesen Zweck entworfen wurde. Das ist nicht weiter verwunderlich. Aber auch alle APA aus dem Standard-Programm stammen eigentlich aus Frachtschiff-Entwürfen des MC, nicht aus Passagierschiffen, wieder ausgenommen eine Klasse (»Gilliam«), die von Anfang an als Spezialschiff für diese Aufgabe konstruiert wurde und ein »P« für »Privat-Entwurf« führt (dahinter verbirgt sich übrigens auch eine

Spezialkonstruktion im Auftrag der Navy, nur gab es damals die »S«-Typisierung noch nicht). Und schließlich stammen auch alle Umbauten amphibischer Kommandoschiffe aus Frachtschiff-Entwürfen, wieder mit einem »Privat-Entwurf« der Navy.
Die darniederliegende Handelsflotte der USA mit einem völlig überalterten Schiffspark wurde mit diesem Programm ab Mitte der 1930er Jahre erfolgreich auf den großen Krieg vorbereitet, die Gestaltung der Schiffstypen sollte nach möglichst einheitlichen Kriterien erfolgen. Die Maritime Commission wurde, mit diesem Namen, erst am 26.10.1939 gegründet und arbeitete entsprechende Entwürfe aus, anfangs in Kooperation mit einem privaten Konstruktionsbüro, später mit einem umfangreichen eigenen Konstruktionsstab. Die private Basis der Neubauten war z.T. auch als eine besondere Form der Subvention für Reedereien gedacht. Die ursprüngliche Absicht, alle Schifffahrtsrouten nach spezifischen Kriterien mit spezifischen Schiffen auszustatten, erwies sich in Bezug auf die gewünschte Standardisierung bald als unhaltbar. Eine Reederei konnte ein Schiff auf Basis dieser MC-Entwürfe bauen lassen und enthielt dafür entsprechende staatliche Unterstützung, im Kriegsfall war das Schiff natürlich zur sofortigen Requirierung vorgesehen. Es konnten auch private Entwürfe eingereicht werden, die von der MC genehmigt wurden, wenn sie ins Konzept passten. Bis zum Kriegseintritt der USA hatten sich 12 Reedereien mit 176 Schiffen an diesem Programm als Private beteiligt. Bis April 1942 waren bereits 75% aller Handelsschiffe requiriert worden, ab 18.4.1942 wurde auch der Rest übernommen. Die U.S. Navy und ebenso die U.S. Army konnten von der MC solche Schiffe anfordern und Entwürfe für Umbauten einreichen bzw. vorschlagen. Ein bestimmtes Schiff, z.B. ein amphibischer Truppentransporter, wurde ursprünglich als Handelsschiff von der MC requiriert oder als solches gebaut, dann aber, nach Genehmigung der Anforderung, meist bereits entsprechend adaptiert und einsatzbereit an die Navy übergeben. Später liefen diese Prozesse parallel, die Anforderung durch die Navy war oft nur mehr ein Formalakt, der Tag der Anforderung entspricht dann oft dem der Indienststellung durch die Navy, nach erfolgtem Umbau unter der Ägide der MC.
Nur die »S«-Schiffe sind Spezialtypen, die unter MC-Aufsicht für eine spezielle Navy-Verwendung gebaut wurden, etwa als amphibische Schiffe. Sie waren aber eine Minderheit, konkret betrifft das nur die »Artemis«-Klasse und die »Gilliam«-Klasse, von der aber immerhin je 32 Einheiten gebaut wurden.
Die einzelnen Bauwerften sind bei den jeweiligen Klassen für jedes Schiff aufgelistet. Etwa 45% der Standardschiffe wurden an der Westküste und 55% an der Ostküste gebaut, davon 2% im Bereich der Großen Seen. Das Standard-Bauprogramm hat dem gesamten Schiffbau in Amerika einen unbeschreiblichen Impuls gegeben, man kann die Bauzeiten von großen und qualitativ hochwertigen Schiffe nur mit Staunen betrachten, besonders mit zunehmender Kriegsdauer.
Das Standard-Bauprogramm hat auch standardisierte Bautechniken entwickelt sowie völlig neue Baumethoden und Produktionstechniken. Nach Möglichkeit wurde anstelle des Nietens das Schweißen großräumig angewendet, was eine erhebliche Gewichtsersparnis bei den einzelnen Schiffen erbrachte, und natürlich die berühmte Sektionsbauweise, die in den USA völlig unbeeinträchtigt von einer Luftbedrohung zur Umsetzung kommen konnte. Wichtig war auch die starke Vereinheitlichung der Ausrüstung, die in Betrieben im ganzen Land gefertigt wurde, wie z.B. beim Ladegeschirr. Konzentrierte Serienvergaben und entsprechende Massenaufträge an Werften und Zulieferfirmen führten zu großer Zeitersparnis und ermöglichten die enormen Stückzahlen in so extrem kurzer Zeit.
Im Vergleich dazu wirken zeitgleich die von Deutschland umgesetzten Schiffbauprogramme für Handelsschiffe nicht wirklich als ernsthaftes Gegenstück. Hier standen sich zwei völlig verschiedene Welten gegenüber. Das deutsche »Hansa«-Bauprogramm, das größte zum Neubau von Handelsschiffen im Krieg, nimmt sich gegen das Standard-Programm nicht nur bescheiden, sondern eigentlich völlig lächerlich aus und verdient ein paar Worte des Vergleichs, auch wenn der Bedarf sicher ein anderer war. Was im Juni 1942 auf deutschen und anderen europäischen Werften in Nordeuropa umgesetzt wurde, war ein Serienbauprogramm von Einheitsfrachtschiffen. Diese Schiffe waren für die Fahrtgebiete der Nord- und Ostsee konzipiert. Dabei wurden drei Schiffstypen (Hansa-Typ A mit 2000 BRT, Typ B mit 2800 BRT und Typ C mit 5300 BRT) gebaut. Insgesamt entstanden von 1942 bis 1945 ca. 65 Hansa-Frachtschiffe. Das einzige nennenswerte deutsche Bauprogramm für neue Frachtschiffe in Südeuropa war jenes der »Kriegstransporter« vom Typ »KT« mit 834 BRT, von dem etwa 60 in Bau gegeben und davon 40 fertiggestellt wurden. Wenn man die gesamte Dimension der deutschen Marinerüstung in der zweiten Hälfte des Krieges als Maßstab nimmt und mit der amerikanischen vergleicht, z.B. allein im Bereich der amphibischen Schiffe, stellt sich die Frage, ob die Entscheidungsträger auf deutscher Seite wirklich keine Ahnung über den Umfang der alliierten Ressourcen hatten oder sie diese Tatsachen ganz bewusst ignorierten.
Für die U.S. Navy, die ihre Kampfschiffe natürlich weiterhin selbst baute, war die Übernahme großer Stückzahlen amphibischer Schiffe von der MC wesentlich einfacher und effizienter als der Neubau oder auch nur Umbau unter eigener Regie. Sie gab aber mit dieser Lösung natürlich auch sehr viel an Hausmacht aus der Hand, verstärkt ab 1944, und die MC entwickelte teilweise starke und selbstbewusst auftretende Parallelstrukturen im maritimen Bereich. Dies wurde aber dadurch kompensiert, dass sie viel schneller und effizienter in der Lage war, das gigantische Bauprogramm durchzuziehen, in dem die speziellen Anforderungen der Navy im amphibischen Bereich nur ein Teilaspekt waren.

4. Anmerkungen zur Entwicklung des amphibischen Schiffsbestandes der U.S. Navy

In aller Kürze sollen hier nur die wichtigsten Tendenzen in der Entwicklung der amphibischen Flotte der USA angeschnitten werden. Im Ersten Weltkrieg führte die U.S. Navy keine klassischen amphibischen Operationen durch. Die entscheidenden Impulse zur Entwicklung einer amphibischen Flotte kamen erst im Zweiten Weltkrieg. Landungen wurden anfangs mit vergleichsweise improvisierten Mitteln ausgeführt, bald aber wurden spezielle Landungsschiffe in riesigen Serien hergestellt, sowohl zur direkten Anlandung als auch in Form amphibischer Mutterschiffe. Letztere waren anfangs adaptierte Fracht- und Passagierschiffe bzw. Zerstörer.

Erst der Bau von Docklandungsschiffen, der 1942 begann, hat den entscheidenden Impuls für die Entwicklung sehr spezialisierter Landungsschiffe in der Nachkriegszeit gegeben. Man muss sich aber immer in Erinnerung rufen, dass Landungsschiffe mit Dockeinrichtungen in den amphibischen Operationen des Zweiten Weltkriegs kaum eine Rolle gespielt haben, dafür war ihre Zahl schlichtweg viel zu klein.

Die konventionellen amphibischen Transportschiffe der Typen AKA (Schwerpunkt Materialtransporte) und APA (Schwerpunkt Truppentransporte) bildeten die Masse der amphibischen Mutterschiffe bei Landungsoperationen. Die ebenfalls sehr zahlreichen Schnelltransporter (APD), ehemalige Zerstörer, hatten eine vergleichsweise geringe Aufnahmefähigkeit von Truppen und Material, ihre Stärke lag in der Schnelligkeit und Flexibilität beim Einsatz. Ab Ende 1942 kamen Panzer-Landungsschiffe des Typs LST zur Frontreife, die ab 1943 in enormen Stückzahlen zur Flotte stießen und zur direkten Anlandung an einer gegnerischen Küste konzipiert waren, während die umgebauten Frachtschiffe (und auch die wenigen Docklandungsschiffe) nur in der Lage waren, kleine Landungsboote zur direkten Anlandung auszusetzen.

Umfangreiche amphibische Operationen der U.S. Navy fanden in Nordafrika (Marokko), im Mittelmeer in Italien (Sizilien, Salerno, Anzio) und in Südfrankreich (zwischen Toulon und Cannes) statt und die weitaus größte in der Normandie im Juni 1944, dazu besonders umfangreiche Operationen auch am gesamten pazifischen Kriegsschauplatz, u.a. auf den Salomonen (Guadalcanal, Bougainville), Aleuten, Gilbert-Inseln (Tarawa, Makin Island), Karolinen (Peleliu), Marianen (Guam, Saipan), Philippinen (Leyte), Iwo Jima und Okinawa. Bei Kriegsende 1945 war eine gigantische amphibische US-Flotte vorhanden oder in Bau, die in dieser Größenordnung im Frieden unhaltbar war.

Da man nun aber die US-Soldaten möglichst schnell von den in aller Welt verstreuten Kriegsschauplätzen heimholen wollte, gab es sofort eine neue Großaufgabe für fast alle Einheiten: die große Rückholaktion »Magic Carpet«, also »Fliegender Teppich«. Amphibische Schiffe waren hierfür natürlich besonders geeignet. Eine weitere Aktion war der Transport von Truppen und Material im Rahmen der Okkupation des bei Kriegsende noch unbesetzten japanischen Machtbereiches und später deren Versorgung. Und schließlich versuchte man den Bürgerkrieg in China durch massive logistische Unterstützung der nationalchinesischen Verbände zu beeinflussen. Eine erhebliche Zahl amphibischer US-Schiffe brachte Truppen der Nationalchinesen von Tschiang Kai Schek in den Norden Chinas.

Ab Anfang 1946 begann aber dann eine gigantische Welle der Außerdienststellung amphibischer Schiffe, vorerst meist verbunden mit der Überführung in den Status der Reserve. Sehr viele ehemalige Frachtschiffe gingen in den zivilen Bereich der Reserveflotte über, viele wurden nach Veräußerung (über die Maritime Commission) als zivile Frachter in Fahrt genommen.

1945 musste dann auch das strategische Denken durch die revolutionäre Entwicklung eines neuen Waffensystems, der Atombombe, völlig neu geordnet werden. Alle bisherigen Methoden der amphibischen Kriegsführung schienen davon betroffen, sogar die amphibische Kriegsführung als solche wurde nun in Studien als weitgehend überholt angesehen.

In der ersten großen Nachkriegskonfrontation der beiden verbliebenen Supermächte USA und UdSSR, dem Koreakrieg 1950–1953, zeigte sich jedoch, dass die Schwelle des Einsatzes von Atomwaffen extrem hoch war und dass dies auch im rein taktischen Bereich galt. Konventionelle Kriege waren offenbar sehr wohl noch möglich. Aber nicht nur das, die kommunistischen Truppen schufen durch ihre schiere Masse in Korea fast vollendete Tatsachen und besetzten die ganze Halbinsel bis auf einen letzten Brückenkopf um Pusan, im Südosten der Halbinsel. Das Blatt wendete sich erst durch eine massive amphibische Operation der amerikanisch geführten UN-Truppen bei Incheon (nahe Seoul) im September 1950. Diese amphibische Operation hatte bewiesen, dass klassische Landeoperationen noch lange nicht abzuschreiben waren.
Im Zuge des Koreakrieges erfolgte auch eine erste große Reaktivierungswelle der in Reserve befindlichen US-Landungsschiffe, nebenbei bemerkt auch die größte. Darüber hinaus wurde aber in Amerika zudem der Neubau von amphibischen Schiffen wieder in Angriff genommen, in vergleichsweise kleinem Stil, jetzt mit klarem Schwerpunkt auf Docklandungsschiffen anstelle konventioneller amphibischer Frachtschiffe. Diese wurden quasi nur noch aufgebraucht, weil sie eben in so großer Stückzahl vorhanden waren. Neubauten gerieten zur Ausnahme: nach dem Krieg wurden nur mehr acht Schiffe der Typen AKA/APA neu gebaut.
Dafür wurden nun die Docklandungsschiffe konzeptionell verfeinert, indem ihre Frachtkapazität in Bezug zur Anzahl ihrer mitgeführten Landungsboote erheblich vergrößert wurde. Es entstand der neue Typ des Transport-Dockschiffes (LPD) mit mehr Frachtkapazität, davor hatten die Docklandungsschiffe vor allem viele Landungsboote, aber dafür wenig Beladung mitgeführt. Die Konstruktion ging damit langsam in Richtung amphibisches Mehrzweckschiff.

Neuentwicklungen der Nachkriegszeit: Hubschrauber, Luftkissen-Landungsboote etc.

Eine besonders interessante Neuentwicklung war die des amphibischen Hubschrauberträgers in den späten 1950er Jahren, dessen Konzept schon seit 1947 in der amerikanischen Marine diskutiert worden war. Der bordgestützte Hubschrauber war neu. Als schneller und flexibler Truppentransporter war er besonders gut für amphibische Operationen geeignet. Amphibische Hubschrauberträger sollten nun gleichsam den Transport der Truppen an Land vornehmen, schweres Material konnte (bzw. kann) allerdings weiterhin nur per direkter Anlandung von See in zufriedenstellender Menge an Land gebracht werden.
Die Tendenz hin zum amphibischen Mehrzweckschiff, die schon bei den Transport-Dockschiffen deutlich geworden war, verstärkte sich weiter, zu einer Kombination aus Docklandungsschiff, amphibischem Transportschiff und Hubschrauberträger, die in der »Tarawa«-Klasse (LHA-1-Klasse) einen ersten Höhepunkt fand und mit der »Wasp«-Klasse (LHD-1-Klasse) und der »America«-Klasse (LHA-6-Klasse) fortgesetzt wurde. Man könnte auch von einem amphibischen Allzweckschiff sprechen, zumal nun auch Elemente des amphibischen Kommandoschiffes eingebaut wurden, einer weiteren Typenentwicklung, die im Zweiten Weltkrieg (als eigener Schiffstyp) ihren Ursprung hatte. Aus den einstigen Hilfsschiffen für Landeoperationen waren somit Spezialschiffe in der Größe ehemaliger Flottenflugzeugträger geworden, d.h. über 40.000 ts groß und (inzwischen) neben Transporthubschraubern oder Transportflugzeugen auch mit Flugzeugen bewaffnet.
Kein Schiffstyp ist ein abgeschlossenes System, er unterliegt sehr stark technischen Entwicklungen, die mit diesem selbst sehr wenig zu tun haben, auch im Bereich der Landungsschiffe. In den letzten Jahrzehnten wurde die Entwicklung der amphibischen Flotte durch mehrere wichtige Komponenten beeinflusst. Dazu gehört die Einführung moderner Luftkissen-Landungsboote (LCAC), die in den Dockräumen amphibischer Mutterschiffe untergebracht werden können, die Entwicklung von leistungsstarken Mehrzweck-Flugzeugen mit verstellbaren Propellern, vom Typ Bell-Boeing MV-22 (Osprey) zur Verwendung an Bord von Hubschrauberträgern, sowie die Stealth-Technologie, die auch in der amphibischen Flotte Einzug fand. Und schließlich kamen dank moderner Entwicklung von Vertikal- und Kurzstarttechniken (V/STOL) sogar düsengetriebene Kampfflugzeuge auf amphibischen Hubschrauberträgern zum Einsatz, konkret die Typen McDonnell Douglas AV-8B (Harrier II) und nunmehr (als STOVL) die modernen Lockheed Martin F-35B (Lightning II).
Kurz erwähnt werden soll auch noch der Typ des amphibischen U-Bootes, der aber auf eine Handvoll Boote beschränkt blieb und nur für mögliche amphibische Spezialoperationen gedacht war. Er wurde als eigenständiger amphibischer Schiffstyp bald wieder aufgegeben und existiert als solcher gegenwärtig nicht mehr.
Nach dem Koreakrieg waren vor allem die Berlin-Krise 1961, die Kuba-Krise 1962 und der Krieg in Vietnam ab 1964 Anlässe

deutlich erkennbarer Reaktivierungsschübe von amphibischen US-Schiffen aus den Beständen des Zweiten Weltkrieges, aber keiner dieser Anlässe erreichte eine ähnliche Dimension wie der Krieg in Korea 1950–1953. Nirgendwo gab es aber später kriegsentscheidende Invasionen wie in Incheon, auch nicht in Vietnam, wo auch viele Landungsschiffe und Marines eingesetzt waren.
Während sich die amphibischen Schiffe immer weiter weg vom Hilfsschiff hin zum hochwertigen Kampfschiff entwickelten, wurden sie ab 1968 auch im Klassifikationssystem der U.S. Navy zu einer umfassenden Sonderkategorie mit dem Buchstaben »L« für »Landing Ships«. Und in den 1960er Jahren wurde auch das Konzept der amphibischen »20-Knoten-Flotte« verwirklicht. Seither ist die Maschinenleistung moderner amerikanischer Landungsschiffe durchwegs für eine Marke von deutlich über 20 Knoten konzipiert, die Navy gibt als offizielle Geschwindigkeit aber nur den Wert »+20« an. (Die tatsächliche Geschwindigkeit liegt meist bei 22 bis 24 Knoten).

Die Entwicklung der Eigenbewaffnung auf amphibischen Schiffen

Die Bewaffnung der Landungsschiffe diente und dient bis heute fast rein der Selbstverteidigung, ist also im Konzept durchaus den Hilfsschiffen ähnlich. Daran hat sich bisher wenig geändert, wenn auch die Systeme komplexer geworden sind. Fast als übliche Ausrüstung kann man im Zweiten Weltkrieg ein 127-mm-L/38-Geschütz (ohne Schutzschild) auf jedem größeren Landungsschiff der U.S. Navy feststellen, dazu eine größere Menge leichter Flakgeschütze. Es gibt zwar in den Archiven zu allen Schiffen detaillierte Unterlagen zur Ausrüstung mit 76-mm-Geschützen und leichter Flak der Kaliber 40 mm und 20 mm etc., die Angaben stimmen aber oft nicht mit der jeweiligen Fotoauswertung überein. Zu individuell war im Krieg die verstärkte Ausstattung mit leichter Flak erfolgt, nicht jede Installation leichter Geschütze fand ihren Niederschlag in der zentralen Dokumentation der Marinebürokratie. Die einzelnen Angaben bei den Schiffsklassen sind daher eher als ungefähre Richtwerte zu sehen.
Die Bewaffnung der Schiffe entwickelte sich nach dem Krieg zuerst in Richtung einer noch größeren Anzahl von modernen 76-mm-Schnellfeuergeschützen zur Fliegerabwehr, anstelle der leichten Flak und auch der 127-mm-Geschütze. Diese 76-mm-L/50-Geschütze, in der Navy als Mk 33 bezeichnet, waren insbesondere das Ergebnis der hohen Verluste (vor allem Personalverluste) durch das massive Auftreten von Kamikaze in der Endphase des Krieges gewesen, die man durch leichte Flak zwar beschädigen, aber nicht besonders wirkungsvoll stoppen konnte, wenn der Pilot seinen Kurs nicht änderte. Gegen die modernen Jets der Nachkriegszeit erwiesen sich diese Flakgeschütze aber als wenig wirkungsvoll. In den 1970er Jahren wurde ihre Zahl stark reduziert und meist auch die zentralen Feuerleitanlagen dafür entfernt.
Leichte Flugabwehr-Lenkwaffen wurden aber (ab den frühen 1970er Jahren) vorerst nur auf den großen Typen wie LPH, LHA und LCC installiert. Auch sie dienten nur der Nahbereich-Abwehr. Verwendet wurde das 1967 in der Flotte eingeführte Modell des BPDMS (Basic Point Defense Missile System) Mk 25 Sea Sparrow Starters, ein kastenförmiges System für acht (nicht automatisch nachladbare) Flugkörper RIM-6. Es verwendet eine eigene Feuerleitanlage (Mk. 115 mit Radarbeleuchter Mk 76). Ab Mitte der 1970er Jahre kam das verbesserte, leichtgewichtigere IBPDMS (das »I« steht für »Improved«) Mk 29 Sea Sparrow an Bord vieler Schiffe zum Einsatz, auch NATO Sea Sparrow Missile System genannt, das außerdem die verbündeten Seestreitkräfte in großer Zahl verwendeten, mit neu entwickeltem Radarbeleuchter Mk 91 und Flugkörpern RIM 7. Insgesamt sollten die Schiffe aber vorwiegend im Verband vor feindlichen Einwirkungen geschützt werden.
Als direkter Nachfolger des Mk 29 NATO Sea Sparrow Systems wurde vom Rüstungs- und Elektronikkonzern Raytheon das Modell RIM-162 Evolved Sea Sparrow Missile (ESSM) als neue bordgestützte Flugabwehrrakete entwickelt. Die Serienfertigung begann im Januar 2004, das System wurde auf den neuen amphibischen Hubschrauberträgern der »America«-Klasse eingebaut.
Eine wesentliche Steigerung der eigenen Abwehrfähigkeit amphibischer Schiffe brachte bereits in den 1980er Jahren der sehr umfassende Einbau von 20mm Phalanx CIWS Mk 15 zur Nahabwehr von Flugkörpern, die ab 1982 auch auf fast allen größeren Landungsschiffen der U.S. Navy installiert wurden (meist zwei Anlagen). Bei diesem in den 1970er Jahren entwickelten System handelt es sich um eine rundum vollbewegliche 20-mm-Maschinenkanone, die weitgehend autonom agieren kann. Sie hat kein separates Feuerleitsystem und wird von einem Such-und Ziel-Radarsystem direkt darüber (eingebaut in einer weißen Kuppel) geleitet, das automatisch die Ziele erkennt und dann eine Serie panzerbrechender 20-mm-Geschosse darauf abfeuert. Die Feuergeschwindigkeit des sechsläufigen (Gatling) M61-Vulcan-Geschützes beträgt

theoretisch etwa 3000 Schuss pro Minute (es sind aber standardmäßig nur 989 Schuss im System geladen).

Ab 1992 wurde auf vielen größeren amphibischen Schiffen das flugkörperbasierte Nahbereichsverteidigungssystem RAM (Rolling Airframe Missile) Mk 49 mit RIM-116 Flugkörpern installiert, die Standardversion hat 21 Flugkörper geladen (das Gesamtsystem wird z.T. auch als RAM MK-31 bezeichnet). Der Flugkörper mit 127 mm Durchmesser hat zwar zwei Lenkflügel hinter seinem aktiven Suchkopf, diese sind aber beim Abfeuern noch eingezogen und er rotiert während des längsten Teils des Fluges um seine Längsachse (daher der Name). Sobald der Suchkopf eine Hitzequelle ausmacht, springen die Lenkflügel aus dem Rumpf und steuern auf diese zu. Das System wurde in mehreren Versionen weiterentwickelt, seit 2015 führt die U.S. Navy mit der Version Block 2 RIM-116C eine deutlich verbesserte Version mit stärkerem Raketenmotor und vergrößertem Durchmesser des Flugkörpers (146 mm) in der Flotte ein.

Zur Standard-Ausrüstung der Eigenwehr zählen natürlich auch diverse ECCM-Anlagen und Täuschwerfer, auf die hier nicht näher eingegangen wird.

Auf Artillerie glaubte man dagegen zeitweise ganz verzichten zu können. Großkalibrige Artillerie, in Form von 127-mm-L/54-Geschützen Mk 45 gegen Luft- und See/Bodenziele, erhielten in der fortgeschrittenen Nachkriegszeit nur die LHA der »Tarawa«-Klasse. Später wurde auf Artillerie größeren Kalibers aber gänzlich verzichtet (und in den 1990er Jahren diese auch auf der »Tarawa«-Klasse entfernt). Der Grund lag u.a. darin, dass laut Operationsplan die modernen Luftkissen-Landungsboote bereits ca. 50 Seemeilen vom geplanten Landepunkt vom Mutterschiff entlassen werden sollten, d.h. außerhalb der Reichweite von Artillerie für den möglichen Landbeschuss.

Die Bedrohung durch Piraten in weiten Teilen von Afrika und Asien führte dazu, dass auch amphibische Schiffe wieder einige Rohrwaffen erhielten, meist nur einige Browning Maschinengewehre und zwei komplexere Bushmaster II Maschinenkanonen, in der Navy-Version auch als Mk 46 Gun Weapon System (GWS) bezeichnet. Eine verbesserte Marineversion wurde 2019 in Auftrag gegeben, ausdrücklich auch zur Verwendung auf amphibischen Schiffen.

Soweit ein nur grundsätzlicher Überblick zur Bewaffnung, davon ausgenommen einige Spezialtypen wie Schiffe vom Typ LSV oder die Eigenbewaffnung umgebauter Flottenträger mit anfangs bis zu vier Doppeltürmen 12,7cm L/38, die aber für amphibische Schiffe atypisch war. Insbesondere die aus Zerstörern umgebauten APD können auch als über die Selbstverteidigung hinaus bewaffnet gelten. Zumindest von der Konzeption her war dabei die Möglichkeit des Küstenbeschusses eine spezifische Anforderung. Umbauten aus Geleitzerstörern (DE) wurden mit je einem 127-mm-Geschütz am Vorschiff ausgestattet, DD-Umbauten hatten planmäßig zwar nur drei Geschütze des Kalibers 76 mm, behielten aber z.T. ihre 102-mm-Geschütze als Zerstörer noch lange an Bord. Und natürlich auch ausgenommen die Bewaffnung der Feuerschutzschiffe, die als Artillerie- und Raketenträger speziell für den Küstenbeschuss (zur Unterstützung amphibischer Operationen) konzipiert war. Das ist aber eine sehr spezifische Thematik, die an entsprechender Stelle kurz behandelt wird.

Zusammenfassung und Ausblick

Als kurze Zusammenfassung kann man festhalten, dass die Landungsschiffe heute einen festen Platz in der U.S. Navy eingenommen haben, als eigene Kategorie zwischen den Kampf- und den Hilfsschiffen, dabei aber in erster Linie als Kampfschiffe gesehen werden. Amerika war hier Vorreiter, die schiffbaulichen Entwicklungen in den USA im amphibischen Bereich haben auch die der Landungsflotten anderer Länder ganz entscheidend mitbeeinflusst bzw. sogar völlig dominiert und geprägt, und dies nicht nur bei den westlichen Seestreitkräften. Im Kalten Krieg hatte auch die Sowjetunion begonnen, eigene Landungsschiffe zu bauen, ursprünglich recht einfache Schiffe, später z.T. aber interessante Konstruktionen mit eigenen schiffbaulichen Facetten, wie die »Iwan Rogow«-Klasse, jedoch insgesamt auf einem viel niedrigeren Level, in Bezug auf Qualität und Quantität. Bald glaubte aber fast keine Marine der Welt mehr, ohne eigene Landungsschiffe auskommen zu können; viele Entwicklungsländer haben sich teure amphibische Schiffe angeschafft, wobei teilweise nicht die geringsten Anlässe für eine mögliche Verwendung erkennbar sind.

Auch China baut gerade seine amphibischen Kapazitäten stark aus: nach den am amerikanischen Typ LPD angelehnten Schiffen vom »Typ 71« (»Kunlun Shan« oder »Yuzhao«-Klasse; sieben Schiffe sind fertig oder in Ausrüstung) lief am 25.9.2019 bei der Hudong-Zhonghua Werftgruppe der erste amphibische Hubschrauberträger vom »Typ 075« (mit Dockkapazität) vom Stapel, eine weitere Einheit der Klasse ist in Bau und eine in Planung. Dabei handelt es sich um eine völlig neue Generation von amphibischen Mehrzweckschiffen, weitaus größer als ähnliche chinesische Schiffe zuvor. Der »Typ 075« soll 35 Hubschrauber aufnehmen können, ist 237 m lang, 43 m breit und soll etwa 35.000 bis 40.000 ts verdrängen. Erneut stammt natürlich die schiffbauliche Vorgabe des Typs von der U.S. Navy.

Wie sieht aber die amphibische Flotte der U.S. Navy heute und in absehbarer Zukunft aus: Die drei in der frühen Nachkriegszeit gebräuchlichsten Typen, LKA, LPA und LST, sind aus der Flotte verschwunden. Auch die insgesamt 20 modernen Panzer-Landungsschiffe der »Newport«-Klasse (LST-1179-1198), die zwischen 1969 und 1972 in Dienst gestellt worden waren, wurden bereits 1992 bis 2002 ausgemustert. Die U.S. Navy verfügt damit über keine großen Landungsschiffe mehr zur direkten Anlandung am Strand. Es ist zurzeit auch nicht geplant, neue Schiffe auf Basis dieses Typs zu bauen, der unmittelbare Ersatz erfolgte ausschließlich durch die LSD- und LPD-Bauprogramme.

Im Bereich der Docklandungsschiffe wurden zwischen 1995 und 1998 vier Einheiten der »Harpers-Ferry«-Klasse in Dienst gestellt (LSD-49-52, eine modifizierte Version der »Whidbey Island«-Klasse (LSD-41-48), deren acht Schiffe 1985 bis 1992 in Dienst kamen. Die »Harpers-Ferry«-Klasse kann nur zwei statt vier Luftkissenboote (LCAC), aber dafür deutlich mehr Fracht transportieren als die Vorgänger-Klasse; grundsätzlich basiert ihre Konstruktion jedoch stark auf dieser.

Planungen sahen den Bau einer modifizierten LSD-Klasse von bis zu 13 Schiffen mit moderner Stealth-Technologie als Nachfolger der »Harpers-Ferry«- und der »Whidbey Island«-Klassen vor; die ursprüngliche Projektbezeichnung hatte LSD(X)-Klasse gelautet. Der Baubeginn war für frühestens 2022 angesetzt, d.h. nach der Fertigstellung des letzten Schiffes der LPD der »San Antonio«-Klasse; die erste Indienststellung dann ca. 2025/26. Der Entwurf soll laut Vorvertrag mit Huntington Ingalls viele Elemente der LPD der »San Antonio«-Klasse enthalten. Fixe Entscheidungen zu diesem Programm stehen zwar noch völlig aus, voraussichtlich wird der Ersatz der LSD-41/49-Klasse aber ganz durch das LPD-Bauprogramm erfolgen (LPD-30-Klasse), soweit das derzeit absehbar ist.

Im Bereich LPD werden in den USA gegenwärtig die letzten beiden Einheiten von modernen Transport-Docklandungsschiffen der »San Antonio«-Klasse gebaut. Dabei gab es erhebliche Verzögerungen beim Bau selbst und Qualitätsprobleme, auch nach der Übernahme, welche für die hohe Überschreitung der Baukosten mitverantwortlich waren. »San Antonio« (LPD-17) hat ein stark verkleinertes Radarprofil bzw. sogenannte »Stealth-Technologie« und kommt vollbeladen auf 25.000 ts Verdrängung. Die Schiffe werden im Endeffekt durchschnittlich etwa 1,6 Milliarden Dollar pro Einheit kosten. Sie ersetzen direkt die Transport-Docklandungsschiffe der »Austin«-Klasse, die 1966 bis 1971 in Dienst gekommen waren (Außerdienststellungen 2005 bis 2017), aber teilweise auch die ersatzlos ausgesonderten LST und LKA.

Im März 2019 wurde das erste Schiff einer neuen LPD-Klasse bei Huntington Ingalls in Auftrag gegeben, für das der Name LPD-30 »Harrisburg« gewählt wurde. Die Konstruktion ist stark an die »San Antonio«-Klasse angelehnt (bzw. eigentlich eine Sub-Klasse dieser), der Bau soll aber stärker auf Fixkostenbasis umgesetzt werden. 13 Einheiten sind geplant (LPD-30-42), die in den 2020er Jahren gebaut werden sollen.

Die Hubschrauberträger bzw. Mehrzweckschiffe der »Tarawa«-Klasse (LHA-1-5), Indienststellungen 1976 bis 1980, werden gegenwärtig von der »America«-Klasse abgelöst, die mit ca. 45.000 ts ebenfalls eine vergleichbare Verdrängung wie die früheren Flotten-Flugzeugträger der »Midway«-Klasse oder der französische Flugzeugträger »Charles de Gaulle« aufweisen (die Navy nennt sie auch die »Big deck ships«, im Unterschied zu den »Small deck ships« der Typen LPD/LSD). Der Stückpreis der bei Huntington Ingalls gebauten LHA liegt bei ca. 3,5 Milliarden US-Dollar, Tendenz steigend. Die Schiffe haben eine sehr starke fliegerische Komponente (u.a. mit F-35B Tarnkappen-Mehrzweckkampfflugzeugen) und sind eher amphibische Flugzeugträger als Mehrzweckschiffe, denn ihnen fehlt eine sehr entscheidende amphibische Fähigkeit: mangels Dockeinrichtungen können sie keine Landungsboote mit schwerem Gerät aussetzen. Das Design stieß daher insgesamt auch auf sehr viel Unverständnis in der Fachwelt. Das Typschiff LHA 6 »America« wurde 2014 in Dienst gestellt, ein weiteres Schiff ist fertig (LHA-7 »Tripoli«) und durchläuft Probefahrten, die Indienststellung ist für Sommer 2020 geplant (ca. ein Jahr hinter dem ursprünglichen Zeitplan). Ein weiteres befindet sich 2020 in sehr fortgeschrittenem Bauzustand, die USS »Bougainville« (LHA-8); sie wird nun doch mit Dockeinrichtungen ausgestattet werden, wie auch die Folgeschiffe, womit eigentlich eine neue Sub-Klasse oder Klasse eingeleitet wird.

Die Gesamtzahl der Schiffe vom Typ der »America«-Klasse ist noch nicht abschließend bekannt, es könnten nach Navy-Planungen bis zu 11 Einheiten werden, welche dann auch die »Wasp«-Klasse (LHD-1-8) ersetzen würden, deren Schiffe von 1989 bis 2009 in Dienst gestellt wurden. Die LHA vom Typ der »America«-Klasse sollen jedenfalls in den 2020-Jahren weitergebaut werden. Sie werden zusammen mit den LPD der »Harrisburg«-Klasse das Rückgrat der amphibischen Flotte der U.S. Navy im nächsten Jahrzehnt darstellen.

Das aktuelle, bereits im Dezember 2016 veröffentlichte »Force-Level-Goal« der U.S. Navy von 355 Schiffen insgesamt (»355 Ship Fleet by 2034«), beinhaltet mittelfristig die Unterhaltung einer amphibischen Flotte von 38 Schiffen, die darin wie folgt definiert sind: 12 vom Typ LHA/LHD, 13 der LPD-17-Klasse und 13 der Typen LSD/LPD (12 + 13 + 13 = 38).

Anfang 2020 hat die U.S. Navy nur 32 amphibische Schiffe im aktiven Dienst, neun amphibische Hubschrauberträger – nämlich einen der »America«-Klasse (LHA) und acht der »Wasp«-Klasse (LHD) –, 11 Transport-Docklandungsschiffe der »San Antonio«-Klasse (LPD) und 12 Docklandungsschiffe der »Harpers-Ferry«- bzw. »Whidbey Island«-Klassen (LSD-41/49).

Der 30-Jahres-Schiffbauplan der Navy (FY 2020 bis FY 2049) sieht laut Bericht an den US-Kongress vom 10.10.2019 aber vor, dass die amphibischen Schiffe bis FY 2026 schrittweise auf 38 Einheiten aufgestockt werden, nämlich auf 36 bis 38 Schiffe in den Budgetjahren FY 2027 bis FY 2034, danach würde die Zahl vorerst leicht fallen, auf 34 oder 35 Schiffe in FY 2035 bis FY 2038, gefolgt von einer Erhöhung auf 36 oder 37 Schiffe FY 2039 FY 2046 und einem neuerlichen Sinken auf 35 Schiffe FY 2047 bis 2049. Während des gesamten Zeitraums von 30 Jahren sollen durchschnittlich 35,8 Schiffe eingesetzt werden, was etwa 94% der erforderlichen Zahl von 38 Schiffen entsprechen würde.

Die tatsächliche schiffbauliche Umsetzung solcher Langzeitstudien ist aber von so vielen Faktoren abhängig, dass man sie wirklich nur als aktuelle Planung oder Vorstellung der Navy verstehen sollte.

5. Die amphibischen Mutterschiffe der U.S. Navy nach Typen und Klassen

5.1. Konventionelle amphibische Transportschiffe

5.1.1. Amphibische Frachtschiffe (AKA/LKA)

Verglichen mit späteren Spezialtypen, wie Docklandungsschiffen oder amphibischen Hubschrauberträgern, stellen amphibische Fracht- und Transportschiffe keine spektakuläre Neuentwicklung dar. In der U.S. Navy handelt es sich bei diesen Schiffen um die Klassifikationen AKA/LKA, APA/LPA und APD/LPR. In diesem Einleitungskapitel werden aber nur die amphibischen Frachtschiffe und amphibischen Truppentransporter beschrieben, da die aus Zerstörern umgebauten amphibischen Schnelltransporter vom Typ APD/LPR doch sehr viele Besonderheiten aufweisen und deshalb separat behandelt werden.

Das offizielle »Geburtsdatum« dieser Kategorie ist der 1.2.1943. An diesem Tag wurden erstmals 20 Schiffe der Navy vom klassischen Typ Frachter mit Kennung AK und 56 Truppentransporter vom ebenso klassischen Typ AP mit einem weiteren »A« am Ende versehen, das für »Attack« stand. Offiziell wurden sie nun als Attack Cargo Ships (AKA) und Attack Transports (APA) geführt, und was besonders wichtig ist: damit wurden sie de facto als amphibische Schiffe wahrgenommen.

Der wichtigste Aspekt, der diese Schiffe von den zahlreichen AK und AP, die dieses zusätzliche »A« nicht erhielten, unterschied, ist die Fähigkeit, ihre Fracht (Truppen und militärisches Material) auf See, im Rahmen einer amphibischen Landung und mittels eigenem Ladegeschirr löschen und in ausgesetzte Boote zur Anlandung am Strand verbringen zu können. Wenn man so will, handelt es sich also bei amphibischen Transportschiffen um normale Frachter, welche die Fähigkeit besitzen, ihre Ladung ohne Hilfe von Hafeneinrichtungen auf See zu löschen.

Die Umklassifizierung hat natürlich nicht über Nacht aus 78 normalen Transportern 78 amphibische Frachtschiffe gemacht. Landungen führte die U.S. Navy auch bereits davor durch und im Prinzip hat fast jedes Schiff eine gewisse Kapazität zur Durchführung solcher Aufgaben. Tatsächlich wurden aber die meisten Schiffe der Kategorien AKA und APA für ihre amphibische Aufgabenstellung doch erheblich umgebaut. In erster Linie handelte es sich dabei um die Ausrüstung mit besonders umfangreichem Ladegeschirr (Davits, Ladebäume, in kleinerem Umfang auch Krane), die Aufnahmefähigkeit für zahlreiche mitzuführende Landungsboote und die Herstellung und Einrichtung von Truppenunterkünften. Der Typ blieb sonst weitgehend unverändert.

Bei der amphibischen Operation selbst war der Vorgang der Beladung der Landungsboote außerordentlich mühsam und zeitraubend, da diese nicht voll beladen zu Wasser gelassen werden konnten. Vielmehr wurde der Großteil der Fracht erst mittels des dafür umfangreich vorhandenen Ladegeschirrs in die längsseits liegenden Boote verladen und auch die Truppen gingen erst in die Boote, als diese bereits zu Wasser gelassen worden waren. Das geschah ursprünglich über schlichte Frachtnetze, später über sehr ähnlich gebaute, breite Strickleitern, an denen die Soldaten, nebeneinander in Viererreihen, in die Landungsboote kletterten, in einem Respektabstand von mehreren Metern zur nächsten Gruppe. Jedes Schiff vom Typ AKA und APA hatte deutlich mehr amphibische Zuladung, als die mitgeführten Landungsboote auf einmal transportieren konnten. Es waren fast durchwegs drei (teilweise bis zu vier) voll beladene Fahrten aller Landungsboote notwendig, bis ein Schiff üblicherweise für die Landungsoperation geleert war. Wichtig war darüber hinaus ein entsprechender Beladungsplan, der die zuerst benötigte Ausrüstung, die selbstverständlich genormt verpackt sein musste, auch tatsächlich als Erste zugänglich machte.

Die Royal Navy hatte schon vor dem Krieg mit Versuchen begonnen, zumindest die erste Welle von Booten bereits beladen zu Wasser zu lassen, was die U.S. Navy im weiteren Kriegsverlauf ebenfalls probierte. Möglich war das aber nur mit relativ leichter Zuladung und natürlich ohne Fahrzeuge. Ab Sommer 1941 wurden in der U.S. Navy neue, leistungsfähigere Davits vom Typ Welin (benannt nach dem schwedischen Ingenieur Axel Welin) eingeführt, die bald zur Standardausrüstung der AKA- und APA-Klassen gehörten. Durch das dreilagige Fassungsvermögen dieser Davits konnte vor allem die Anzahl der Landungsboote deutlich erhöht werden. Bei entsprechender Verstärkung der Rahmen konnten damit in der ersten Welle aber auch beladene Boote ausgesetzt werden.

Vor dem 1.2.1943 waren bereits viele der als AK und AP umgebauten Schiffe für amphibische Operationen verwendet worden, vor allem in Nordafrika 1942. Aber es dienten in Nordafrika auch viele Frachtschiffe zur Landung, die trotz erheblicher Umbauten für amphibische Aufgaben später nicht entsprechend umklassifiziert wurden, was kein stimmiges Bild ergibt. Zudem gingen sechs große amphibische Angriffsfrachter der U.S. Navy in Nordafrika verloren, ohne dass sie noch rechtzeitig die amphibische Klassifikation erhalten hatten können. Auch hier erscheint es unlogisch, dass einige die (bereits vorgesehene) Klassifikation noch nachträglich erhielten, andere dagegen nicht. Im weiteren Kriegsverlauf gab es, aus unterschiedlichen Gründen, noch mehrere Umbauten von de facto AKA und APA, von weiterhin als AK und AP klassifizierten Schiffen. Gerade bei den amphibischen Transportschiffen zeigt sich daher die Wichtigkeit, sich an die amtliche Klassifikation zu halten, sonst könnte jeder selbst für sich entscheiden, was er persönlich als ein amphibisches Schiff der U.S. Navy wertet.

Die Schiffe mit AKA-Klassifikationen unterschieden sich von jenen mit APA vor allem dahingehend, dass bei den ersteren der Schwerpunkt auf Frachttransport, bei Letzteren auf Truppentransport lag. Aber die Übergänge waren in den meisten Fällen fließend. Auch AKA, bei denen man von etwa bis zu 500 Mann Landungstruppen ausgehen kann, transportierten oft kurzfristig über 1000 Mann, und die APA waren alles andere als reine Passagierschiffe, vielmehr Frachter mit vergleichsweise vielen Truppenunterkünften. Im Durchschnitt kann man bei einem APA von etwa 1500 bis 2000 Mann an mitgeführten Landungstruppen ausgehen (kleinere Typen deutlich darunter, z.B. »Gilliam«-Klasse 850). Die APA hatten äußerlich meist umfangreichere Aufbauten und etwas weniger Ladegeschirr, vor allem im Schwergut-Segment. Besonders deutlich zeigt sich die Ähnlichkeit dieser beiden Schiffstypen bei den Standardschiffen, die einer Klasse angehörten, von der aber Einheiten als AKA und als APA adaptiert wurden.

An Landungsbooten wurden als größter Typ meist LCM(6) an Bord mitgeführt, von einem Schiff sehr oft typischerweise vier bis sechs Stück, die quer an Deck gelagert waren, dazu größere Mengen an LCVP, 18 bis 24 Stück, die meist an (Welin-) Davits oder ebenfalls an Deck gelagert waren, dazu auch einige LCPL und LCPR, meist alles in einer bunten Mischung. Die verschiedenen Ausstattungsvarianten sind teilwiese gut auf den Luftaufnahmen zu erkennen. Zu vermerken wäre außerdem noch der relativ hohe Bedarf an Eigenbesatzungen, sehr oft um die 500 Mann, allein das umfangreiche Ladegeschirr und die Bordflak bedurften vieler Hände.

Die Herkunft dieser nachstehend beschriebenen Schiffe gliedert sich in mehrere Gruppen. Eine Reihe früher Schiffe entstand aus Umbauten alter Handelsschiffe, darunter z.T. ehemalige Truppentransporter der U.S. Army aus dem Ersten Weltkrieg. Diese Schiffe wurden über die Maritime Commission (MC) von der Navy angefordert und durchwegs zuerst als AP oder AK übernommen und am 1.2.1943 umklassifiziert. Die

AKA-52 »Zenobia«, Werftaufnahme vom 20.1.1945, noch mit Hafenarbeitern an Bord.

weitaus größte Gruppe stammt aber aus dem Standard-Schiffbauprogramm. Sehr häufig ist das Datum der Indienststellung durch die Navy mit der Übernahme von der MC identisch. Einige Einheiten fuhren im Krieg mit Besatzungen der Küstenwache, nämlich fünf AKA und neun APA (AKA-16-18, 62, 63; APA-12-14, 25, 26, 33, 35-37).

Viele Werften des Standard-Programms waren ausschließlich auf den Bau von Schiffen eines ganz bestimmten Typs spezialisiert, die Umrüstung als AKA oder APA hätte den raschen Auswurf der Bauserie behindert. Deshalb wurden viele fast fertige Standardschiffe zur Ausrüstung als amphibische Transportschiffe an eine andere Werft überstellt, oftmals im Schlepp, manche fuhren schon aus eigener Kraft. Da sie als Navy-Schiffe in Dienst sein mussten, wenn sie selbst fuhren, wurden viele im unfertigen Zustand für die Überführungsfahrt provisorisch in Dienst gestellt. Die Navy-Bezeichnung dafür lautet »ferry commision« oder »partial commission«. Sie wurden nach Ankunft wieder außer Dienst gestellt und erlebten später eine zweite, reguläre Indienststellung.

Die Namensgebung amphibischer Schiffe ist komplex und uneinheitlich. Sie erfolgte bei den AKA anfänglich meist nach Sternen und Himmelsbildern, schließlich setzten sich aber die County-Namen durch, spätere bekamen Städtenamen. Bei den APA wurden anfangs viele ehemalige Namen der US-Armee beibehalten oder Namen von Persönlichkeiten des Marine Corps vergeben, bevor sich auch hier die County-Namen durchzusetzen begannen. Ausnahmen gibt es trotzdem, bis hin zum überraschend verstorbenen Sekretär des US-Präsidenten als Namensgeber.

Zahlreiche dieser Schiffe erlebten sehr umfangreiche Kriegseinsätze im amphibischen Bereich. Kein AKA und nur zwei APA gingen im Krieg mit dieser Klassifizierung verloren, beide im Pazifik 1943 (APA 3 und APA 23), eine spektakulär geringe Zahl; dazu kommen noch einige wenige bereits mit dieser Klassifikation designierte Einheiten und einige de facto Totalverluste.

APA-51 »Sheridan« der »Ormsby«-Klasse vor der Mare Island NY am 1.9.1943.

Nach dem Kriegseinsatz wurden sehr viele Einheiten wieder an die MC retourniert. Viele wurden dort in der Reserve (NDRF) aufgelegt, andere zur Verschrottung verkauft oder kamen als zivile Frachter in Verwendung. Ein wesentlich kleinerer Teil wurde von der Navy behalten und oftmals ebenfalls in Reserve aufgelegt. In der aktiven Flotte blieben nach Kriegsende nur wenige Schiffe. Viele Einheiten hatten extrem kurze Einsatzzeiten und wurden de facto völlig neuwertig wieder »eingemottet«, später dann verschrottet.

Im Koreakrieg, der insgesamt ein starkes Aufblühen der amphibischen Flotte bewirkte, wurden sehr viele amphibische Fracht- und Transportschiffe wieder reaktiviert, später auch bei weiteren Krisen und Konfliktsituationen im Kalten Krieg, vor allem im Vietnam-Krieg, aber schon in deutlich limitierter Form gegenüber Korea.

Nach dem Krieg kam ein erster Neubau eines AKA erst in den späten 1950er Jahren zustande, AKA-112 »Tulare«, der 1956 in Dienst gestellt wurde, ein Frachter der MARAD vom Typ »Mariner«. Im Mai 1950 war die Maritime Commission (MC) aufgelöst worden und deren Zuständigkeiten zwischen der neuen Maritime Administration (MARAD) und dem U.S. Federal Maritime Board aufgeteilt. Auf Basis dieses MARAD-Typs wurden zwei weitere Schiffe als APA umgerüstet, APA-248 »Paul Revere« und AP-249 »Francis Marion«, die 1958 und 1961 in Dienst kamen. 1968 erfolgte die Umklassifizierung aller noch vorhandener AKA und APA in LKA und LPA.

Nach diesen drei Nachkriegsbauten wurde nur mehr eine einzige Klasse von amphibischen Transportschiffen gebaut, die »Charleston«-Klasse (LKA-113-117). Das Typschiff kam im Dezember 1968 in Dienst und hatte dabei bereits die Kennung LKA, insgesamt waren es fünf Schiffe bis 1970. Sie wurden von Anfang an von der Navy als »echte« Kriegsschiffe konzipiert und gebaut, konkret vom Bureau of Ships (BuShips), das letzte Schiff LKA-117 bereits von der Nachfolgeorganisation, dem Naval Ship Systems Command (NSSC), dem späteren Naval Sea Systems Command (NAVSEA). Als letzte klassische amphibische Frachtschiffe der U.S. Navy stellten die fünf Einheiten der »Charleston«-Klasse zwischen 1992 und 1994 außer Dienst.

Die 117 Einheiten vom Typ AKA/LKA und die 249 vom Typ APA/LPA werden nachfolgend nach Klassen gegliedert vorgestellt.

5.1.1.1. Arcturus-Klasse (AKA-1–4, 6–8, 11–14)

AKA-1 Arcturus, ex AK-18, ex MS Mormachawk
AKA-2 Procyon, ex AK-19, ex MS Sweepstakes
AKA-3 Bellatrix, ex AK-20, ex MS Raven; 1963 an Peru (Independencia)
AKA-4 Electra, ex AK-21, ex MS Meteor
AKA-6 Alchiba, ex AK-23, ex MS Mormacdove
AKA-7 Alcyone, ex AK-24, ex MS Mormacgull
AKA-8 Algorab, ex AK-25, ex MS Mormacwren
AKA-11 Betelgeuse, ex AK-28, ex MS Mormaclark
AKA/LKA-12 Libra, ex AK-53, ex SS Jean Lykes
AKA-13 Titania, ex AK-55, ex SS Culbreath
AKA-14 Oberon, ex AK-56, ex SS Delaba

Bauwerften (3)	- Sun Shipbuilding in Chester, Pa.: AKA-1, 6–8, 11 - Tampa Shipbuilding in Tampa, Fla.: AKA-2, 3 - Federal Shipbuilding in Kearny, N.J.: AKA-12–14
Stapelläufe	18.5.1939 bis 18.3.1942
Wasserverdrängung	14.225 ts (fl.)
Vermessung	6200–6510 BRT, 3700–3780 NRT, 9130–9275 dwt
Abmessungen (LxBxT)	140,0 (133,6–134,5) x 19,2 x 7,8 m
Antrieb	Dieselmotoren (außer AKA-12-14: Dampfturbinen; 2 Kessel), 6000 PS, 1 Welle
Geschwindigkeit	15,5–16,5 kn
Bewaffnung	1 x 127 mm, 4 x 76 mm, 8 x 40 mm

AKA-1 »Arcturus« in der Marinewerft Norfolk am 9.5.1943.

AKA-4 »Electra«, aufgenommen in den 1950er Jahren.

Schiffserkennung: MC-Standardschiff/Frachter C2; ein Schornstein; Brückenaufbauten hinter der Schiffsmitte; umfangreiches Ladegeschirr (zwei Mastsysteme für Ladebäume vor und eines hinter den Aufbauten); leicht geneigter Vorsteven, abgerundetes Heck.

Klassenbeschreibung: Elf ehemalige Frachtschiffe, die unter Aufsicht der Maritime Commission (MC) als Standardschiffe vom Grundtyp C2 gefertigt wurden. Alle wurden an der US-Ostküste gebaut, MC-Bauverträge 1938–1939. Acht Schiffe waren mit Dieselmotoren ausgestattet, die letzten drei Einheiten verfügten über Dampfturbinen (mit Ölfeuerung).
Der Typ C2 wird insgesamt als sehr ökonomisch und gelungen beschrieben. Die Schiffe dieser Klasse gehören alle drei Untergruppen des Standard- Typs C2 an, basieren aber auf dem gleichen Rumpf: C2-Cargo für AK-1, 2, 6–8, 11; C2T für AKA-3, 4 und C2F für AKA-12–14.
Die Klasseneinteilung ist deshalb in der Fachliteratur sehr uneinheitlich, die Zusammenfassung in einer Klasse erscheint aber grundsätzlich gerechtfertigt und wird auch vielfach

AKA-3 »Bellatrix« in einer Seitenansicht aus der Luft, nach dem Zweiten Weltkrieg.

AKA-1 »Arcturus« in einer Backbord-Seitenansicht ca. 1945.

verwendet. Man könnte aber auch nochmals in eine »Acturus«-Klasse (AKA-1, 6–8, 11) und eine »Procyon«-Klasse (AKA-2–4, 12–14) unterteilen, zudem findet man die mit Dampfturbinen ausgestattete Sub-Gruppe AKA-12–14 teilweise auch als eigene »Libra«-Klasse.
Die Schiffe der Klasse wurden einzeln zwischen September 1940 und Juni 1942 von der Navy bei der MC als Frachter angefordert.

Einsatz/Verbleib: Indienststellungen für die Navy zwischen Oktober 1940 und Juni 1942, alle ursprünglich mit AK-Klassifikationen, wobei sie als solche bereits für amphibische Operationen verwendet wurden. Alle wurden mit 1.2.1943 als AKA umklassifiziert.
Viele fuhren teilweise in ihrer Dienstzeit für den Naval Transportation Service (NTS) bzw. ab 1949 den Military Sea Transportation Service (MSTS), der unter der Regie der Navy die Seetransportkomponente des teilstreitkräfteübergreifenden US Transportation Command bildete, allerdings ohne formale Übernahmen bzw. Umklassifizierungen.
Keine Kriegsverluste. Nach Kriegsende wurden alle Schiffe mit Ausnahme von AKA-12–14 außer Dienst gestellt und kamen in die Reserveflotte, AKA-12 folgte dann 1948. AKA-2 wurde bereits 1946 aus der Schiffliste (NVR) der Navy gestrichen, fünf weitere Einheiten wurden bis 1948 aus der Schiffsliste gestrichen und kamen (auf dem üblichen Weg über vorherige Rückgabe an die MC) als zivile Frachter in Fahrt (AKA-1, 6–8, 11).
Im Korea-Krieg wurden AKA-3, 4 und auch die (erst 1948 außer Dienst gestellte) AKA-12 wieder aus der Reserve (NDRF) geholt. Alle fünf Schiffe (AKA-3, 4, 12–14) stellten schließlich 1955 außer Dienst und wurden in den nachfolgenden Jahren gestrichen.
AKA-3 ging 1963 im MAP-Rahmen (Military Aid Program) an Peru (»Independencia«).
AKA-12 befand sich noch in der Schiffsliste der U.S. Navy, als mit 1.1.1969 alle AKA auf LKA umklassifiziert wurden, und wurde erst 1977 aus dem NVR gestrichen.

5.1.1.2. Formalhaut (AKA-5)

AKA-5 Fomalhaut, ex AK-22, ex MS Cape Look-out; 1944 wieder als AK-22 klassifiziert; 1948 umklassifiziert als AE-20	Bauwerft	Pennsylvania Shipyards in Beaumont, Tex.
	Stapellauf	25.1.1941
	Wasserverdrängung	11.653 ts (fl.)
	Vermessung	5125 BRT, 2850 NRT, 7450 dwt
	Abmessungen (LxBxT)	125,6 (119,9) x 18,3 x 7,18 m
	Antrieb	Dieselmotoren, 4250 PS, 1 Welle
	Geschwindigkeit	14,8 kn (Probefahrt)
	Bewaffnung	1 x 127 mm, 4 x 76 mm, 2 x 40 mm

Schiffserkennung: MC-Standardschiff/Frachter C1; ein Schornstein; sehr kantige und über beide Bordwände reichende Brückenaufbauten etwa ab Schiffsmitte; umfangreiches Ladegeschirr (zwei Mastsysteme für Ladebäume vor und eines hinter den Aufbauten); gerader, leicht geneigter Vorsteven, abgerundetes Heck.

Klassenbeschreibung: Mit MC-Vertrag vom 18.10.1939 als C1-Frachtschiff in Auftrag. Der Typ C1-A war einer der drei Anfangsentwürfe der MC aus 1938. Es wurden davon 46 Schiffe mit Dieselantrieb und 19 mit Dampfturbinen gebaut, AKA-5 war das einzige davon, das als amphibisches Schiff umklassifiziert wurde. Stapellauf Januar 1941, im Mai 1941 von der Navy angefordert.

Einsatz/Verbleib: Indienststellung für die Navy 2.3.1942 als AK-22 und am 1.2.1943 als AKA-5 umklassifiziert. Nach Kriegseinsatz im Pazifik (u.a. Marianen-Invasion) im August 1944 auf AK-22 rückklassifiziert und in Norfolk, Va., zum Versorgungsschiff umgebaut.
1946 außer Dienst gestellt und in Philadelphia, Pa., in Reserve; dort 1948 noch als Munitionsversorger AE-20 umklassifiziert, ohne jemals wieder aktiviert zu werden. 1962 aus der Schiffsliste gestrichen.

Ex-AKA-5 »Formalhaut« aus der Luft im Jahr 1944, bereits rückklassifiziert als AK-22.

USS »Formalhaut« als AK-22 am 24.11.1944 in der Marinewerft Norfolk. Das Schiff war nur von Februar 1943 bis August 1944 als AKA-5 klassifiziert.

5.1.1.3. Alhena (AKA-9)

AKA-9 Alhena, ex AK-26, ex SS Robin Kettering; 1946 SS Robin Kettering	Bauwerft	Bethlehem Shipbuilding in Sparrows Point, Md.
	Stapellauf	18.1.1941
	Wasserverdrängung	15.080 ts (fl.)
	Vermessung	7101 BRT, 4285 NRT, 11.190 dwt
	Abmessungen (LxBxT)	146,1 (137,9) x 20,1 x 8,2 m
	Antrieb	Dampfturbinen (2 Kessel), 7000 PS, 1 Welle
	Geschwindigkeit	16,6 kn (Probefahrt)
	Bewaffnung	1 x 127 mm, 4 x 76 mm, 2 x 40 mm

AKA-9 »Alhena« in einer Backbord-Seitenansicht am 5.10.1944 in der San Francisco Bay.

AKA-9 »Alhena« nach Umbau mit neuen Gittermasten, aufgenommen am 5.10.1944.

Schiffserkennung: MC-Standardschiff/Frachter C2; ein sehr breiter, in die Brücke bzw. Aufbauten einfließender Schornstein; kantige Brückenaufbauten in der Schiffsmitte mit aufgesetztem Gittermast; ausgeprägte Back; umfangreiches Ladegeschirr (vor den Aufbauten je ein großer Gittermast für Ladebäume und ein einzelner Mast am Vorschiff); leicht geneigter Vorsteven, abgerundetes Heck.

Klassenbeschreibung: MC-Bauvertrag vom 28.8.1939 als »Robin Kettering« vom Grundtyp C2-S; ursprünglich einer von sechs Frachtern, deren Namen alle mit »Robin« begannen und die für die Robin-Line bei Bethlehem Shipbuilding in Maryland gebaut wurden. Im Januar 1941 vom Stapel gelassen und im Mai 1941 von der Navy bei der MC angefordert.

Einsatz/Verbleib: Indienststellung für die Navy am 15.6.1941 als AK-26 und Kriegseinsatz im Pazifik. Am 29.9.1942 vor Guadalcanal durch Torpedotreffer (japanisches U-Boot I 4) schwer beschädigt. Am 1.2.1943 als AKA-9 klassifiziert.
Nach weiterem Kriegseinsatz im Pazifik im Mai 1946 außer Dienst gestellt und an MC retourniert; von dieser noch im gleichen Jahr an die Robin-Line zurückgegeben und wieder unter ursprünglichem Namen in Dienst genommen.

USS »Alhena« als AK-26 im Jahr 1942, zum Vergleich gegenüber Umbau als AKA-9; äußerlicher Hauptunterschied ist die viel geringere Ausstattung mit schwerem Ladgeschirr.

USS »Alhena«, später AKA-9, hier beim Umbau, noch als AK-26.

5.1.1.4. Almaack (AKA-10)

AKA-10 Almaack, ex AK-27, ex SS Executor; 1946 SS Bunker Hill	Bauwerft	Bethlehem Shipbuilding in Quincy, Mass.
	Stapellauf	21.9.1940
	Wasserverdrängung	14.800 ts (fl.)
	Vermessung	6735 BRT, 3893 NRT, 9660 dwt
	Abmessungen (LxBxT)	144,2 (137,9) x 20,1 x 8,3 m
	Antrieb	Dampfturbinen (2 Kessel), 8250 PS, 1 Welle
	Geschwindigkeit	18,6 kn (Probefahrt)
	Bewaffnung	1 x 127 mm, 4 x 76 mm, 8 x 40 mm

AKA-10 »Almaack« am 15.10.1943 in der Marinewerft in Norfolk in Portsmouth, Va.

AKA-10 »Almaack« in einer Steuerbord-Heckansicht, aufgenommen am 15.10.1943.

Schiffserkennung: MC-Standardschiff/Frachter C3; ein sehr hoher, runder Schornstein, Aufbauten in der Schiffsmitte mit markant hochgezogener Brücke; umfangreiches Ladegeschirr: als AKA ein Zwillingsmast vorne, gefolgt von einem Gittermast und hinter den Aufbauten ein weiterer Zwillingsmast, gefolgt von einem Gittermast, leicht geneigter Vorsteven, elliptisches Heck.

Klassenbeschreibung: Bauvertrag unter MC-Aufsicht vom 25.9.1939 (Typ C3-E), ein Privatentwurf der American Export Line. Insgesamt wurden acht dieser Schiffe bei Bethlehem Shipbuilding in Quincy gebaut, deren Namen alle mit »Ex« begannen. Nur »Executor« und »Exporter« wurden 1940–1941 von der Navy angefordert und als AK-27 »Almaack« und AK-41 »Hercules« in Dienst gestellt, aber nur »Almaack« auf AKA umklassifiziert und umgebaut.
15 weitere Schiffe des sehr ähnlichen Typs C3-S-A3 wurden bei Bethlehem in Sparrows Point gebaut, sieben davon wurden später zu APA umgerüstet (siehe »Windsor«-Klasse). Beachtenswert ist der außerordentlich hohe Schornstein des Typs C3-E, der beim Typ C3-S-A3 weniger prägnant ist.

Einsatz/Verbleib: Indienststellung für die Navy am 15.6.1941 als AK-27 und Transportaufgaben im Atlantik. Am 14.11.1942 westlich von Cadiz durch Torpedotreffer schwer beschädigt (U 155). Am 1.2.1943 auf AKA umklassifiziert.
Ab 1943 im Pazifik und Teilnahme an mehreren amphibischen Operationen, im Mai 1946 aus der Schiffsliste gestrichen und an MC retourniert. Noch im gleichen Jahr wieder als ziviler Frachter in Dienst genommen.

USS »Almaack«, später AKA-10, hier noch als AK-27 am 31.12.1941 in der Norfolk NY. Die Kennung AK stand für Frachtschiffe im Dienste der Navy, wobei K generell für Fracht bzw. Cargo verwendet wurde ; die sicher logischere Buchstabenkombination AC war bereits für Kohlefrachter vergeben, also C für Collier.

5.1.1.5. Andromeda-Klasse (AKA-15–20, 53–63, 88–100, 109–111)

AKA-15 Andromeda, ex AK-64
AKA-16 Aquarius, ex AK-65; 1947 SS Pioneer Lake
AKA-17 Centaurus, ex AK-66; 1948 SS Pioneer Bay
AKA-18 Cepheus, ex AK-67; 1947 SS Pioneer Sea
AKA/LKA-19 Thuban, ex AK-68
AKA-20 Virgo, ex AK-69; 1965 umklassifiziert als AE-30
AKA-53 Achernar 1965 an Spanien (Castilla)
AKA/LKA-54 Algol
AKA-55 Alshain
AKA/LKA-56 Arneb
AKA/LKA-57 Capricornus
AKA-58 Chara; 1966 umklassifiziert als AE-31
AKA-59 Diphda
AKA-60 Leo
AKA/LKA-61 Muliphen
AKA-62 Sheliak; 1948 SS Pioneer Isle
AKA-63 Theenim; 1948 SS American Inventor
AKA-88 Uvalde
AKA-89 Warrick
AKA-90 Whiteside
AKA-91 Whitley; 1961 an Italien (Etna)
AKA-92/T-AKA-92 Wyandot; 1963 umklassifiziert als T-AK-283
AKA/LKA-93 Yancey
AKA/LKA-94 Winston
AKA-95 Marquette
AKA-96 Mathews
AKA/LKA-97 Merrick
AKA-98 Montague
AKA-99 Rolette
AKA-100 Oglethorpe
AKA-109 San Joaquin, Bau storniert 27.8.1945
AKA-110 Sedgwick, Bau storniert 27.8.1945
AKA-111 Whitfield, Bau storniert 27.8.1945

Bauwerften (2)	- Federal Shipbuilding in Kearny, N.J.: AKA-15–20, 53, 55, 58–63, 94–111 - Moore Dry Dock in Oakland, Ca.: AKA-54, 56, 57, 88–93
Stapelläufe	22.12.1942 bis 29.4.1945
Wasserverdrängung	14.200 ts (fl.)
Vermessung	6220 BRT, 3530 NRT, 9150 dwt
Abmessungen (LxBxT)	140,0 (133,7) x 19,2 x 7,8 m
Antrieb	Dampfturbinen (2 Kessel), 6600 PS, 1 Welle
Geschwindigkeit	15,5–16,5 kn
Bewaffnung	1 x 127 mm, 8 x 40 mm

AKA-57 »Capricornus« in einer Steuerbord-Ansicht 1945.

Schiffserkennung: MC-Standardschiff/Frachter C2; ein hoher Schornstein im hinteren Aufbautenbereich, Aufbauten beginnend etwa ab Schiffsmitte; umfangreiches Ladegeschirr: je ein starker Gittermast hinter und vor den Aufbauten und ein kleiner Portalmast vorne; gerader, leicht geneigter Vorsteven und leicht geschwungenes Heck.

Klassenbeschreibung: Insgesamt 33 Schiffe, Bauverträge unter MC-Aufsicht am 18.7.1941 für die bei Federal Shipbuilding gebauten Einheiten, am 11.6.1942 für die bei Moore Drydock gebauten sowie am 24.4.1945 für die drei später stornierten Nachzügler AKA-109-11, wieder bei Federal. Während AKA-15-20 ursprünglich noch AK-Klassifikationen der Navy erhielten (Indienststellungen aber bereits als AKA), wurden alle nachfolgenden Einheiten von Anfang an als AKA geführt.
Dem Standard-Typ C2-S-B1 gehörten 127 Schiffe an, die von der Navy recht vielfältig genutzt wurden. 32 Bauvergaben gingen an die Werft Federal in Kearny, N.J., 85 an Moore Dry Dock in Oakland, Ca., und 10 an Consolidated Steel in Wilmington, Ca. (darunter aber keine AKA). Zu amphibischen Schiffen wurden neben diesen 33 Schiffen auch sieben weitere ausgerüstet, allerdings als APA (siehe »Ormsby«-Klasse APA-49-51) und vier als AGC der »Appalachian«-Klasse (AGC-1-3 und 5). Weitere Navy-Verwendungen waren mit Klassifikationen als AP (Truppentransporter) und AF (Depotschiffe), letztere erst nach dem Krieg.

AKA-99 »Rolette« am 8.5.1945 vor New York in einer Luftaufnahme.

Höchst beeindruckend sind die extrem kurzen Zeitabstände zwischen Kiellegung, Stapellauf und Indienststellung, sie vermitteln einen Eindruck der 1942–1943 voll angelaufenen US-Rüstungsindustrie. Die Namensgebung erfolgte nach Sternbildern bis AKA-63, für nachfolgende Einheiten nach Landkreisen (Counties) der USA.
Obwohl für Navy-Verwendung gebaut, wurden sie, wie für Handelsschiffe üblich, meist wenige Tage vor Indienststellung von der Navy bei der MC formal angefordert (oft sogar erst am gleichen Tag). Die Klasse gilt als insgesamt sehr gelungene Konstruktion.

Einsatz/Verbleib: Indienststellungen für die Navy von April 1943 bis Juni 1945 als AKA. AKA-16–18, 62 und 63 dienten im Krieg mit Besatzungen der U.S. Coast Guard (bis 1946). Keine Kriegsverluste trotz umfassender amphibischer Einsätze, nur einige Beschädigungen, darunter AKA- 92: Bombentreffer vor Okinawa am 29.3.1945, AKA-53: Kamikazetreffer am 2.4.1945, ebenfalls vor Okinawa.
Mehr als die Hälfte der 30 Einheiten verblieb in den ersten Nachkriegsjahren im aktiven Dienst, nur fünf Schiffe (AKA-16–18, 62, 63) wurden 1947/48 via MC an eine zivile Reederei veräußert (United States Lines, New York).
Drei Schiffe in Reserve wurden 1951 von der Navy erneut angefordert und für den Korea-Krieg wieder in Dienst gestellt (AKA-96, 97, 99). Zwei Schiffe wurden 1965/66 als Munitionsversorger umklassifiziert (AKA-20 und 58 als AE-30 und 31) und eines (AKA-92) als Frachtschiff des MSTS 1963 als T-AK-92 (später T-AK-283) klassifiziert.
Zwei Schiffe gingen an verbündete Seestreitkräfte, AKA-53 als »Castilla« 1965 an Spanien und AKA-91 als »Etna« 1961 an Italien.
Immerhin insgesamt acht Schiffe erlebten noch in ihrer aktiven Dienstzeit die in der Einleitung erwähnte SECNAVINST 5030.1E 1968 und wurden mit 1.1.1969 von AKA auf LKA umklassifiziert, nämlich LKA-54, 56, 57, 61, 93, 94 und 97 sowie LKA-19, die zu dieser Zeit zwar bereits in Reserve, aber noch in der Schiffsliste der Navy angeführt war. Die letzten vier Schiffe wurden erst 1977 aus der Liste der Schiffe der U.S. Navy gestrichen.

AKA-92 »Wyandot« in der Antarktis (Operation Deep Freeze I) am 27.12.1955.

AKA-99 »Rolette« am 7.4.1952 in der San Francisco Bay, Backbordansicht.

5.1.1.6. Artemis-Klasse (AKA-21–52)

AKA-21 Artemis
AKA-22 Athene
AKA-23 Aurelia
AKA-24 Birgit
AKA-25 Circe
AKA-26 Corvus
AKA-27 Devosa
AKA-28 Hydrus
AKA-29 Lacerta
AKA-30 Lumen
AKA-31 Medea
AKA-32 Mellena
AKA-33 Ostara
AKA-34 Pamina; 1945 umklassifiziert als AGS-15 Tanner
AKA-35 Polana
AKA-36 Renate; 1946 umklassifiziert als AGS-16 Maury
AKA-37 Roxane
AKA-38 Sappho
AKA-39 Sarita
AKA-40 Scania
AKA-41 Selinur
AKA-42 Sidonia
AKA-43 Sirona
AKA-44 Sylvania
AKA-45 Tabora
AKA-46 Troilus
AKA-47 Turandot; 1955 umklassifiziert als ARC-3 Aeolus
AKA-48 Valeria
AKA-49 Vanadis; 1955 umklassifiziert als ARC-4 Thor
AKA-50 Veritas
AKA-51 Xenia; 1946 an Chile (Presidente Errazuriz)
AKA-52 Zenobia; 1946 an Chile (Presidente Pinto)

Bauwerft	Walsh Kaiser in Providence, R.I.
Stapelläufe	20.5.1944 bis 6.7.1945
Wasserverdrängung	7194 ts (fl.)
Vermessung	6059 BRT, 3275 NRT, 6000 dwt
Abmessungen (LxBxT)	129,8 (117,2) x 17,7 x 7,9 m
Antrieb	Dampfturbinen (2 Kessel), 6600 PS, 2 Wellen
Geschwindigkeit	17 kn
Bewaffnung	1 x 127 mm, 8 x 40 mm

AKA-45 »Tabora« in einer Backbord-Breitseitansicht um 1945.

Schiffserkennung: MC-Standardschiff/Spezialkonstruktion für die Navy; zwei große, weit auseinanderstehende Schornsteine auf langgezogenen, recht niedrigen Aufbauten, die schon nach dem ersten Drittel der Gesamtlänge beginnen; Brücke deutlich vor dem Mittschiffsbereich; auf jeder Seite im Aufbautenbereich zwei Reihen Davits; erhöhtes Vorschiff bis Beginn Brückenaufbauten; ein Mast für Ladebäume am Vorschiff und ein großer Gittermast achtern; kantiger, langer Vorsteven, leicht geschwungenes Heck.

Klassenbeschreibung: Alle 32 Schiffe dieser Klasse wurden mittels MC-Bauvertrag vom 15.5.1943 bei Walsh Kaiser in Auftrag gegeben, die Indienststellungen zwischen 28.8.1944 und 6.8.1945, d.h. noch alle vor Kriegsende. Von Kiellegung bis Indienststellung vergingen meist nur etwa drei Monate. Ein erheblicher Teil der Schiffe wurde erst in Boston, Ma., endgültig ausgerüstet. Kurz vor der Indienststellung formal von der Navy bei der MC angefordert, in der Regel als Formalität am gleichen Tag.
Die Schiffe des Typs S4-SE2-BE1 waren von Anfang an für die Aufgabe als AKA konzipiert, bereits aufbauend auf Kriegserfahrungen, schiffbaulich sehr ähnlich den 32 Schiffen des Typs S4-SE2-BD1, die als APA entworfen wurden (siehe »Gilliam«-Klasse). Beide Klassen weisen identische Abmessungen und Maschinenanlagen auf. Kennzeichnend für beide sind zwei große, weit auseinanderliegende Schornsteine. Im

AKA-37 »Roxane« in einer Aufnahme Ende 1945 oder Anfag 1946.

AKA-31 »Medea« in der San Francisco Bay 1945/46, bei der Rückholaktion »Magic Carpet«.

Gegensatz zur »Gilliam«- hat die »Artemis«-Klasse wesentlich weniger Truppenunterkünfte, dafür mehr Laderaum für amphibische Fracht. Einfachstes äußerliches Unterscheidungsmerkmal ist aber die umfangreichere Ausstattung mit Ladegeschirr, vor allem der schwere Vierbein-Gittermast achtern auf den AKA der »Artemis«-Klasse, für die hier stärker dominierende Frachtkomponente.

Ursprünglich war die »Doyen«-Klasse als Muster für die Grundkonstruktion (beider Klassen) angedacht worden, es kam aber dann doch zu einem völligen neuen Entwurf. Eigentlich wäre

AKA-22 »Athene« in einer Steuerbord-Ansicht ca. Ende 1945.

zu erwarten gewesen, dass diese (1945 noch völlig unverbrauchte) Klasse nach dem Krieg intensiv weiter genutzt würde, war sie doch von Anfang an von der Navy selbst als AKA konzipiert worden und aufgrund der späten Auslieferung auch nicht abgefahren. Aber das Gegenteil war der Fall: Nach dem für fast alle Transportschiffe üblichen Einsatz bei der Rückholaktion der US-Truppen aus aller Welt (»Magic Carpet«) gingen die Schiffe in die Reserveflotte. Viele der zuletzt fertiggestellten Einheiten waren nach Fertigstellung im Atlantikbereich verblieben und wurden dort kurz nach der Indienststellung schon eingemottet.
Der große Wurf war die Konstruktion also nicht, die meisten Einheiten der Klasse »vergammelten« in der »Mothball Fleet«, kein einziges wurde je wieder für amphibische Aufgaben reaktiviert, während die APA-Halbschwestern der »Gilliam«-Klasse sogar größtenteils »Opfer« der US-Nukleartests auf dem Bikini-Atoll wurden, wo sie als Zielschiffe dienten (Operation »Crossroads«). Der Grund der geringen Verwendung lag einerseits in der hochgezüchteten, etwas anfälligen Antriebsanlage, zumindest finden sich zahlreiche Einträge über Maschinenprobleme in den Lebensläufen; aber noch wesentlich bedeutsamer war der Umstand, dass die Schiffe für ihre Aufgabenstellung deutlich zu klein konzipiert waren. Der Grund dafür lag ausgerechnet in der Erfahrung der Navy aus den US-Invasionen von Marokko und Guadalcanal, wo rasch sechs bzw. zwei recht große amphibische Transporter verloren gingen und beträchtliche Lücken hinterließen. Die Navy hatte daher beim Design auf einen kleineren Typ mit starker Maschinenanlage bestanden, dabei aber wohl etwas über das Ziel geschossen.

Einsatz/Verbleib: Indienststellungen für die Navy von August 1944 bis August 1945. Viele Schiffe wurden nach den Einfahr-Probefahrten auf den pazifischen Kriegsschauplatz verlegt, viele kamen erst nach der deutschen Kapitulation zur Frontreife. Die Klasse hatte keine Kriegsverluste zu beklagen. Mehrere Einheiten verlegten ins Mittelmeer und transportierten von dort Truppen via Suez-Kanal nach Ostasien.
31 der 33 Schiffe wurden bereits 1946/1947 außer Dienst gestellt, aus dem Naval Vessel Register gestrichen und an die MC überstellt, welche sie in der Reserveflotte (d.h. der NDRF) auflegte. Die Schiffe wurden dann großteils in den 1960er und frühen 1970er Jahren abgebrochen. Vier Schiffe dienten einige Zeit als stationäre Schulschiffe der Handelsmarine und wurden (via MC) auf Leihbasis zivilen Seemannschulen zugeteilt (ex-AKA-28, 32, 41 und 43).
Nur zwei Einheiten, AKA-34 »Pamina« und AKA-36 »Renate« wurden von der Navy in Dienst behalten, als hydrographische Forschungsschiffe umgebaut und am 15.5.1945 als AG-15 »Tanner« bzw. am 12.7.1946 als AGS-16 »Maury« umklassifiziert; sie führten vorwiegend hydrographische Vermessungsaufgaben durch, waren beide bis 1969 im aktiven Dienst der Navy und wurden in den frühen 1970er Jahren abgebrochen.
Die baulich letzten beiden Einheiten, AKA-51 und 52, wurden 1946 an Chiles Marine übergeben und blieben dort bis in die 1960er Jahre im aktiven Dienst.
Nur zwei Schiffe wurden nach dem Koreakrieg von der U.S. Navy zum Eigengebrauch wieder angefordert: AKA-47 »Turandot« und AKA-49 »Vanadis« wurden in den 1950er Jahren als Kabelleger umgebaut und als solche 1955 in ARC-3 »Aeolus« und ARC-4 »Thor« umklassifiziert, sie blieben bis 1974 bzw. 1985 im aktiven Dienst.

5.1.1.7. Tolland-Klasse (AKA-64–87, 101–108)

AKA-64 Tolland; 1947 SS Edgar F. Luckenbach
AKA-65 Shoshone; 1947 SS Alameda
AKA-66 Southampton; 1947 SS Flying Clipper
AKA-67 Starr; 1947 SS Indian Bear
AKA-68 Stokes; 1947 SS Sierra
AKA-69 Suffolk; 1947 SS Southport
AKA-70 Tate; 1947 SS Julia Luckenbach
AKA-71 Todd; 1947 SS Ventura
AKA-72 Caswell; 1947 SS Southwind
AKA-73 New Hanover; 1947 SS Alawai
AKA-74 Lenoir; 1947 SS Margaret Lykes
AKA-75 Alamance; 1947 SS Southstar
AKA-76 Torrance; 1947 SS Alcoa Roamer
AKA-77 Towne; 1947 SS Philippine Bearr
AKA-78 Trego; 1947 SS Mason Lykes
AKA-79 Trousdale; 1947 SS Lafayette
AKA-80 Tyrrell; 1947 SS California Bear
AKA-81 Valencia; 1947 SS Genivieve Lykes
AKA-82 Venango; 1947 SS Flying Eagle
AKA-83 Vinton; 1947 SS Gulf Shipper
AKA-84 Waukesha; 1947 SS Mary Luckenbach
AKA-85 Wheatland; 1947 SS Bangor
AKA-86 Woodford; 1947 SS Suzanne
AKA-87 Duplin; 1947 SS Kathryn
AKA-101 Ottawa; 1947 SS Andrea F. Luckenbach
AKA-102 Prentiss; 1947 SS Alcoa Ranger
AKA/LKA-103 Rankin
AKA/LKA-104 Seminole
AKA/LKA-105 Skagit
AKA/LKA-106 Union
AKA/LKA-107 Vermilion
AKA/LKA-108 Washburn

Bauwerft	North Carolina Shipbuilding in Wilmington, N.C.
Stapelläufe	26.6.1944 bis 18.12.1944
Wasserverdrängung	13.910 ts (fl.)
Vermessung	8260 BRT, 4950 NRT, 10.750 dwt
Abmessungen (LxBxT)	140,0 (134,4) x 19,2 x 8,3 m
Antrieb	Dampfturbinen (2 Kessel), 6600 PS, 1 Welle
Geschwindigkeit	15,5–16,5 kn
Bewaffnung	1 x 127 mm, 8 x 40 mm

AKA-107 »Vermilion« in den 1950er Jahren.

Schiffserkennung: MC-Standardschiff/Frachter C2; ein hoher, vom Umfang her recht kleiner Schornstein im hinteren Aufbautenbereich, Aufbauten beginnend etwa ab der Schiffsmitte; umfangreiches Ladegeschirr: je ein starker Gittermast hinter und vor den Aufbauten und ein kleiner Zwillingsmast vorne; gerader, leicht geneigter Vorsteven, elliptisches Heck.

Klassenbeschreibung: Die 32 Einheiten der »Tolland«-Klasse wurden geschlossen an North Carolina Shipbuilding vergeben; die MC-Bauverträge wurden dabei in zwei Tranchen abgeschlossen, die auch den Sprung in den Laufnummern erklären: am 10.9.1942 für AKA-64–87 und am 4.4.1943 für die Nachzügler AKA-101–108. Die erste Kiellegung fand am 22.4.1944 statt. Die formale Anforderung durch die Navy bei der MC erfolgte wieder kurz vor der Indienststellung.
Da die Werft North Carolina zu wenig auf die Ausrüstung als AKA spezialisiert war, wurden zahlreiche Schiffe zwecks Entlastung des Produktionsprozesses provisorisch in Dienst gestellt, um an eine andere Werft zu verlegen, vorwiegend nach New York, Hoboken, N.J., oder Baltimore, Md., wo sie sofort wieder außer Dienst gestellt wurden; nach der Endausrüstung erfolgte dort eine endgültige Indienststellung. AKA-105 bis 108 wurden ohne provisorische Indienststellung von Wilmington, N.C., nach Brookly, N.J., zur Endausrüstung und Indienststellung geschleppt.
Die Schiffe sind dem Standard-Typ C2-S-AJ3 zugehörig, sofort auffällig ist die Ähnlichkeit zur »Andromeda«-Klasse, die auf dem Typ C2-S-B1 basiert. Es handelt sich schiffbaulich insgesamt um eine Weiterentwicklung des Typs C2-Cargo (siehe »Arcturus«-Klasse), allerdings mit deutlich größerem Tiefgang und damit Zuladung, auch gegenüber der »Andromeda«-Klasse.

Der Typ C2-S-AJ3 ist quasi die AKA-Version der einzelnen C2-S-AJ-Varianten, die aber in den Grundabmessungen der »Tolland«-Klasse entsprechen. Diese kamen als Munitionsversorger (AE), Truppentransporter (AP) und amphibische Kommandoschiffe zum Einsatz (siehe AGC der »Mount McKinley«-Klasse).

Einsatz/Verbleib: Indienststellungen für die Navy erfolgten zwischen September 1944 und Mai 1945. Für den Kriegseinsatz kamen die Schiffe recht spät, einige der früh fertiggestellten Einheiten waren noch bei den Landeoperationen in Iwo Jima und Okinawa dabei, auch diese Klasse hatte keine Kriegsverluste.
Bei Kriegsende waren die Schiffe meist für die Operation »Magic Carpet« in Verwendung. Die gesamte erste Serie AKA-64–87, sowie die Schiffe AKA-101 und 102, gingen alle 1946/47 außer Dienst und wurden aus dem NVR gestrichen, danach an die MC überstellt; sie wurden allesamt 1947 veräußert und kamen als zivile Frachtschiffe in Fahrt, viele waren bis in die 1970er Jahre in Fahrt.
AKA-103–108, d.h. die Schiffe der zweiten Bauserie, wurden von der U.S. Navy in der Nachkriegszeit vergleichsweise intensiv weiter genutzt: Die Schiffe, AKA-104, 106 und 108, blieben nach Kriegsende durchgehend in Dienst. AKA-103 wurde zwar ab 1947, AKA-105 und 107 ab 1949 kurz in der Reserveflotte (NDRF) am James River aufgelegt, aber in der Zeit des Koreakrieges wieder reaktiviert und erneut in Dienst gestellt. Diese sechs Schiffe erlebten auch noch den Vietnamkrieg und wurden mit 1.1.1969 als LKA umklassifiziert, die letzten Einheiten wurden erst 1977 aus der Schiffsliste der Navy (NVR) gestrichen, nämlich AKA-103 und 107 am 1.1.1977.

AKA-68 »Stokes« um 1944, wahrscheinlich bei den Probefahrten.

AKA-108 »Washburn« in Pearl Harbor im Jahr 1965.

5.1.1.8. Tulare (AKA-112)

AKA/LKA-112 Tulare, ex SS Evergreen Mariner	Bauwerft	Bethlehem Shipbuilding in San Francisco, Ca.
	Stapellauf	22.12.1953
	Wasserverdrängung	16.820 ts (fl.)
	Vermessung	9214 BRT, 5370 NRT, 13.410 dwt
	Abmessungen (LxBxT)	171,1 (161,0) x 23,2 x 8,5 m
	Antrieb	Dampfturbinen (2 Kessel), 19.250 PS, 1 Welle
	Geschwindigkeit	ca. 20 kn
	Bewaffnung	12 x 76 mm

LKA-112 »Tulare« in einer Luftaufnahme ca. 1970.

AKA-112 »Tulare« bei amphibischen Manövern im Juni 1958 in der Coronado NAB in Kalifornien. Das Bild verdeutlicht symbolisch (und unter Friedensbedingungen) die Beladung der zu Wasser gelassenen Landungsboote mit Truppen, die in Viererreihen, mit etwa drei Metern Abstand, die breiten Strickleitern (ursprünglich Frachtnetze) hinunterklettern. Die Landungsboote vom Typ LCM(6) sind mit »KA 112« markiert, dahinter die Laufnummer der Boote; auf der Bugklappe führen sie die ersten beiden Buchstaben des Schiffsnamens des Mutterschiffs. Sie legen an den Bordwänden an den ihnen zugewiesenen Nummern an; dies sind an Steuerbord stets ungerade, an Backbord gerade Nummern.

Schiffserkennung: Standardisierter MARAD-Frachtschifftyp; ein Schornstein, Aufbauten beginnen etwa ab der Schiffsmitte; umfangreiches Ladegeschirr: je ein starker Gittermast hinter und vor den Aufbauten und ein kleinerer Doppelmast für Ladebäume vorne, am Ende einer ausgeprägten Back; Hubschrauber-Landeplattform achtern; leicht geschwungener Vorsteven, geschwungenes Heck.

Klassenbeschreibung: Die Baugeschichte dieses Einzelgängers unterscheidet sich wesentlich von den vorangegangenen Klassen, allein schon da es sich hier um die erste Nachkriegskonstruktion eines amphibischen Angriffsfrachters des Typs AKA handelt.

Die U.S. Navy sah auch in den frühen 1950er Jahren für den Krisenfall die Notwendigkeit, rasch zahlreiche schnelle Frachtschiffe von privaten Eignern requirieren zu können, die aber für private Reedereien in Form dieser spezifischen Anforderungen nicht unbedingt wirtschaftlich waren. In der frühen Phase des Koreakrieges bewilligte der Kongress (am 6.1.1951) die Mittel zum Bau eines Frachtschifftyps mit 13.400 dwt und etwa 20 Knoten Geschwindigkeit. 35 Schnellfrachter wurden von der Regierung bei verschiedenen Werften in Auftrag gegeben und Reedereien zu günstigen Konditionen angeboten, mit der Bedingung, sie im Kriegsfall sofort für militärische Zwecke verwenden zu können. Die Typenbezeichnung lautete C4-S-1a und erhielt den Namen »Mariner«-Klasse, da alle Schiffsnamen auf »Mariner« endeten (als erster Namensteil fungierte eine Art Kosenamen von US-Bundesstaaten, lediglich die »Golden Bear« bildete hier eine Ausnahme).

Der erste Stapellauf eines solchen Schiffes fand 1952 statt. Von der Bundesbehörde MARAD (Maritime Administration), welche 1950 die Agenden der früheren Maritime Commission (MC) übernommen hatte, wurden die Schiffe meist verchartert, z.T. auch an den ebenfalls staatseigenen MSTS (Military Sea Transportation Service). Die Schiffe galten damals als Inbegriff eines modernen Frachtschiffes, das gesamte Programm wurde als Erfolg gewertet.

AKA-112 »Tulare«, in der San Francisco Bay am 7.12.1955, während der Probefahrten.

Nur ein Schiff, die 1953 vom Stapel gelaufene »Evergreen Mariner«, wurde im Auftrag der Navy als AKA umkonstruiert, gedacht war sie als eine Art Prototyp zur eventuell umfangreicheren Verwendung dieser Klasse im Bedarfsfall. Formal wurde sie im Januar 1956 von der Navy bei der MARAD angefordert und schon zwei Tage nach diesem Formalakt als AKA-112 »Tulare« in Dienst gestellt. Der Umbau war auf der Bauwerft Bethlehem in San Francisco erfolgt.

Die Navy forderte insgesamt fünf Einheiten der »Mariner«-Klasse bei der MARAD an. Neben AKA-112 »Tulare« wurden zwei auch als APA adaptiert (siehe »Paul Revere«-Klasse, APA-248–249), die beiden anderen waren die ehemalige »Garden Mariner« (EAG-153 bzw. später AG-153 »Compass Island«) und die »Empire State Mariner« (EAG-154 bzw. AG-154, später AGM-154 »Observation Island«).

AKA-112 »Tulare«, aufgenommen im Pazifik am 30.1.1969.

Einsatz/Verbleib: Indienststellungen für die Navy als AKA-112 am 12.1.1956, am 1.1.1969 als LKA-112 umklassifiziert. Umfangreich im Westpazifik eingesetzt, mit Schwerpunkt im Rahmen des Vietnamkrieges. Das Schiff war ab 1975 nicht mehr als amphibische Einheit in der Flotte und fuhr ab diesem Jahr mit einer Besatzung der Naval Reserve Force (NRF). Am 31.3.1986 außer Dienst gestellt und in Suisun Bay bei San Francisco in die Reserveflotte (NDFRF) aufgelegt. 1992 aus der Schiffsliste gestrichen, der Abbruch erfolgte erst 2012 in Texas.

5.1.1.9. Charleston-Klasse (AKA/LKA-11–117)

AKA/LKA-113 Charleston AKA/LKA-114 Durham AKA/LKA-115 Mobile AKA/LKA-116 St. Louis AKA/LKA-117 El Paso	Bauwerft	Newport News Shipbuilding in Newport News, Va.
	Stapelläufe	2.12.1967 bis 17.5.1969
	Wasserverdrängung	18.600 ts (fl.)
	Abmessungen (L x B x T)	175,6 (167,6) x 24,5 x 7,8 m
	Antrieb	Dampfturbinen (2 Kessel), 22.000 PS, 1 Welle
	Geschwindigkeit	ca. 20 kn
	Bewaffnung	8 x 76 mm; später zwei Phalanx CIWS

Schiffserkennung: Großer kantiger und wuchtiger Aufbautenbereich mittschiffs, über gesamte Schiffsbreite reichend, darüber ein Schornstein, der sich nach oben deutlich verjüngt; ausgeprägte Back und höher gezogenes Heck, das als Hubschrauber-Landeplattform abschließt; umfangreiches Schwergut-Ladegeschirr: V-förmige Zwillings-Schwergutmasten vor und hinter den Aufbauten, dazu doppelreihige Masten am Ende der Back und am Ende der Aufbauten; auffälliger, hoher Mast vor dem Schornstein; geschwungener Vorsteven und Spiegelheck.

Klassenbeschreibung: Die »Charleston«-Klasse umfasst fünf Schiffe. War AKA-112 »Tulare« der erste Neubau eines amphibischen Angriffsfrachtschiffes nach dem Krieg gewesen, so hatte es sich doch nur um die Adaptierung eines vorhandenen Frachtschiff-Typs gehandelt. AKA/LKA-113 »Charleston« stellt dagegen die erste völlige Navy-Neukonstruktion eines solchen Schiffes dar, die nicht auf einem Standard-Typ oder sonstigen Vorgaben basierte, sondern ausschließlich nach den Navy-Anforderungen als Kriegsschiff entworfen wurde.

LKA-115 »Mobile« in einer Luftaufnahme im Pazifik vom 16.4.1979.

Die Autorisierung erfolgte für vier der Schiffe im Budgetjahr FY 1965 und für das fünfte im FY 1966, alle wurden bei Newport News in Newport News, Va., gebaut. Die Stapelläufe erfolgten zwischen 1967 und 1969. Bei Planung und Bau noch als AKA designiert, erfolgten die Indienststellungen bereits als LKA.

Die Aufgabe der Schiffe war es, für amphibische Operationen ausreichend Gefechtsfracht für die kämpfende Truppe zur Verfügung zu stellen. Genau diese Komponente war im Rahmen der »20-Knoten-Flotte« im Verhältnis zur Transportfähigkeit der eigentlichen Landungsboote zunehmend unterrepräsentiert, besonders nachdem die Docklandungsschiffe (LSD) ihren Siegeszug im amphibischen Typengeflecht angetreten hatten, aber selbst nur wenig Fracht mitführen konnten. Die »Charleston«-Klasse verfügte über sehr umfangreiches Ladegeschirr (inklusive die klassentypischen V-förmigen Schwergutbäume) und sollte nicht nur die eigenen Landungsboote, sondern auch die anderer Schiffe wieder auffüllen können. Die eigene Frachtkapazität beinhaltete auch Elemente langfristiger Logistik für das Umfeld, wie 2500 t Flugbenzin.

An Deck wurden aber auch eigene Landungsboote mitgeführt, wie auf amphibischen Angriffsfrachtern üblich, hier in der Regel vier Boote vom Typ LCM-8, fünf LCM-6 plus einige kleinere Fahrzeuge wie LCVP. Unterkünfte für 350-Mann-Truppen waren regulär vorhanden, kurzfristig konnte eine viel größere Zahl aufgenommen werden.

Eine Landeplattform, geeignet auch für große amphibische Transporthubschrauber, war am Achterschiff vorhanden; es fehlten jedoch Hangar- und Wartungseinrichtungen.

Die Maschinenanlage war stark automatisiert, was für die damalige Zeit die Einsparung von etwa 45 Maschinisten bedeutete; sie konnte bereits vollkommen von der Brücke aus gefahren werden.

LKA-113 »Charleston« in einer Seitenansicht aus der Luft, mit Phalanx CIWS, aufgenommen 1988.

Einsatz/Verbleib: Indienststellungen für die Navy als LKA zwischen Dezember 1968 und Januar 1970. Die fünf Schiffe erlebten zahlreiche Einsätze in Vietnam und den Krisenherden des Kalten Krieges.

LKA 114 erhielt 1979 eine Besatzung der Naval Reserve Force, bis 1981 auch LKA-113, 115 und 117. Nur LKA 116 verblieb stets mit aktivem Navy-Personal in Fahrt. Mit der Infahrtsetzung durch NRF-Besatzungen wollte man Unterhaltskosten sparen, die Schiffe wurden aber in diversen Einsätzen weltweit immer wieder dringend benötigt, und weil man dabei aktiven Navy-Soldaten gegenüber oft wechselnden Reservisten den Vorzug gab, erhielten zwischen 1982 und 1983 alle vier Einheiten wieder reguläre Navy-Besatzungen.

Sie wurden in den 1980er Jahren noch mit zwei Phalanx CIWS ausgestattet und waren auch noch beim ersten Golfkrieg 1990/91 im Einsatz (Operation »Desert Storm«).

LKA-113 »Charleston« wurde am 27.4.1992 als erste Einheit der Klasse außer Dienst gestellt, die restlichen vier Einheiten folgten zwischen Februar 1992 und April 1994: Alle fünf Schiffe kamen vorerst in die Reserveflotte. Am 31.8.2015 wurden sie gleichzeitig aus dem Naval Vessel Register (NVR) gestrichen und zum Abbruch freigegeben; ex-LKA-116 »St. Louis« wurde am 21.9.2018 als Zielschiff versenkt.

LKA-115 »Mobile«, aufgenommen im Pazifik am 24.1.1971.

5.1.2. Amphibische Truppentransporter (APA/LPA)

5.1.2.1. Doyen-Klasse (APA-1, 11)

APA-1 Doyen, ex AP-2; 1957 Bay State (Schulschiff) **APA-11 Feland, ex AP-18**	Bauwerft	Consolidated Steel in Los Angeles, Ca.
	Stapelläufe	9.7.1942 und 10.11.1942
	Wasserverdrängung	6710 ts (fl.)
	Vermessung	6400 BRT, 3000 NRT, 2150 dwt
	Abmessungen (LxBxT)	126,2 x 17,0 x 5,5 m
	Antrieb	Dampfturbinen (2 Kessel), 8000 PS, 2 Wellen
	Geschwindigkeit	19 kn
	Bewaffnung	4 x 67 mm, 4 x 40 mm

Schiffserkennung: Spezialkonstruktion als militärisches Passagierschiff Kategorie P1 aus dem MC-Standardprogramm; zwei Schornsteine, der achtern freistehend und etwas niedriger, der vordere stark in die langgezogenen Aufbauten integriert; zwei Reihen Davits seitlich der Aufbauten; langgezogenes Achterschiff deutlich abgesenkt; Zwillingsmasten für Ladebäume am Vorschiff und ein kleiner Einzelmast achtern; zwei Schiffsmasten im Aufbautenbereich; gerader Vorsteven, flaches Heck (mit Toröffnung für Rampe).

Klassenbeschreibung: Erste Spezialkonstruktion eines schnellen Truppentransporters im Auftrag der Navy, autorisiert am 29.8.1940. MC-Bauverträge am 24.2.1941; zwei schnelle und vergleichsweise kleine Schiffe, z.T. orientiert an britischen Konstruktionen bzw. britischen Umbauten von Passagierschiffen. Ursprünglich zur Verwendung für militärische Operationen in der Karibik vorgesehen, mit einer ausklappbaren Rampe am Heck ausgestattet. Standard-Kategorie Typ P1-S2-L2, es wurden davon nur diese beiden Einheiten gebaut. Beide erhielten noch AP-Klassifikationen, stellten aber 1943 bereits als APA in Dienst, »Doyen« am 22.5.1943 als nummernerstes Schiff der neuen Kategorie (APA-1).

Die Frachtkapazität war im Gegensatz zu den AKA sehr gering, der Entwurf stark auf den Transport von Truppen ausgelegt. Sehr schwach auch die Ausstattung mit Ladegeschirr, nur ein doppelter Parallelbaum am Vorschiff und ein kleiner Schwingbaum achtern, aber umfangreiche Ausstattung mit Davits. Charakteristisch auch die für Passagierschiffe voluminösen Aufbauten, was ansatzweise auch für die meisten anderen APA gilt.

In gewisser Weise Schiffe mit experimentellen Elementen in Richtung amphibischer Truppentransporter, was u.a. auch in

APA-1 »Doyen« am 5.9.1943 in Fahrt, Backbordseite.

APA-1 »Doyen«, Steuerbordansicht über das (deutlich abgestufte) Achterschiff.

APA-1 »Doyen« in der San Francisco Bay Ende 1945.

der langen Bauzeit ersichtlich ist (fast zwei Jahre von Kiellegung bis Indienststellung). Nach Offizieren des USMC benannt. Die Ausrüstung als APA erfolgte nicht bei der Bauwerft in Los Angeles, sondern bei Bethlehem in San Pedro, Ca.

Einsatz/Verbleib: Indienststellungen für die Navy 22.5.1943 und 21.6.1943. Beide wurden nach intensivem Kriegseinsatz im Pazifik bereits 1946 außer Dienst gestellt, an die Maritime Commission übergeben, am James River in der NDFR aufgelegt. Ex-APA-1 diente 1957 bis 1972 als Schulschiff für die Massachusetts Maritime Academy, das Schwesterschiff wurde bereits 1947 auf Abbruch verkauft.

APA-11 »Feland« in einer undatierten Aufnahme (mit Tarnmuster 32/3D).

5.1.2.2. Harris-Klasse (APA-2, 3, 12–17)

APA-2 Harris, ex AP-8, ex SS President Grant, ex Pine Tree State **APA-3 Zeilin, ex AP-9, ex SS President Jackson, ex Silver State** **APA-12 Leonard Wood, ex AP-25, ex SS Leonard Wood, ex Western World, ex Nutweg State** **APA-13 Joseph T. Dickman, ex AP-26, ex SS President Roosevelt, ex President Pierce, ex Peninsular State** **APA-14 Hunter Liggett, ex AP-27, ex SS Hunter Ligget, ex Pan America** **APA-15 Henry T Allen, ex AP-30, ex SS President Jackson, ex Wenatchee; 1/1945 umklassifiziert als AG-90** **APA-16 J. Franklin Bell, ex AP-34, ex SS President McKinley, ex Keystone Sate** **APA-17 American Legion, ex AP-35, ex SS Kodiak, ex Badger State**	Bauwerften (3)	- Bethlehem Shipbuilding in Sparrows Point, Md.: APA-2, 12, 14 - Newport News Shipbuilding in Newport News, Va.: APA-3 - New York Shipbuilding in Camden, N.J.: APA-13, 15–17
	Stapelläufe	1919 bis 1921
	Wasserverdrängung	21.900 ts (fl.)
	Vermessung	13,712–14.127 BRT
	Abmessungen (LxBxT)	163,1 x 22,0 x 9,5 m
	Antrieb	Dampfturbinen (8 Kessel), 12.000 PS, 2 Wellen
	Geschwindigkeit	15–18 kn
	Bewaffnung	4 x 67 mm, 6 x 40 mm (z.T. stark abweichend innerhalb der Klasse)

Schiffserkennung: Truppentransporter aus dem Ersten Weltkrieg; nur ein (hoher) Schornstein über den recht langgezogenen Aufbauten mit je vier Doppelreihen Davits, davor und dahinter zwei Doppelreihen Masten für Ladebäume; voluminöser Gesamteindruck im Sinne eines Kombi-Passagierdampfers, Brückenaufbauten alleinstehend; gerader Vorsteven, gerades Heck, dadurch etwas klobiger Gesamteindruck.

Klassenbeschreibung: Gebaut wurden diese acht Schiffe gegen Ende des Ersten Weltkrieges als Truppentransporter unter der Regie des damaligen United States Shipping Boards (USSB) für die U.S. Army, basierend auf dem Emergency Fleet Corporation Design 1029. Für den Kriegseinsatz kamen sie zu spät, insgesamt 16 dieser sehr geräumigen und schnellen Schiffe wurden 1919–1921 fertiggestellt und später als zivile Dampfer in der Zwischenkriegszeit verwendet.

Obwohl aus einer Serie von Schiffen grundsätzlich gleicher Bauart, ist die Zusammenfassung dieser acht Schiffe in einer APA-Klasse in der Fachliteratur nicht einheitlich; sie erfolgt z.T. in weiteren Sub-Klassen, da die Umbauten zu amphibischen Truppentransportern, nach Anforderung durch die Navy 1940, recht uneinheitlich durchgeführt wurden. Diese erfolgten außerdem auf verschiedenen Werften, und auch hier kann man insgesamt von einem gewissen experimentellen Charakter beim Umbau sprechen.

APA-2 und 3 wurden am 17.7.1940 direkt von der Navy angefordert, bei Todd in Seattle umgebaut und erhielten Namen von verdienten Persönlichkeiten des Marine Corps; APA-12–17 wurden zwischen Mai und Dezember 1941 von der Navy angefordert, nachdem sie 1939 bereits von der Army angefordert worden waren und Namen von Armee-Generalen erhalten hatten. Die Umbauten erfolgten an der Ostküste, die Armee-Namen wurden von der Navy beibehalten. Um es in diesem streitkräfteübergreifenden Durcheinander noch etwas komplizierter zu machen, ist zu erwähnen, dass die späteren APA-12–14 nach Übernahme durch die Navy mit Personal der U.S. Coast Guard bemannt wurden.

Einsatz/Verbleib: Indienststellungen für die Navy als AP zwischen November 1940 und April 1942. Alle acht Schiffe wurden ursprünglich als Truppentransporter mit Kennung AP übernommen, da es ja die APA-Klassifikation noch nicht gab; sie wurden aber trotzdem bereits für amphibische Operationen verwendet, wie bei der Landung in Nordafrika 1942 (Operation »Torch«). Dabei wurden sogar zwei Schwesterschiffe der Klasse, USS »Tasker H. Bliss« (AP-42) und USS »Hugh L. Scott« (AP-43) durch deutsche U-Boote versenkt (beide von U 130). Sie hatten damals noch keine designierten APA-Kennungen mit fixen Laufnummern, sonst würde die Klasse wahrscheinlich offiziell zehn Schiffe umfassen.

Die verbliebenen acht Schiffe nahmen an allen größeren Landeoperationen im Pazifik und Atlantik teil, es gab keine weiteren Verluste.

Bald nach Kriegsende wurden die inzwischen hochbetagten Schiffe außer Dienst gestellt und (teilweise via U.S. Army) an die MC übergeben; nach kurzem Auflegen in der Reserveflotte, an verschiedenen Plätzen in den USA, wurden alle 1948 auf Abbruch verkauft.

APA-3 »Zeilin« in der San Francisco Bay beim Rücktransport von US-Soldaten Ende 1945.

APA-14 »Hunter Liggett« ca. 1943–1944, auf einem USCG-Foto.

APA-17 »American Legion«, ca. 1944–1945 aufgenommen.

5.1.2.3. McCawley (APA-4)

APA-4 McCawley, ex AP-10, ex MS Santa Barbara; Kriegsverlust im Zweiten Weltkrieg		
	Bauwerft	Furness Shipbuilding in Haverton Hill, Stockton-on-Tees, England
	Stapellauf	1928
	Wasserverdrängung	14.080 ts (fl.)
	Vermessung	7712 BRT
	Abmessungen (LxBxT)	148,2 x 19,4 x 7,3 m
	Antrieb	Dieselmotoren, 8000 PS, 2 Wellen
	Geschwindigkeit	15 kn
	Bewaffnung	4 x 67 mm, 4 x 40 mm

Schiffserkennung: Kombiniertes Passagier- und Frachtschiff im Stil der Zwischenkriegszeit, zwei Schornsteine am massiven Aufbautenblock im mittleren Bereich des Schiffes; erhöhte Back und erhöhter Heckbereich; ein kleiner Zwillingsmast für Ladebäume vor der Brücke, dazu ein größerer Mast am Vorschiff und ein ebensolcher am Achterschiff; voluminöser Gesamteindruck im Sinne eines Passagierdampfers; gerader Vorsteven, geschwungenes Heck.

Klassenbeschreibung: Vor dem Krieg in Fahrt als Schiff der Grace Lines, 1940 von der Navy angefordert, nach einem Offizier des U.S. Marine Corps benannt und als Truppentransporter (AP-10) umgebaut.
Es handelt sich um ein ehemals in England gebautes kombiniertes Passagier- und Frachtschiff, allerdings deutlich kleiner als die davor beschriebene »Harris«-Klasse. Schiffbaulich weitgehend ein Schwesterschiff der nachstehenden APA-5 »Barnett«, jedoch mit zwei Schornsteinen statt einem. Aber selbst dieser Hauptunterschied täuscht, denn der vordere Schornstein war nur Dekoration und wurde beim letzten Umbau vor der Versenkung teilweise entfernt. Diese beiden Schiffe waren die ersten großen dieselbetriebenen Passagierschiffe, die unter amerikanischer Flagge fuhren und so dachte man anfangs, dass ein so kleiner Schornstein zu wenig nach einem »echten« Passagierschiff aussehen würde, weshalb ein »zusätzlicher« Schornstein aufgesetzt wurde. Die Beschaffung von Ersatzteilen für die Sulzer-Diesel bereitete den USA im Krieg teilweise Schwierigkeiten.
Die Schiffe APA-4 und APA-5 werden in der Fachliteratur oft als eine APA-Klasse geführt.

Einsatz/Verbleib: Indienststellungen als AP für die Navy am 10.9.1940. Kriegseinsatz im Atlantik und ab April 1942 im Pazifik; am 1.2.1943 auf APA-4 umklassifiziert.
Während der Teilnahme an der Invasion von Rendova (Salomonen) als Flaggschiff von Rear Admiral Turner (der das Kommando über die amphibischen Einsatzkräfte der Südpazifikflotte innehatte) am 30.6.1943 von japanischem Lufttorpedo mittschiffs getroffen; in kritischer Situation, während auch schon an eine Aufgabe des Schiffes gedacht wurde, versehentlich durch einen Angriff amerikanischer Schnellboote endgültig versenkt, die das Schiff für ein japanisches hielten.

Silhouette von »McCawley« (AP-10; später APA-4) bei amphibischen Manövern in der Karibik 1941. Der vordere Schornstein des Diesel-Motorschiffes war nur eine Attrappe.

APA-4 »McCawley« im Pazifik im Juni 1943, kurz vor ihrer Versenkung, mit LCVPs an der Seite und Netzen an der Bordwand.

USS »McCawley« (AP-10) im Februar 1941, vor Umbau als APA-4, bei amphibischen Manövern in der Karibik; bereits mit Landungsbooten (LCP) und Geschützen ausgerüstet. Man beachte die beiden Schornsteine.

USS »McCawley« ca. 1942, noch als AP-10, aber bereits mit deutlicher Ausrüstung als APA; das Aussehen blieb so auch unverändert nach Umbenennung in APA-4 (am 1.2.1943). Die (vordere) Schornstein-Attrappe wurde im Herbst 1941 deutlich verkleinert.

5.1.2.4. Barnett (APA-5)

APA-5 Barnett, ex AP-11, ex MS Santa Maria; ab 1947 MS Surrimento	Bauwerft	Furness Shipbuilding in Haverton Hill, Stockton-on-Tees, England
	Stapellauf	1928
	Wasserverdrängung	14.100 ts (fl.)
	Vermessung	7712 BRT
	Abmessungen (LxBxT)	148,2 x 19,4 x 7,3 m
	Antrieb	Dieselmotoren, 8000 PS, 2 Wellen
	Geschwindigkeit	15 kn
	Bewaffnung	4 x 67 mm, 4 x 40 mm

Schiffserkennung: Kombiniertes Passagier- und Frachtschiff im Stil der Zwischenkriegszeit, ein Schornstein am massiven Aufbautenblock im mittleren Bereich des Schiffes; erhöhte Back und erhöhter Heckbereich; ein kleiner Zwillingsmast für Ladebäume vor der Brücke, dazu ein größerer Mast am Vorschiff und ein ebensolcher am Achterschiff; voluminöser Gesamteindruck im Sinne eines Passagierdampfers; gerader Vorsteven, geschwungenes Heck.

USS »Barnett« am 18.12.1941 vor Portsmouth, Va.

APA-5 »Barnett« am 19.2.1943 in San Diego, kurz nach der Umklassifizierung als APA.

Klassenbeschreibung: Weitgehend ein Schwesterschiff von APA-4 »McCawley«, ebenfalls in England gebaut, äußerlicher Hauptunterschied ist der einzelne Schornstein. Ebenfalls 1940 von der Navy angefordert, nach einem Offizier des U.S. Marine Corps benannt und als Truppentransporter AP-11 umgebaut. APA-5 und APA-4 werden in der Fachliteratur oft als eine APA-Klasse geführt.

Einsatz/Verbleib: Indienststellungen für die Navy als AP am 25.9.1940. Kriegseinsatz im Pazifik; am 1.2.1943 als APA umklassifiziert. Ab 1943 im Mittelmeer (am 11.7.1943 vor Sizilien durch italienische Fliegerbombe beschädigt) und gegen Kriegsende wieder im Pazifik. Nach üblichem »Magic Carpet«-Einsatz bereits 1946 außer Dienst und nachfolgend (über MC) veräußert und wieder zivile Verwendung.

APA-5 »Barnett« am 14.12.1944 übers Heck aufgenommen; Steuerbordansicht.

USS »Barnett« (AP-11, später APA-5) am 30.3.1941 in der Norfolk NY in Portsmouth, VA., noch im hellgrauen Friedensanstrich. Im Unterschied zur baulich fast gleichen USS »McCawley« (APA-4) hatte das Schiff nur einen Schornstein.

5.1.2.5. Heywood-Klasse (APA-6–9)

APA-6 Heywood, ex AP-12, ex SS City of Baltimore, ex Steadfast; 1946 SS City of Baltimore APA-7 Fuller, ex AP-14, ex SS City of Newport News, ex Archer APA-8 William P. Biddle, ex AP-15, ex SS City of San Francisco, ex City of Hamburg, ex Eclypse APA-9 Neville, ex AP-16, ex SS City of Norfolk, ex Independence, ex War Harbor	Bauwerft	Bethlehem Shipbuilding in Alameda, Ca.
	Stapelläufe	1918–1919
	Wasserverdrängung	14.450 ts (fl.)
	Vermessung	7884–8378 BRT
	Abmessungen (LxBxT)	154,5 x 17,1 x 7,8 m
	Antrieb	Dampfturbinen (4 Kessel), 9500 PS, 1 Welle
	Geschwindigkeit	16 kn
	Bewaffnung	4 x 67 mm, 8 x 40 mm

Schiffserkennung: Kombinierte Fracht- und Passagierschiffe; in den 1930er Jahren grundüberholte Weltkriegsbauten; langgezogene, aber relativ niedrige Aufbauten im Mittschiffsbereich, darüber Brückenaufbau und ein einzelner Schornstein; zwei Doppelreihen Davits seitlich der Aufbauten; davor und dahinter ein einzelner Mast mit Ladebäumen; zwei kleine Ladebäume am Vorschiff; etwas erhöhte Heckaufbauten; geneigter, hochgezogener Vorsteven; elliptisches Heck, glatt abschließend.

Klassenbeschreibung: Vier Schiffe, denen man ihr Alter nicht unbedingt sofort ansieht. Sie wurden gegen Ende des Ersten Weltkriegs unter der Regie des damaligen United States Shipping Boards (USSB) für England gebaut, aber noch vor Übergabe von den USA übernommen (da sie nicht für die Navy in Dienst gestellt wurden, ist ihre genaue Verwendung vergleichsweise schlecht dokumentiert, was für andere Schiffe mit ähnlicher Vergangenheit ebenfalls gilt). Sie blieben mehrere Jahre für das USSB in Fahrt, bevor sie um 1930 von der Baltimore Mail Steamship Co. Gekauft, großzügig umgebaut und grunderneuert wurden: der Rumpf wurde dabei um 15 m verlängert, es wurden leistungsfähigere Maschinen eingebaut und Unterkünfte für 81 Passagiere hinzugefügt. Die Schiffe fuhren im Transatlantik-Dienst, Ende der 1930er Jahre wurden sie an die Panama Pacific Line verkauft, wo sie durchgehend »City«-Namen erhielten.
Zwischen Oktober und Dezember 1940 von der Navy angefordert und zu Truppentransportern umgebaut. Benannt nach Offizieren des USMC.

Einsatz/Verbleib: Indienststellungen als AP für die Navy Februar bis Mai 1941. Am 1.2.1943 als APA umklassifiziert. APA-8 nahm an der Invasion von Nordafrika und Sizilien teil, der Großteil der Kriegseinsätze der Schiffe fand dann aber auf dem pazifischen Kriegsschauplatz statt.
Die vier Schiffe überlebten den Krieg, wurden 1946 außer Dienst gestellt und an die MC übergeben; nach einigen Jahren der Reservestellung wurden 1957 alle auf Abbruch verkauft. Nur ex-APA-6 erhielt 1946 wieder den alten Namen zurück.

APA-8 »William P. Biddle«, auslaufend von Norfolk am 8.6.1943 (zur Sizilien-Invasion).

APA-6 »Heywood« in der San Francisco Bay am 23.5.1945.

APA-8 »William P. Biddle« am 20.8.1943 nach neuerlicher leichter Umrüstung (mit Axel Welin-Davits und zusätzlichen Flakgeschützen) bei der Marinewerft Norfolk.

5.1.2.6. Harry Lee-Klasse (APA-10, 22–24)

APA-10 Harry Lee, ex AP-17, ex SS Exochorda; 1948 SS Tarsus APA-22 (nur designiert) Joseph Hewes, ex AP-50, ex SS Excalibur; Kriegsverlust im Zweiten Weltkrieg (als AP, designiert APA) APA-23 John Penn, ex AP-51, ex SS Excambion; Kriegsverlust im Zweiten Weltkrieg APA-24 (nur designiert) Edward Rutledge, ex AP-52, ex SS Exeter; Kriegsverlust im Zweiten Weltkrieg (als AP, designiert APA)	Bauwerft	New York Shipbuilding in Camden, N.J.
	Stapelläufe	1930–1931
	Wasserverdrängung	14.250 ts (fl.)
	Vermessung	9360 BRT
	Abmessungen (LxBxT)	144,9 x 18,7 x 8,0 m
	Antrieb	Dampfturbinen (4 Kessel), 7200 PS, 1 Welle
	Geschwindigkeit	16 kn
	Bewaffnung	4 x 67 mm, 4 x 40 mm

Schiffserkennung: Kombinierte Fracht- und Passagierschiffe der Zwischenkriegszeit; langgezogene, niedrige Aufbauten im Mittschiffsbereich über mehr als die halbe Schiffslänge; darüber ein einzelner, sehr großer Schornstein, leicht nach achtern geneigt; markant alleinstehende Brücke; vor und hinter den Aufbauten je ein Mast für Ladebäume; dazu ein kleiner Zwillingsmast am Vorschiff; leicht geneigter Vorsteven; elliptisches Heck.

Klassenbeschreibung: Gebaut wurden die vier Schiffe in Camden, N.J., Anfang der 1930er Jahre als zivile Frachtschiffe mit Passagierkapazität für die American Export Lines Inc. in New York, der führenden amerikanischen Reederei für Passagier- und Frachtdienste und auf der Route von der Ostküste zum Mittelmeer; sie führten alle Namen beginnend mit »Ex«. In der Navy benannt nach Offizieren des USMC und historischen politischen Persönlichkeiten. Die Schiffe haben sehr turbulente Lebensläufe. Drei wurden im Krieg versenkt und das vierte Schiff brannte 1960 vor Istanbul aus.

APA-10 »Harry Lee« aufgenommen am 14.5.1943, nach einem weiteren Umbau durch die Marinewerft New York, hauptsächlich in Form des Einbaus von zusätzlichen Flakgeschützen.

Einsatz/Verbleib: Indienststellungen als AP für die Navy 1940 bis 1942: der Dampfer »Exochorda« wurde bereits im Oktober 1940 von der Navy angefordert, entsprechend adaptiert und am 27.12.1940 als AP-10 »Harry Lee« in Dienst gestellt; die drei anderen Schiffe wurden erst im Januar 1942 angefordert, d.h. nach offiziellem Kriegseintritt der USA, was auch den Sprung in der Nummerierung erklärt; sie wurden April bis Mai 1942 als AP-22 bis 24 in Dienst gestellt. Im Herbst 1942 wurden für alle vier Schiffe APA-Klassifikationen mit entsprechenden Laufnummern zugeteilt. Wie erwähnt trat diese Umklassifizierung aber generell erst am 1.2.1943 in der U.S. Navy in Kraft.

Noch vor Inkrafttreten dieser bereits intern zugeteilten APA-Klassifikation wurden die so designierten Einheiten APA-22 und 24 bei der amphibischen Operation »Torch« von deutschen U-Booten vor Nordafrika (noch als AP) versenkt: AP-50 »Joseph Hewes« (designiert APA-22) wurde am 11.11.1942 vor Fedhala, Marokko, von U 173 (Schweichel) versenkt, AP-52 »Edward Rutledge« (designiert APA-24) am 12.11.1943 ebenfalls vor Fedhala, Marokko, von U 130 (Kals). Die U.S. Navy hat diese vorgesehenen APA-Kennungen danach nicht mehr neu vergeben und führt die beiden auch nachträglich als APA in ihren Listen, weshalb sie hier als solche aufgenommen werden.

AP 51 »John Penn« überstand die Invasion von Marokko unbeschadet, erlebte am 1.2.1943 die Umklassifizierung zu APA-23 nicht nur auf dem Papier und wurde am 13.8.1943 vor Gudalcanal durch japanische Flugzeuge versenkt.

Das Typschiff der Klasse, APA-10 »Harry Lee«, war bis Herbst 1943 im Atlantik und Mittelmeer im Einsatz, danach im Pazifik. Am 9.5.1946 außer Dienst und an MC. Nach kurzer Reservehaltung 1948 zur zivilen Verwendung an die Türkei verkauft, brannte das Schiff am 14.12.1960 als SS »Tarsus« im Bosporus nach einer Kollision, an der insgesamt drei Schiffe beteiligt waren, aus.

USS »Joseph Hewes« (AP-50; designiert APA-22) im Jahr 1942, bereits mit Landungsbooten ausgestattet, kurz vor ihrer Versenkung im Zuge der Invasion in Französisch-Nordafrika.

APA-10 »Harry Lee«, aufgenommen im Juli 1943 vor Sizilien.

5.1.2.7. President Jackson-Klasse (APA-18–20, 29, 30)

APA-18 President Jackson, ex AP-37, ex SS President Jackson **APA-19 President Adams, ex AP-38, ex SS President Adams** **APA-20 President Hayes, ex AP-39, ex SS President Hayes** **APA-29 Thomas Stone, ex AP-59, ex SS President van Buren; Kriegsverlust im Zweiten Weltkrieg** **APA-30 Thomas Jefferson, ex AP-60, ex SS President Garfield**	Bauwerft	Newport News Shipbuilding in Newport News, Va.
	Stapelläufe	7.6.1940 bis 1.5.1941
	Wasserverdrängung	16.175 ts (fl.)
	Vermessung	9255 BRT, 5160 NRT, 9940 dwt
	Abmessungen (LxBxT)	149,9 x 21,1 x 8,1 m
	Antrieb	Dampfturbinen (2 Kessel), 8750 PS, 1 Welle
	Geschwindigkeit	16,5 kn
	Bewaffnung	4 x 67 mm, 4 x 40 mm

Schiffserkennung: MC-Standardschiff/Frachter C3; Mittschiffsbereich um ein Deck höher gezogen, darüber mäßig hohe Aufbauten; zwei Doppelreihen Davits seitlich der Aufbauten und eine weitere dahinter; ein sehr breitgezogener, hoher Schornstein; kleine Back, leicht abgesetzter Heckbereich; zwei (verbundene) Portalmasten für Ladebäume vor den Aufbauten, ein weiterer dahinter; leicht geneigter Vorsteven, geschwungenes Heck.

Klassenbeschreibung: Die fünf Schiffe mit APA-Klassifikation gehören dem Standard-Typ C3-A-P&C an, der von der MC geschlossen an Newport News Shipbuilding zum Bau für die American President Lines vergeben wurde und ursprünglich aus insgesamt sieben Schiffen bestand. Benannt nach amerikanischen Präsidenten. Alle sieben wurden zwischen Juni 1941 und Mai 1942 von der Navy angefordert und als AP in Dienst gestellt, aber nur fünf davon als APA umklassifiziert, während AP-103 »President Polk« und AP-104 »President Monroe« nie für amphibische Aufgaben umgebaut wurden und ihre AP-Klassifikation behielten.
Das auffälligste Charakteristikum dieser Klasse ist der sehr große und besonders breite Schornstein, dieser kommt ohne die drei Reihen doppellagiger Davits als APA noch viel besser zum Ausdruck.
Insgesamt sehr ähnlich dem Standard-Typ C3-A-P&C ist der TC3-P, der die »Arthur Middleton«-Klasse (APA-25-27) bildet und dem Typ C3-IN-P&C (AP-180-183).

USS »Thomas Stone« (AP-59, designiert APA-29) nach der Torpedierung am Heck am 7.11.1942, eingeschleppt nach Algier.

Einsatz/Verbleib: Indienststellungen für die Navy als AP von Juni 1941 bis August 1942. Vier der fünf Schiffe der »President Jackson«-Klasse überstanden den Krieg, während AP-59 »Thomas Stone« bereits am 7.11.1942 vor Nordafrika torpediert (am Heck; wahrscheinlich von U 205) wurde, aber beschädigt nach Algier eingebracht werden konnte. Dort wurde das Schiff von der deutschen Luftwaffe am 24.11.1942 schwer beschädigt. Es trieb schließlich bei schwerem Wetter ab und lief vor Algier auf Grund. In diesem Zustand wurde die Umklassifizierung auf APA-29 am 1.2.1943 wirksam. Bergungsversuche wurden erst 1944 aufgegeben, Teile der Ausrüstung aber erfolgreich geborgen. Das Schiff wurde am 1.4.1944 formell außer Dienst gestellt und nachfolgend abgebrochen.
Die anderen vier Schiffe überstanden den Krieg mit nur minimalen Beschädigungen, Schwerpunkt ihrer Einsätze war der pazifische Kriegsschauplatz.
APA-19 und 20 gingen 1949/50 außer Dienst, APA-18 und 30 waren noch während des Korea-Kriegs und nachfolgend bis 1955 aktiv im Einsatz. Alle vier verbliebenen Schiffe der Klasse wurden nach Reservestellung 1958 aus der Schiffsliste der Navy gestrichen und Anfang der 1970er Jahre auf Abbruch verkauft.

APA-30 »Thomas Jefferson« auf einer Werftaufnahme in der San Francisco Bay 1954.

USS »Thomas Stone« (APA-29), gestrandet in Algier, nach (neuerlicher) Beschädigung durch die deutsche Luftwaffe; Geschütze, Landungsboote und Ausrüstung etc. wurden bereits geborgen.

APA-18 »President Jackson« im Dezember 1945 aufgenommen.

5.1.2.8. Crescent City-Klasse (APA-21, 28, 31, 32)

APA-21 Crescent City, ex AP-40, ex SS Delorleans APA-28 Charles Carroll, ex AP-58, ex SS Deluruqay APA-31 Monrovia, ex AP-64, ex SS Delargentino APA-32 Calvert, ex AP-65, ex SS Delorleans (nur zugeteilter Name)	Bauwerft	Bethlehem Shipbuilding in Sparrows Point, Md.
	Stapelläufe	17.2.1940 bis 19.9.1942
	Wasserverdrängung	14.247 ts
	Vermessung	7922 BRT, 4327 NRT, 9001 dwt
	Abmessungen (LxBxT)	149,7 x 20,0 x 7,7 m
	Antrieb	Dampfturbinen (2 Kessel), 7800 PS
	Geschwindigkeit	16 kn
	Bewaffnung	z.T. 1 x 127 mm, 4 x 67 mm, 4 x 40 mm

Schiffserkennung: MC-Standardschiff/Frachter C3; Mittschiffsbereich um ein Deck höher gezogen, darüber mäßig hohe Aufbauten über gesamte Schiffsbreite; zwei Doppelreihen Davits seitlich der Aufbauten; ein breitgezogener, aber schmaler Schornstein; kleine Back, leicht abgesetzte Aufbauten im Heckbereich; ein Mast für Ladebäume am Vorschiff, dahinter ein zweireihiger kleiner Zwillingsmast und hinter den Aufbauten ein weiterer Mast ebenfalls für Ladebäume und noch ein zweireihiger kleiner Doppelmast; leicht geneigter und etwas höher laufender Vorsteven, geschwungenes Heck.

Klassenbeschreibung: Die insgesamt sechs Schiffe dieser Klasse des Standard-Typs C3-Delta wurden als Privatentwurf von der Maritime Commission noch vor dem Zweiten Weltkrieg genehmigt (MC-Vertrag vom 21.12.1938) und für die Mississippi Shipping Company der Delta Line gebaut; die Namen begannen mit »Del«. Die spätere USS »Crescent City« (ein Spitzname für New Orleans) lief bereits 1940 vom Stapel, die anderen drei Einheiten erst 1942.
Nur vier Schiffe davon wurden, nach Anforderung durch die U.S. Navy (zwischen Juni 1941 und Dezember 1942), als APA umgebaut.

Einsatz/Verbleib: Indienststellungen als AP für die Navy zwischen Oktober 1941 und Dezember 1942. Die vier Schiffe waren bei so ziemlich allen wichtigen amphibischen Operationen der Alliierten eingesetzt, es gab keine Kriegsverluste, nur APA-31 wurde vor Sizilien im Juli 1943 durch deutsche Stuka leicht beschädigt. APA-21 wurde 1945 mit Lazaretteinrichtungen ausgerüstet und vor Okinawa zur Evakuierung von Verwundeten für die Überstellung auf vollwertige Lazarettschiffe eingesetzt.
APA-28 wurde bereits 1945 außer Dienst gestellt, APA-21 folgte 1948, beide wurden an die MC überstellt und 1958 auf Abbruch verkauft. APA-31 und 32 waren 1947 außer Dienst gestellt worden, wurden aber 1950 reaktiviert und dienten noch bis 1968 bzw. 1966 aktiv in der Navy, bevor auch sie auf Abbruch verkauft wurden, APA-32 allerdings sehr spät: das Schiff wurde noch bis 1976 als Hulk für Beladungsarbeiten im Naval Supply Center in Oakland, Ca., verwendet.

APA-28 »Charles Carroll« vor Norfolk, Va., am 6.5.1943.

APA-21 »Crescent City«, aufgenommen am 15.5.1947 vor New York.

APA-28 »Charles Carroll« auf einer Aufnahme über Steuerbord.

APA-32 »Calvert« bei einem amphibischen Manöver im Mai 1964, aus der Luft fotografiert.

APA-32 »Calvert« in einer Nachkriegsaufnahme vor San Diego.

APA-31 »Monrovia« auf einer Backbordaufnahme vom 4.11.1952 vor Philadelphia.

5.1.2.9. Arthur Middleton-Klasse (APA-25–27)

APA-25 Arthur Middleton, ex AP-55, ex SS African Comet APA-26 Samuel Chase, ex AP-56, ex SS African Meteor APA-27 George Clymer, ex AP-57, ex SS African Planet	Bauwerft	Ingalls Shipbuilding in Pascagoula, Miss.
	Stapelläufe	23.8.1940 bis 27.9.1941
	Wasserverdrängung	16.480 ts (fl.)
	Vermessung	9500 BRT, 5200 NRT, 9975 dwt
	Abmessungen (LxBxT)	149,0 (141,7) x 21,1 x 8,3 m
	Antrieb	Dampfturbinen (2 Kessel), 8750 PS, 1 Welle
	Geschwindigkeit	16,5 kn
	Bewaffnung	4 x 67 mm, 4 x 40 mm

Schiffserkennung: MC-Standardschiff/Frachter C3; im Mittschiffsbereich relativ kurze Aufbauten; zwei Doppelreihen Davits seitlich der Aufbauten; ein breiter, hoher Schornstein; kleine Back, um ein Deck gesenkter Heckbereich; ein Mast für Ladebäume am Vorschiff und einer am Achterschiff, vor der Brücke ein zweireihiger kleiner Doppelmast, ebenfalls für Ladebäume; leicht geneigter Vorsteven, geschwungenes Heck.

APA-27 »George Clymer« in einer Luftaufnahme nach dem Krieg.

Klassenbeschreibung: Standard-Typ C3-P, Ähnlichkeiten mit »President Jackson«-Klasse. Über Bauvertrag mit der Maritime Commission für die American South African Line ab 1940 vom Stapel gelaufen, 1942 von der Navy angefordert und zu APA umgebaut. Benannt nach Persönlichkeiten der amerikanischen Geschichte.

Einsatz/Verbleib: Indienststellungen als AP für die Navy von Februar bis Juni 1942. Es gab in der Klasse keine Kriegsverluste. APA-25 und 26 waren von 1942 bis 1946 mit Personal der U.S. Coast Guard bemannt.
Das Typschiff APA-25 lief am 12.1.1943 vor der Aleuten-Insel bei Alaska auf Grund und saß 84 Tage manövrierunfähig auf einem Felsen. In diesem Zustand erfolgte am 1.2.1943 die Umklassifizierung der Schiffe dieser Klasse auf APA; APA-25 wurde im Juni 1943 erfolgreich zur Reparatur nach Bremerton, Wa., geschleppt.
Nach Kriegseinsatz mit Teilnahmen an zahlreichen amphibischen Operationen im Atlantik und Pazifik schieden APA-25 und 26 in den Jahren 1945/46 aus dem aktiven Dienst aus,

APA-25 »Arthur Middleton« (APA-25) vor der Puget Sound NY am 4.9.1943.

APA-26 »Samuel Chase« in einer Luftaufnahme vom November 1943.

USS »Arthur Middleton« (AP-55) in Suisun Bay nach Umrüstung für amphibische Aufgaben in der Mare Island NY am 2.9.1942; umklassifiziert als APA-25 am 1.2.1943.

standen aber bis 1.10.1958 in der Schiffsliste der Navy. APA-27 blieb dagegen bis 1966 aktiv im Dienst, absolvierte noch drei Einsatzfahrten im Rahmen des Koreakriegs und war ab 1964 auch in Vietnam im Einsatz, bevor das Schiff 1966 außer Dienst gestellt, am 1.11.1967 aus dem NVR gestrichen und nachfolgend ebenfalls abgebrochen wurde.

5.1.2.10. Bayfield-Klasse (APA-33–48, 92, 93, 95, 96, 99–102, 104, 106–116)

APA-33 Bayfield, ex AP-78, ex SS Sea Bass
APA-34 Bolivar, ex AP-79, ex SS Sea Angel; ab 1949 SS President van Buren
APA-35 Callaway, ex AP-80, ex SS Sea Mink; ab 1949 SS President Harrison
APA/LPA-36 Cambria, ex AP-81, ex SS Sea Swallow
APA-37 Cavalier, ex AP-82
APA/LPA-38 Chilton, ex AP-83, ex SS Sea Needle
APA-39 Clay, ex AP-84, ex SS Sea Carp; ab 1949 SS President Johnson
APA-40 Custer, ex AP-85, ex SS Sea Eagle; ab 1948 SS Mormacmar
APA-41 DuPage, ex AP-86, ex SS Sea Hound; ab 1947 SS Pathfinder
APA-42 Elmore, ex AP-87, ex SS Sea Panther; ab 1947 SS China Transport
APA-43 Fayette, ex AP-88, ex SS Sea Hawk; ab 1947 SS Robin Gray
APA/LPA-44 Fremont, ex AP-89, ex SS Sea Corsair
APA/LPA-45 Henrico, ex AP-90, ex SS Sea Darter
APA-46 Knox, ex AP-91; ab 1947 SS Steel Recorder
APA-47 Lamar, ex AP-92; ab 1949 SS J.L. Luckenbach
APA-48 Leon, ex AP-93, ex SS Sea Dolphin; ab 1947 SS Steel Chemist
APA-92 Alpine, ex SS Sea Arrow; ab 1947 SS India Mail
APA-93 Barnstable, ex SS Sea Snapper; ab 1948 SS Steel Fabricator
APA-95 Burleigh; ab 1947 SS Hawaiian Pilot
APA-96 Cecil, ex SS Sea Angler; ab 1947 SS Steel Admiral
APA-99 Dade, ex SS Lorain; ab 1947 Hawaiian Retailer
APA-100 Mendocino; ab 1947 SS P&T Seafarer
APA-101 Montour; ab 1947 SS Steel Rover
APA-102 Riverside; ab 1948 P&T Forester
APA-104 Westmoreland; ab 1947 SS Steel King
APA-106 Hansford, ex SS Gladwin, ex Sea Adder; ab 1947 SS Steel Apprentice
APA-107 Goodhue, ex SS Sea Wren; ab 1947 SS Hawaiian Citizen
APA-108 Goshen, ex SS Sea Hare; ab 1947 SS Canada Mail
APA-109 Grafton, ex SS Sea Sparrow; ab 1947 SS Java Mail
APA-110 Griggs; ab 1947 SS Mormacrey
APA-111 Grundy; ab 1947 SS Mormacsurf
APA-112 Guilford; ab 1947 SS P&T Navigator
APA-113 Sitka; ab 1947 SS Mormacguide
APA-114 Hamblen; ab 1948 SS Sea Voyager
APA-115 Hampton; ab 1947 SS P&T Explorer
APA-116 Hanover; ab 1961 SS Hawaiian Wholesaler

Bauwerften (2)	- Western Pipe and Steel in San Francisco, Ca.: APA-33–39, 92, 93, 96, 106–109 - Ingalls Shipbuilding in Pascagoula, Miss.: APA-40–48, 95, 99–102, 104, 110–116
Stapelläufe	7.9.1942 bis 25.8.1944
Wasserverdrängung	16.100 (fl.)
Vermessung	7940 BRT, 4650 NRT, 12,470 dwt
Abmessungen (LxBxT)	150,0 (142,8) x 21, 1 x 8,6 m
Antrieb	Dampfturbinen (2 Kessel), 9350 PS, 1 Welle
Geschwindigkeit	17 kn
Bewaffnung	2 x 127 mm, 8 x 40 mm

APA-43 »Fayette« vor New York am 21.10.1943, Backbordansicht.

APA-37 »Cavalier« in einer Nachkriegsaufnahme vor Hongkong 1959.

APA-106 »Hansford« in der San Pedro Bay in Südkalifornien am 19.11.1944.

APA-92 »Alpine«, bei Portland, Oregon, im Mai 1944 fotografiert.

Schiffserkennung: MC-Standardschiff/Frachter C3; ab Schiffsmitte relativ kurze Aufbauten; darüber ein hoher Schornstein; ausgeprägte Back, unterschiedliche Ausrüstung mit Ladegeschirr, aber grundsätzlich zwei Mastenkomplexe für Ladebäume vor den Brückenaufbauten und zwei dahinter; leicht geneigter Vorsteven, geschwungenes Heck.

Klassenbeschreibung: Die Klasse umfasst 36 Einheiten als APA. Sie gehörte zum schiffsreichen Standard-Typ C3-S-A2, von dem insgesamt 96 Schiffe bei Pipe and Steel in San Francisco und Ingalls in Pascagoula gebaut und zu verschiedenen Spezialtypen umgebaut wurden, nämlich 8 als Geleitflugzeugträger und 4 als U-Boottender, der Rest als Transporter; 36 davon wurden zu APA umgebaut. Von diesen waren 22 bei Pipe and Steel und 12 bei Ingalls Shipbuilding gebaut worden. Sie sind recht ähnlich und in den Abmessungen weitgehend identisch mit den 37 Schiffen des Typs C3-S-A1 (gebaut bei Seattle Tacoma Shipbuilding) und den 6 Schiffen des Typs S3-S-A4 (gebaut bei Western Pipe and Steel). Erstere wurden durchgehend als Geleitträger umgerüstet, Letztere als Transporter. Der Typ C3-S-A1 bzw. A2 stellt eine Weiterentwicklung des Grundtyps C3-Cargo dar.
Zur erkennungstechnischen Charakteristik ist zu sagen, dass die Schiffe auf den ersten Blick nicht so sehr den Eindruck von APA-Typen vermitteln, wohl in erster Linie wegen der nicht sehr voluminösen Aufbauten.
Die 36 Einheiten der »Bayfield«-Klasse bilden als APA keine geschlossene Gruppe von Laufnummern. Nur APA-33–48 erhielten noch AP-Kennungen, alle stellten aber bereits als APA in Dienst. Viele der Schiffe wurden zuerst provisorisch in Dienst gestellt und im Raum New York als APA endausgerüstet. Die Schiffe erhielten County-Namen.

Einsatz/Verbleib: Indienststellungen als APA für die Navy von Juli 1943 bis Juni 1945. Verwendung fast ausschließlich am pazifischen Kriegsschauplatz. Keine Kriegsverluste, aber mehrere Kamikaze-Treffer mit teilweise hoher Anzahl von Gefallenen und Verwundeten, nämlich APA-35 am 8.1.1945 vor Okinawa, APA-41 am 10.1.1945 vor Luzon, APA-92 am 1.4.1945 vor Okinawa und APA-45 am 2.4.1945 ebenfalls vor Okinawa. APA-37 wurde am 30.1.1945 vor Luzon torpediert (wahrscheinlich durch japanisches U-Boot Ro 115), konnte aber nach Leyte eingeschleppt werden.
APA-33, 35, 36 und 37 fuhren in ihrer Kriegsdienstzeit bis 1946 mit Coast Guard-Besatzungen.
Die meisten der Schiffe wurden nach Kriegsende und üblichem Einsatz im Rahmen der Rückhol-Operation »Magic Carpet« außer Dienst gestellt, von der Maritime Commission an zivile Reedereien veräußert und kamen in der zweiten Hälfte der 1940er Jahre für die christliche Seefahrt zum Einsatz.
Fünf Schiffe (APA-33, 37, 39, 44 und 45) taten durchgehend Dienst in der Navy bis in die späten 1960er und frühen 1970er Jahre. APA-38 »Chilton« stellte dabei einen denkwürdigen Rekord auf. Sie wurde am 1.7.1972 als letzte durchgehend aktive Einheit des riesigen APA-Bestandes aus dem Zweiten Weltkrieg als LPA-38 außer Dienst gestellt und am gleichen Tag aus dem Naval Vessel Register gestrichen. APA-36 und 44 wurden noch mit Mitteln aus dem FRAM-Modernisierungsprogramm überholt. Neben APA-38 erlebten noch APA-36, 44 und 45 die Umklassifizierung zu LPA am 1.1.1969. Sie wurden in den 1970er Jahren verschrottet.

APA-33 »Bayfield«, aufgenommen über Breitseite über Steuerbord im Februar 1952.

APA-96 »Cecil« auf einer Aufnahme aus dem Jahr 1945.

APA-33 »Bayfield« nach dem Krieg, aufgenommen in Charleston, S.C. am 4.1.1950.

5.1.2.11. Ormsby-Klasse (APA-49–51)

APA-49 Ormsby, ex AP-94, ex SS Twilight; ab 1947 SS American Producer APA-50 Pierce, ex AP-95, ex SS Northern Light; ab 1947 SS American Planter APA-51 Sheridan, ex AP-96, ex SS Messanger; ab 1947 SS Pioneer Sun	Bauwerft	Moore Dry Dock in Oakland, Ca.
	Stapelläufe	10.10.1942 bis 11.11.1942
	Wasserverdrängung	13.910 ts (fl.)
	Vermessung	6260 BRT, 3530 NRT, 9150 dwt
	Abmessungen (LxBxT)	140,0 (133,7) x 19,2 x 7,8 m
	Antrieb	Dampfturbinen (2 Kessel), 6600 PS, 1 Welle
	Geschwindigkeit	15,5 kn
	Bewaffnung	2 x 127 mm, 8 x 40 mm

Schiffserkennung: MC-Standardschiff/Frachter C2; im Mittschiffsbereich relativ kurze Aufbauten; drei Doppelreihen Davits, eine seitlich, eine hinter und eine weit vor den Aufbauten; ein markanter Schornstein über den Aufbauten; zwei Doppelreihen Masten für Ladegeschirr vor den Aufbauten und eine dahinter; kleine Back, leicht geneigter Vorsteven, geschwungenes Heck.

Klassenbeschreibung: Die drei Schiffe sind dem Standard-Typ C2-S-B1 der Maritime Commisson zugehörig, zu dem insgesamt 127 Einheiten zählten. Dieser Typ wurde im Rahmen der AKA der »Andromeda«-Klasse bereits vorgestellt. Weitere amphibische Schiffe aus diesem Standard-Typ sind im Kapitel der Kommandoschiffe der »Appalachian«-Klasse zu finden. Alle drei Schiffe wurden formell März bis Juli 1943 von der Navy angefordert und erhielten noch AP-Nummern.

Einsatz/Verbleib: Indienststellungen bereits als APA für die Navy von Juni bis Juli 1943. Der Kriegsdienst, den sie ohne nennenswerte Schäden überstanden, erfolgte ausschließlich im Pazifik. Nach Einsatz bei der Operation »Magic Carpet« wurden alle drei 1946 außer Dienst gestellt, aus der Navy-Schiffsliste gestrichen und an die Martime Commission retourniert, die sie 1947 an zivile Reedereien veräußerte.

APA-50 »Pierce« in der San Francisco Bay, ca. 1946. Eingeklinkt: APA-50 »Pierce«, am 9.3.1943, vor der Mare Island NY.

5.1.2.12. Sumter-Klasse (APA-52–54, 94)

APA-52 Sumter, ex AP-97, ex SS Iberville; ab 1947 Gateway City APA-53 Warren, ex AP-98, ex SS Jean Lafitte; ab 1946 SS Jean Lafitte APA-54 Wayne, ex AP-99, ex SS Afoundria; ab 1946 SS Afoundria APA-94 Baxter, ex SS Antinous; ab 1947 SS La Salle	Bauwerft	Gulf Shipbuilding in Chicasaw, Ala.
	Stapelläufe	7.9. bis 6.12.1942
	Wasserverdrängung	13.920 ts (fl.)
	Vermessung	6065 BRT, 3595 NRT, 10.565 dwt
	Abmessungen (LxBxT)	142,8 (136,9) x 19,2 x 7,8 m
	Antrieb	Dampfturbinen (2 Kessel), 7100 PS, 1 Welle
	Geschwindigkeit	15,5 kn
	Bewaffnung	2 x 127 mm, 8 x 40 mm

Schiffserkennung: MC-Standardschiff/Frachter C2; ab Schiffsmitte relativ kurze Aufbauten mit aufgesetztem Schornstein; zwei Doppelreihen Davits seitlich und hinter den Aufbauten und eine Doppelreihe im Vorschiffsbereich; zwei Doppelreihen Masten für Ladegeschirr vor den Aufbauten und eine dahinter; leicht geneigter, etwas hochgezogener Vorsteven, geschwungenes Heck.

Klassenbeschreibung: Diese Klasse von vier Schiffen gehört zum Standard-Typ C2-S-E1, von dem 30 Schiffe gebaut wurden, alle bei Gulf Shipbuilding in Chicasaw, Alabama. Ursprünglich für die Waterman Steamship Co. in Bau gegeben; der MC-Bauvertrag stammt vom 28.8.1941. Drei Schiffe wurden mit Anforderung durch die Navy zwischen Februar und November 1943 in Baltimore, Md., für ihre Aufgabe als APA umgerüstet, nur APA-94 in Brooklyn, N.Y. Alle wurden zwecks Überstellungsfahrt mit eigener Kraft provisorisch in Dienst gestellt und dann nach der Ausrüstung nochmals regulär. APA-52 bis 54 hatten zuvor von der Navy noch AP-Klassifikationen zugeteilt bekommen, der Nachzügler APA-94 dagegen nicht mehr.

Neben diesen vier APA wurden vom Standard-Typ C2-S-E1 nur zwei weitere in die Flotte übernommen (als AF-28 und 29).

Einsatz/Verbleib: Indienststellungen für die Navy August 1943 bis Mai 1944, wobei APA-52–54 bereits zwischen Mai und August 1943 in Dienst stellten, APA-94 als Nachzügler erst im Mai 1944. Alle vier Einheiten dienten während des Krieges ausschließlich in pazifischen Gewässern und überstanden dort die Kampfeinsätze, inklusive amphibischer Operationen, ohne nennenswerte Schäden. Sie stellten nach Verwendung im Rahmen »Magic Carpet« im März 1946 außer Dienst und wurden schon im April aus dem Naval Vessel Register gestrichen, Alle kamen nach Verkauf (über die MC) 1946/47 als zivile Frachter in Fahrt.

APA-94 »Baxter«.

APA-52 »Sumter« in einer Luftaufnahme vom September 1943.

APA-52 »Sumter« vor Baltimore, Md., im September 1943.

APA-54 »Wayne« aufgenommen vor Norfolk, Va., im September 1943.

5.1.2.13. Windsor-Klasse (APA-55, 56, 91, 97, 98, 103, 105)

<table>
<tr><td rowspan="8">APA-55 Windsor, ex AP-100, ex SS Excelsior; ab 1946 SS Paul Revere
APA-56 Leedstown, ex Wood (AP-101), ex SS Exchequer; ab 1946 SS Exilona
APA-91 Adair, ex SS Exchester; ab 1946 SS Express
APA-97 Dauphin, ex SS Exchester; ab 1946 SS Exochorda
APA-98 Dutchess; ab 1946 SS Excalibur
APA-103 Queens; ab 1946 SS Excambion
APA-105 Shelby; ab 1946 SS Exeter</td><td>Bauwerft</td><td>Bethlehem Shipbuilding in Sparrows Point, Md.</td></tr>
<tr><td>Stapelläufe</td><td>26.2.1944 bis 25.10.1944</td></tr>
<tr><td>Wasserverdrängung</td><td>13.143 ts (fl.)</td></tr>
<tr><td>Vermessung</td><td>6907 BRT, 3996 NRT, 9900 dwt</td></tr>
<tr><td>Abmessungen (LxBxT)</td><td>144,2 (137,9) x 20,1 x 8,3 m</td></tr>
<tr><td>Antrieb</td><td>Dampfturbinen (2 Kessel), 8250 PS, 1 Welle</td></tr>
<tr><td>Geschwindigkeit</td><td>16,5 kn</td></tr>
<tr><td>Bewaffnung</td><td>2 x 127 mm, 8 x 40 mm</td></tr>
</table>

Schiffserkennung: MC-Standardschiff/Frachter C3; kantige, hohe, aber kurze Aufbauten im Mittschiffsbereich mit aufgesetztem Schornstein hinter der Brücke; zwei Doppelreihen Davits seitlich und hinter den Aufbauten und eine Doppelreihe im Vorschiffsbereich; zwei Doppelreihen Masten für Ladegeschirr vor den Aufbauten und eine dahinter; leichte Back, kaum geneigter Vorsteven, elliptisches Heck.

Klassenbeschreibung: Diese sieben Schiffe gehören zum Standard-Typ C3-S-A3, von dem insgesamt 15 Einheiten gebaut wurden, alle bei Bethlehem in Sparrows Point. Die anderen acht Schiffe wurden im Krieg als zivile Frachter verwendet. Der Typ ist ein vom MC genehmigter Privatentwurf der American Export Line, grundsätzlich sehr ähnlich und in den Abmessungen gleich dem Typ C3-E, von dem acht Schiffe gebaut wurden; eines davon wurde als AKA umgebaut, USS »Almaack« (AKA-10).

Von den Schiffen der »Windsor«-Klasse hatten nur die ersten beiden, die 1943 von der Navy angeforderten AKA-55 und 56, noch Kennungen als AP erhalten, die restlichen fünf Einheiten, die erst Ende 1944 bzw. Anfang 1945 angefordert wurden, hatten von Anfang nur APA-Klassifikationen.

Einsatz/Verbleib: Indienststellungen für die Navy erfolgten zwischen Juni 1943 und Januar 1945. Ihre Kriegseinsätze haben alle Schiffe der Klasse in pazifischen Gewässern zugebracht, es gab keine Verluste. Alle sieben Schiffe wurden – nach »Magic Carpet«-Einsatz – noch in der ersten Hälfte des Jahres 1946 außer Dienst gestellt, an die MC retourniert und kamen bald danach als zivile Frachter in Fahrt, meist wieder für die American Export Line.

APA-55 »Windsor« am 27.6.1943 vor Norfolk, kurz vor der Überstellung in den Pazifik.

APA-105 »Shelby«, Werftaufnahme vor der Halbinsel Sparrows Point am 20.1.1945, dem Tag der Indienststellung.

APA-98 »Dutchess« bei Rückkehr von einer »Magic Carpet«-Einsatzfahrt 1945-1946.

APA-105 »Shelby« von Norfolk, Va. 1945.

5.1.2.14. Gilliam-Klasse (APA-57–88)

APA-57 Gilliam
APA-58 Appling
APA-59 Audrain
APA-60 Banner
APA-61 Barrow
APA-62 Berrien
APA-63 Bladen
APA-64 Bracken
APA-65 Briscoe
APA-66 Brule
APA-67 Burleson; 1956 auf IX-67 umklassifiziert
APA-68 Butte
APA-69 Carlisle
APA-70 Carteret
APA-71 Catron
APA-72 Clarendon
APA-73 Cleburne
APA-74 Colusa
APA-75 Cortland
APA-76 Crenshaw
APA-77 Crittenden
APA-78 Cullman
APA-79 Dawson
APA-80 Elkhart
APA-81 Fallon
APA-82 Fergus
APA-83 Fillmore
APA-84 Garrard
APA-85 Gasconade
APA-86 Geneva
APA-87 Niagara
APA-88 Presidio

Bauwerft	Consolidated Steel in Wilmington, Ca.
Stapelläufe	28.3.1943 bis 17.2.1945
Wasserverdrängung	7080 ts (fl.)
Vermessung	6010 BRT, 3288 NRT, 6000 dwt
Abmessungen (LxBxT)	129,8 (117,8) x 17,7 x 7,9 m
Antrieb	Dampfturbinen (2 Kessel), 6600 PS, 2 Wellen
Geschwindigkeit	17 kn
Bewaffnung	2 x 127 mm, 8 x 40 mm

APA-87 »Niagara« aufgenommen von Vorne, ca. Ende 1945, Anfang 1946.

Schiffserkennung: MC-Standardschiff/Spezialkonstruktion für die Navy; zwei große, weit auseinanderstehende Schornsteine auf langgezogenen, niedrigen Aufbauten, die schon nach dem ersten Drittel der Gesamtlänge beginnen; Brücke dadurch weit vorne; auf jeder Seite zwei Reihen Davits im Aufbautenbereich; ein Mast für Ladebäume am Vorschiff und einer achtern; offener Deckbereich mittschiffs, abgesenkt; kantiger, langer Vorsteven, leicht geschwungenes Heck.

Klassenbeschreibung: Die Klasse umfasst 32 Schiffe als APA. Über den hier vorliegenden Standard-Typ S4-SE2-BD1 wurde bereits berichtet, die AKA der »Artemis«-Klasse (des fast identischen Typs S4-SE2-BE1) können schon rein äußerlich ihr direktes schiffbauliches Verwandtschaftsverhältnis nicht leugnen. Beide Klassen wurden als Spezialschiffe (S) von der Navy für ihre amphibische Verwendung geplant, der Bau wurde über die Maritime Commission (MC) implementiert. Von den beiden Standard-Typen wurden dabei je 32 Schiffe in Auftrag gegeben; die bei Consolidated Steel in Wilmington wurden als amphibische Truppentransporter vom Typ APA ausgerüstet, die 32 bei Walsh Kaiser gebauten zu amphibischen Frachtschiffen vom Typ AKA. Über die Schwächen wurde bereits bei der »Artemis«-Klasse berichtet, das Truppenkontingent lag bei nur 850 Mann.
Nach Fertigstellung wurden sie formell von der Navy bei der MC angefordert. Die Namensgebung erfolgte bei beiden Klassen nach Counties (wie sie ab 1955 dann die LST erhielten, die im Krieg noch namenlos waren).

Einsatz/Verbleib: Indienststellungen als APA für die Navy erfolgten zwischen August 1944 und April 1945, nur die früh abgelieferten Einheiten konnten noch aktiv an Kampfhandlungen teilnehmen (im Pazifik), meist handelte es sich aber nur um Nachschubfahrten ohne Feindberührung. Danach folgten Ein-

APA-84 »Garrard« vor Japan, im Sommer 1945 aufgenommen.

APA-88 »Presidio«, aufgenommen 1945–1946.

sätze im Rahmen der großen Rückholaktion der US-Soldaten aus aller Welt.

Wie schon bei der »Artemis«-Klasse ist bei Durchsicht der Lebensläufe sofort die marginale Verwendung der Schiffe nach dem Krieg frappierend. Alle 32 Schiffe kamen nach kurzer Dienstzeit bei der Navy schon 1946 außer Dienst. Etwa die Hälfte wurde als Zielschiffe bei den Atombombentests auf dem Bikini-Atoll aufgebraucht (Operation »Crossroads«). Die restlichen Schiffe gingen an die MC, sie wurden zwar noch kurz in Reserve aufgelegt, über weitere Verwendungen liegen aber kaum Angaben vor; sie wurden recht bald verschrottet, einige wenige wurden als Zielschiffe versenkt oder für Ansprengversuche verwendet. Einzig APA-67 »Burleson« wurde in Little Creek, Va., (mit Reservestatus) als Schulungsschiff zum Umschlag von Fracht verwendet und am 5.10.1956 auf IX-67 umklassifiziert, eine Kennung, die im Wesentlichen für sonst nicht einordbare Spezialschiffe zum Einsatz kommt; USS »Burleson« diente weiterhin als Schulschiff in der Naval Amphibious Base in Little Creek, bis sie am 1.9.1968 aus dem NVR gestrichen und noch im gleichen Jahr abgebrochen wurde.

Der Grund der so beschränkten militärischen Verwendung bzw. Verwendbarkeit der Klasse lag, wie schon bei der »Artemis«-Klasse festgestellt, in erster Linie an ihrer zu geringen Größe bzw. konkret dem zu gering dimensionierten Fassungsvermögen. Das machte sie offenbar, in Verbindung mit einer relativ starken, aber störanfälligen Maschinenanlage, aber auch für den zivilen Einsatz als Frachtschiffe wenig attraktiv.

5.1.2.15. Frederick Funston-Klasse (APA-89, 90)

APA-89 Frederick Funston, ex AP-48; 1950 umklassifiziert als T-AP-178 APA-90 James O'Hara, ex AP-49; 1950 umklassifiziert als T-AP-179	Bauwerft	Seattle Tacoma Shipbuilding in Tacoma, Wa.
	Stapelläufe	27.9.1941 und 30.12.1941
	Wasserverdrängung	15.125 ts (fl.)
	Vermessung	11.971 BRT, 7200 dwt
	Abmessungen (LxBxT)	150,0 (142,8) x 21,1 x 7,5 m
	Antrieb	Dampfturbinen (2 Kessel), 9350 PS, 1 Welle
	Geschwindigkeit	17 kn
	Bewaffnung	2 x 127 mm, 1 x 76 mm, 4 x 40 mm

APA-89 »Frederick Funston« am 2.5.1943, kurz nach Übernahme durch die Navy.

Ex APA-90 »James O‘Hara« im Jahr 1951 als T-AP-179.

Schiffserkennung: MC-Standardschiff/Frachter C3; der langgezogene Mittschiffsbereich ist um ein Deck erhöht, darüber lange, niedrige Aufbauten mit einem markanten Schornstein, deutlich hinter der Schiffsmitte; Achterschiff gegenüber Vorschiff nochmals deutlich abgesenkt; drei Doppelreihen Davits im langen Aufbautenbereich; zwei Doppelreihen Masten für Ladegeschirr vor den Aufbauten und eine dahinter; kaum geneigter Vorsteven, gerundetes Heck.

Klassenbeschreibung: Zwei Spezialschiffe auf Basis eines C3-Rumpfes, gebaut als Truppentransporter für die U.S. Army im Rahmen des Standard-Programmes der Maritime Commission. Es handelt sich um den Standard-Typ C3-S1-A3, von dem es nur diese beiden Schiffe gab. Sie wurden im Oktober bzw. November 1942 von der U.S. Army übernommen und (mit üblichem Präfix USAT) nach Generalen der Armee benannt. Im August und April 1943 wurden sie von der Navy angefordert (im Wege der »War Shipping Administration«) und zu amphibischen Truppentransportern umgebaut. Beide erhielten noch AP-Klassifikationen, die Namen wurden beibehalten.

Einsatz/Verbleib: Indienststellungen für die Navy als APA im April 1943. Sie wurden zu Kriegseinsätzen sowohl im Mittelmeer (beide waren bei Sizilien- und Salerno-Landungen dabei) als auch im Pazifik verwendet, wurden 1946 außer Dienst gestellt und (über die MC) an die U.S. Army zurückgegeben.
Im Zuge des Koreakrieges 1950 wurden beide Schiffe erneut von der Navy angefordert und kamen als Truppentransporter für den MSTS mit Kennung T-AP-178 und T-AP-179 in Dienst. 1960 wurden sie aus dem aktiven Einsatz genommen, noch kurz bei der MARAD in Reserve gehalten und noch in den 1960er Jahren abgebrochen.

5.1.2.16. Haskell-Klasse (APA-117–247)

APA-117 Haskell
APA-118 Hendry
APA-119 Highlands
APA-120 Hinsdale
APA-121 Hocking
APA-122 Kenton
APA-123 Kittson
APA-124 LaGrange
APA-125 Lanier
APA-126 St. Mary's
APA-127 Allendale
APA-128 Arenac
APA-129 Marvin H. McIntyre
APA-130 Attala
APA-131 Bandera
APA/LPA-132 Barnwell
APA-133 Beckham
APA-134 Bland
APA-135 Bosque
APA-136 Botetourt
APA-137 Bowie
APA-138 Braxton
APA-139 Broadwater
APA-140 Brookings
APA-141 Buckingham
APA-142 Clearfield
APA-143 Clermont
APA/LPA-144 Clinton
APA-145 Colbert
APA/LPA-146 Collingsworth
APA-147 Cottle
APA-148 Crockett
APA-149 Audubon
APA-150 Bergen
APA-151 La Porte
APA-152 Latimer
APA-153 Laurens
APA/LPA-154 Lowndes
APA-155 Lycoming
APA-156 Mellette
APA/LPA-157 Napa
APA-158 Newberry
APA-159 Darke
APA-160 Deuel
APA-161 Dickens
APA-162 Drew
APA-163 Eastland
APA-164 Edgecombe
APA-165 Effingham
APA-166 Fond Du Lac
APA-167 Freestone
APA-168 Gage
APA/LPA-169 Gallatin
APA-170 Gosper
APA-171 Granville
APA-172 Grimes
APA/LPA-173 Hyde
APA-174 Jerauld
APA-175 Karnes
APA-176 Kershaw
APA/LPA-177 Kingsbury
APA/LPA-178 Lander
APA/LPA-179 Lauderdale
APA-180 Lavaca
APA-181, unbenannt, Bau storniert Mai 1944
APA-182, unbenannt, Bau storniert Mai 1944
APA-183, unbenannt, Bau storniert Mai 1944
APA-184, unbenannt, Bau storniert Mai 1944
APA-185, unbenannt, Bau storniert Mai 1944
ApA-186, unbenannt, Bau storniert Mai 1944
APA-187 Oconto
APA/LPA-188 Olmsted
APA-189 Oxford
APA-190 Pickens
APA-191 Pondera
APA/LPA-192 Rutland
APA-193 Sanborn
APA/LPA-194 Sandoval
APA-195 Lenawee
APA/LPA-196 Logan
APA-197 Lubbock
APA-198 McCracken
APA/LPA-199 Magoffin
APA-200 Marathon
APA-201 Menard
APA-202 Menifee
APA-203 Meriwether
APA/LPA-204 Sarasota
APA-205 Sherburne, umklassifiziert als T-AGM-22Range Sentinel
APA-206 Sibley
APA-207 Mifflin
APA/LPA-208 Talladega
APA-209 Tazewell
APA/LPA-210 Telfair
APA-211 Missoula
APA/LPA-212 Montrose
APA/LPA-213 Mountrail
APA-214 Natrona
APA/LPA-215 Navarro
APA-216 Neshoba
APA-217 New Kent
APA-218 Noble; 1964 an Spanien (Aragon)
APA-219 Okaloosa
APA/LPA-220 Okanogan
APA-221 Oneida
APA/LPA-222 Pickaway
APA/LPA-223 Pitt
APA-224 Randall
APA/LPA-225 Bingham
APA-226 Rawlins
APA/LPA-227 Renville
APA/LPA-228 Rockbridge
APA/LPA-229 Rockingham
APA-230 Rockwall
APA/LPA-231 Saint Croix
APA-232 San Saba
APA/LPA-233 Sevier
APA/LPA-234 Bollinger
APA/LPA-235 Bottineau
APA/LPA-236 Bronx
APA/LPA-237 Bexar
APA-238 Dane
APA/LPA-239 Glynn
APA-240 Harnett, Bau storniert August 1945
APA-241 Hempstead, Bau storniert August 1945
APA-242 Iredell, Bau storniert August 1945
APA-243 Luzerne, Bau storniert August 1945
APA-244 Medera, Bau storniert August 1945
APA-245 Maricopa, Bau storniert August 1945
APA-246 McLennan, Bau storniert August 1945
APA-247 Mecklenburg, Bau storniert August 1945

APA-231 »Saint Croix« in der San Francisco Bay, ca. Ende 1945.

Bauwerften (4)	- California Shipbuilding in Wilmington, Ca.: APA-117–146 - Kaiser Shipyard in Vancouver, Wa.: APA-147–150, 187–203, 226–235, - Oregon Shipbuilding in Portland, Ore.: APA-151–186, 236–247 - Permantle Metals in Richmond, Ca.: APA-204–225
Stapelläufe	13.6.1944 bis 25.8.1945
Wasserverdrängung	14.873 (fl.)
Vermessung	7750 BRT, 4500 NRT, 9865 dwt
Abmessungen (LxBxT)	138,7 (133,8) x 18,7 x 8,0 m
Antrieb	Dampfturbinen (2 Kessel), 8500 PS, 1 Welle
Geschwindigkeit	17 kn
Bewaffnung	2 x 127 mm, 8 x 40 mm

APA-238 »Dane«, aufgenommen 1945/46.

Schiffserkennung: »Victory«-Schiffe in der Version APA; relativ kleine Aufbauten mittschiffs, mit kleinem Schornstein darüber; zwei Doppelreihen Davits, eine im Aufbautenbereich und eine davor; zwei Doppelreihen Masten für Ladegeschirr vor den Aufbauten und zwei dahinter; ausgeprägte Back; kaum geneigter Vorsteven, gerundetes Heck.

Klassenbeschreibung: Die Beschreibung dieser Klasse allein müsste eigentlich ein eigenes Buch füllen. Es handelt sich hier um Schiffe des Typs »Victory«; für 131 Einheiten dieser Klasse wurde der Bauauftrag und die APA-Klassifikation vergeben, 117 wurden tatsächlich fertiggestellt und für die Navy in Dienst gestellt. Die Typenbezeichnung lautet VC2-S-AP5, das »V« am Anfang der MC-Formel steht für »Victory«-Schiff.

Nicht weniger als 531 Schiffe aus dem »Victory«-Programm wurden über MC-Verträge im Zweiten Weltkrieg in den USA gebaut, sie waren quasi die Nachfolger der 2700 »Liberty«-Schiffe aus dem »Emergency Program«, die ausschließlich auf den unmittelbaren Kriegsbedarf und eine kurze Lebensdauer ausgelegt waren. Die »Victory«-Schiffe dagegen waren für eine lange Dienstzeit nach Kriegsende ausgelegt (von den »Liberty«-Schiffen wurde keines für amphibische Aufgaben umklassifiziert).

Im April 1943 wurden die ersten MC-Bauverträge für »Victory«-Schiffe vergeben. Der Bau der umfangreichen »Haskell«-Klasse stellt wieder ein eigenes Unterprogramm innerhalb der »Victory«-Familie dar (VC2-S-AP5).

Für die Navy war das »Victory«-Bauprogramm eine hervorragende Gelegenheit, schnell an eine große Anzahl hochqualitativer Neubauten für amphibische Schiffe zu kommen. Jede Einheit sollte etwa 1600 Mann an Landungstruppen aufnehmen können. Die Unterschiede zu den gewöhnlichen »Victory«-Schiffen wurden dabei erst in der letzten Ausrüstungsphase wirklich schlagend. Die Navy sicherte sich frühzeitig über die Maritime Commission zahlreiche MCV-Baunummern für den Fertigbau als APA. Vier Werften an der US-Westküste erhielten Kontingente der als APA vorgesehenen Victories, zwei in Kalifornien, eine in Oregon und eine in Washington. Wegen des schieren Umfangs der Klasse nachstehend eine kurze Zusammenfassung der Bauperioden der vier Werften:

1. APA-117 bis 146 wurden mit MC-Vertrag vom 20.4.1943 bei California Shipbuilding in Wilmington, einem Stadtteil in der Hafenregion Los Angeles, formal in Auftrag gegeben. Die erste Kiellegung ist aber schon mit 28.3.1943 datiert, was damit zu erklären ist, dass es sich um einen Fertigbau eines »Victory«-Schiffs Typ VC-2-S-AP1 handelte, was für die Baunummern MC 25–66 zutrifft. Der erste Stapellauf erfolgte am 13.6.1944, die erste Indienststellung am 11.9.1944.
2. Die Kaiser Shipyard Co. in Vancouver baute APA-147–150, 187–203 und 226–235. Die erste Kiellegung dieser Serie erfolgte am 5.4.1944, Stapellauf am 20.6.1944 und Indienststellung am 2.9.1944, noch vor der ersten Indienststellung einer Einheit von California Shipbuilding.
3. Die Oregon Corp. in Portland erhielt die Bauaufträge für APA-151–180, für die 1944 stornierten Schiffe mit APA-Laufnummern 181–186, für 236–239 und die bei Kriegsende stornierten 240–247. Auch hier war die komplette erste Se-

APA-213 »Mountrail« vor Kalifornien mit Tarnanstrich; Luftaufnahme vom 5.12.1944.

APA-188 »Olmsted«, Seitenansicht Backbord, aufgenommen in den 1950er Jahren.

APA-177 »Haskell«, Victory-Schiff und Typschiff der »Haskell«-Klasse, eintreffend in San Francisco Ende 1945, mit rückkehrenden US-Soldaten im Rahmen der Operation »Magic Carpet«.

rie zuerst als »Victory«-Schiff Typ VC-2-S-AP1 in Bau genommen worden und wurde mit MC-Vertrag vom 20.4.1943 als APA geordert; die Nachzügler APA-236–247 folgten mit MC-Vertrag vom 1.3.1945. Die erste Kiellegung auf dieser Werft erfolgte am 15.5.1944, die erste Indienststellung am 14.8.1944.

4. Die vierte Werft, die Permantle Metals Corp. in Richmond, Ca., baute die Schiffe APA-204–225. Auch auf dieser Werft war die komplette Serie zuerst als »Victory«-Schiff Typ VC-2-S-AP1 in Bau genommen worden und wurde dann mit MC-Vertrag vom 22.4.1943 als APA geordert. Die erste Kiellegung erfolgte hier am 11.4.1944, die erste Indienststellung am 16.8.1944.

Auch die Schiffe der »Haskell«-Klasse erhielten in der Navy durchgehend County-Namen. Eine interessante Ausnahme bildet APA-129 »Marvin H. McIntyre«, die als USS »Arlington« begonnen wurde und nach dem Tod von Roosevelts Sekretär dessen Namen erhielt. (Die Namen der anderen »Victory«-Schiffe endeten ansonsten stets mit der Typenbezeichnung, so wie »United Victory« etc.).

Wie bereits erwähnt, wurden die Bauverträge für APA-181–186 und 240–247 Oregon storniert, dabei aber der Vertrag für APA-242 »Iredell« von einer privaten Reederei (Alcoa Steamship Co Inc. in New York) übernommen und als ziviler Frachter »Alcoa Star« fertiggebaut. Als APA der »Haskell«-Klasse kann das Schiff dabei nicht gezählt werden, da es schließlich in einer anderen Victory-Version gebaut wurde.

Einsatz/Verbleib: Indienststellungen von 117 Einheiten für die Navy als APA von August 1944 bis Oktober 1945; 14 Bauaufträge wurden storniert. Kein einziges Schiff ging in dieser späten Kriegsphase verloren, wie überhaupt nur drei »Victory«-Schiffe noch zu Kriegsverlusten wurden.

Nur die früh fertiggestellten Schiffe der »Haskell«-Klasse erlebten noch aktive Kriegseinsätze, vorwiegend im Pazifik (Okinawa und Iwo Jima). Drei Schiffe wurden von japanischen

APA-237 »Bexar« auf einer Luftaufnahme vom November 1955.

Kamikaze getroffen: APA-120 erhielt am 1.4.1945 einen Kamikaze-Treffer, APA-210 am 2.4.1945 und APA-124 einen solchen am 13.8.1945, beim letzten erfolgreichen Kamikaze-Angriff des Zweiten Weltkriegs; alle drei Treffer ereigneten sich vor Okinawa. APA-145 erhielt noch am 17.9.1945 einen Minentreffer, ebenfalls vor Okinawa, der das Schiff erheblich beschädigte.

Nach der Kapitulation Japans erfolgte der Transport von Truppen nach Japan und für fast alle US-Schiffe die übliche Teilnahme an der großen Rückholaktion »Magic Carpet«.

Das Gros der modernen Schiffe verließ dann bereits 1946/47 die aktive Flotte und wurde in der Reserveflotte aufgelegt, ein sehr vielschichtiger Begriff in der amerikanischen Marine, den zu hinterfragen sich hier die Gelegenheit bietet: APA-117–127 schieden bald nach Kriegsende aus der aktiven Flotte aus, gingen an die MC (bzw. später MARAD) und wurden nachfolgend in der von dieser Organisation verwalteten NDRF (National Defense Reserve Fleet) aufgelegt. Von APA-128 bis 180 wurde jedes vierte Schiff (d.h. APA-128, 132, 136 usw.) weiter in der Schiffsliste der Navy (NVR) geführt und unter direkter Navy-Aufsicht in Reserve gehalten, die anderen gingen an die MC bzw. in die NDRF. APA-181–186 wurden nicht fertiggebaut. APA-188 und 192 kamen auf der marineeigenen Liste in Reserve, wie sonst hauptsächlich die Kampfschiffe, die Schiffe dazwischen via MC in die NDRF. APA-193–199, 201–230, 232 und 235–239 verblieben auf der Reserveliste der Navy. APA-200, 231, 233 und 234 gingen an die staatliche, aber zivil verwaltete NDRF. APA-240–247 wurden nicht fertiggebaut.

Nur mehr sechs Schiffe waren zu Beginn des Koreakrieges als APA in der amphibischen Flotte, etwa 20 weitere wurden für den Koreakrieg reaktiviert. Zwei Einheiten wurden anlässlich der »Berlin-Krise« 1961 reaktiviert. Einige Schiffe waren noch während des Vietnamkrieges im Einsatz bei der 7. Flotte. 30 der unter direkter Navy-Aufsicht eingemotteten Schiffe wurden am 1.10.1958 aus dem Naval Vessel Register gestrichen und der MC übergeben, die sie unter ihrer Aufsicht in der NDRF weiter in Reserve hielt. Aus dieser Gruppe wurde APA-205 »Sherburne« 1969 wieder von der Navy angefordert und zu einem interessanten Spezialschiff umgebaut, T-AGM-22 »Range Sentinel« (Missile Range Instrumentation Ship). Es wurde zum letzten aktiven »Victory«-Schiff in der U.S. Navy und stellte erst im Juli 1997 außer Dienst.

Nur eine Einheit wurde an eine befreundete Marine transferiert, APA-218 »Noble« wurde im Juli 1964 außer Dienst gestellt und ging noch im gleichen Jahr an Spanien, wo sie den Namen »Aragon« bekam (sie stellte Anfang der 1980er außer Dienst und wurde durch ex APA-249 ersetzt, die ebenfalls den Namen »Aragon« erhielt).

1963/64 erhielten vier Schiffe der »Haskell«-Klasse noch Modernisierungen aus Mitteln des FRAM-Programms, nämlich APA-212, 215, 222 und 237. Neun Schiffe wurden am 1.1.1969 noch von APA auf LPA umklassifiziert, dies waren: LPA-194, 199, 208, 212, 213, 215, 220, 222 und 237.

Anfang der 1970er Jahre verließen die letzten Einheiten die aktive amphibische Flotte. Als allerletztes amphibisches Schiff der »Victory«-Einheiten, d.h. der »Haskell«-Klasse, stellte APA-38 »Chilton« am 1.7.1972 außer Dienst, wurde am gleichen Tag aus dem Naval Vessel Register gestrichen und der MARAD zum Auflegen in der Reserve (NDRF) übergeben; im Juli 1974 wurde sie von der MARAD zur Verschrottung verkauft. USS »Gage« (APA-168) war das letzte Victory-Schiff in der APA-Version der Haskell-Klasse, das verschrottet wurde (2009).

Als letzte Einheiten wurden am 1.12.1976 dann LPA-199 und 222 aus dem Naval Vessel Register gestrichen, die sich aber davor schon viele Jahre im Reservestatus befunden hatten; sie wurden bald darauf ebenfalls zum Abbruch verkauft.

5.1.2.17. Paul Revere-Klasse (APA-248, 249)

APA/LPA-248 Paul Revere, ex SS Diamond Mariner; 1980 an Spanien (Castilla) APA/LPA-249 Francis Marion, ex SS Prairie Mariner; 1980 an Spanien (Aragon)	Bauwerft	New York Shipbuilding in Camden, N.J.
	Stapelläufe	11.4.1953 und 13.2.1954
	Wasserverdrängung	16.828 ts
	Vermessung	9214 BRT, 5730 NRT, 13.410 dwt
	Abmessungen (LxBxT)	171,1 (161,0) x 23,2 x 8,5 m
	Antrieb	Dampfturbinen (2 Kessel), 19.250 PS, 1 Welle
	Geschwindigkeit	20 kn
	Bewaffnung	8 x 76 mm

Schiffserkennung: Standardisierter MARAD-Frachtschifftyp; ein Schornstein im oberen Aufbautenbereich, Aufbauten beginnen etwa ab der Schiffsmitte; umfangreiches Ladegeschirr: je ein starker Gittermast hinter und vor den Aufbauten und ein kleiner Mast für Ladebäume vorne, am Ende einer ausgeprägten Back; zwei Reihen Davits im hinteren Aufbautenbereich; Hubschrauber-Landeplattform achtern; leicht geschwungener Vorsteven, geschwungenes Heck.

Klassenbeschreibung: Es handelt sich hier um zwei Einheiten vom Typ C4-S-1a. Über die Geschichte des Grundtyps »Mariner«, dem die beiden APA/KLA der »Paul Revere«-Klasse angehören, wurde schon im Rahmen von AKA/LKA-112 »Tulare« ausführlicher berichtet.

Gebaut bei Camden als »Diamond Mariner« und »Prairie Mariner« für die Presidential Steamship Corp. wurden sie nach Fertigstellung von der MARAD verwaltet und in Reserve gehalten (NDRF). Beide wurden Mitte der 1950er Jahre von der Navy angefordert: SS »Diamond Mariner« wurde danach bei Todd Pacific Shipyards Corp. in San Pedro mit Mitteln aus dem Fiscal Year 1957 zum amphibischen Truppentransporter mit Kennung APA-248 »Paul Revere« umgebaut, SS »Prairie Mariner« bei Bethlehem Steel in Baltimore als APA-249 »Francis Marion« mit Mitteln aus dem Fiscal Year 1959. Die Indienststellungen für die Navy erfolgten 1958 und 1961.

APA-248 »Paul Revere« kurz vor Fertigstellung des Umbaus als APA bei der Todd-Werft in San Pedro, Ca., am 30.8.1958.

APA-249 »Francis Marion« auf einer Luftaufnahme der Navy am 17.4.1964 in einem amphibischen Verband, mit fünf Sikorsky UH-34-Hubschraubern über dem Schiff.

Die beiden Schiffe waren für die Unterbringung von 1500 Mann Landungstruppen ausgestattet, hatten auch relativ umfangreiche Kommandoeinrichtungen und eine große Landeplattform für amphibische Transport-Hubschrauber.

Einsatz/Verbleib: Indienststellungen für die Navy als APA am 3.9.1958 und 6.7.1961. Sie wurden danach recht umfangreich für Einsatzfahrten im Rahmen des Kalten Krieges verwendet, APA-248 vorwiegend an der Westküste und mit der 7. Flotte im Westpazifik, APA-249 im Atlantik und mit der 6. Flotte im Mittelmeer.
Amt 1.1.1969 wurden beide mit der neuen Kennung LPA versehen. Ab 1975 übernahm das Personal der Naval Reserve Force (NRF) beide Schiffe, um die Unterhaltskosten zu senken, sie blieben aber vorerst im aktiven Einsatz. Erst 1979 wurden beide ausgemustert und 1980 an Spanien verkauft: ex APA-248 erhielt den Namen »Castilla« und ex-APA-249 den Namen »Aragon«.

APA-249 »Francis Marion« von Backbord achtern, vor Norfolk 1968.

5.1.3. Amphibische Schnelltransporter (APD/LPR)

Insgesamt 139 APD-Laufnummern führte die U.S. Navy in ihren Klassifikationslisten. Dabei handelt es sich um Umbauten ehemaliger Zerstörer und Geleitzerstörer, mit im Prinzip gleicher bzw. ähnlicher Aufgabenstellung wie die AKA und APA, die amphibischen Transporter und amphibischen Truppentransporter: Das Aussetzen von Landungsbooten mit konventionellen Mitteln wie Davits und Ladegeschirr. Nur waren sie als ehemalige Kriegsschiffe deutlich schneller, kleiner und wendiger. In der amerikanischen Marine hießen sie »High Speed Transport«, als geeignete deutsche Bezeichnung könnte man z.B. »amphibische Schnelltransporter« verwenden.

Die Art der Aussetzung ist dabei deutlich eingeschränkter möglich als bei den AKA/APA, es wurden praktisch ausschließlich Davits verwendet, Ladegeschirr findet sich kaum. Die Gattung der Zerstörer ist zur Aufnahme großer Truppenkontingente oder amphibischer Fracht ohnehin denkbar ungeeignet. Sie wurde nur deshalb gewählt, weil Zerstörer wesentlich schneller, wendiger und flexibler einsetzbar sind als die aus Frachtschifftypen hervorgegangenen AKA und APA. Der Typ wurde daher vornehmlich für Kommandounternehmungen, Spezialaufgaben, z.T. sogenannte »Hit and Run«-Einsätze, auch im Rahmen der Vorbereitung von Großlandungen und zur Landung an strategisch besonders heiklen Stellen verwendet.

Nach allen vorliegenden Berichten hat sich der Typ dabei durchaus bewährt, was u.a. auch an der ständig neuen Forderung nach Umrüstung dieser als Zerstörer sehr wertvollen Schiffe durch die Navy belegbar ist. Die große Zahl der umgebauten Einheiten ist zudem ein klarer Beweis dafür, dass es sich hier nicht um ein kleines, versuchsweise gestartetes Bauprogramm handelte, sondern eine extensive Nutzung stattfand, aufgrund der Anforderungen speziell auf dem pazifischen Kriegsschauplatz (Überkapazitäten spielten aber auch eine Rolle).

Allerdings wurden keine erstklassigen Flottenzerstörer für diesen Zweck umgebaut, die verwendeten Klassen teilen sich in zwei Kategorien bzw. Gruppen. Die Laufnummernserie APD-1 bis 36 rekrutierte sich aus alten, sogenannten Glattdeck-Zerstörern (»Flush deckers«) aus dem maritimen Rüstungsprogramm des Ersten Weltkrieges: schnelle, aber recht alte Zerstörer (DD), mit vier markanten schmalen Schornsteinen. Die zweite Laufnummernserie, APD-37 bis 139, bestand aus neuen Geleitzerstörern (DE). Diese Schiffe sind kleiner und wesentlich langsamer als Flottenzerstörer und gehen vom Typ her eher in Richtung Fregatte. Sie waren zum Bau in vergleichsweise billiger Großserie konzipiert, ihre Hauptaufgabe war der Geleitschutz von Frachtschiffen in Gebieten, wo nicht so sehr mit kampfkräftigen Überwasserschiffen als Gegner zu rechnen war, wie z.B. dem Schutz von Konvoys gegen U-Bootangriffe im Atlantik.

Der erste solche Umbau zum amphibischen Schnelltransporter erfolgte in den späten 1930er Jahren auf dem alten Zerstörer DD-74 »Manley« der »Caldwell«-Klasse, der bereits 1917 bei Bath Iron Works vom Stapel gelaufen war. 1918 durch Explosion der eigenen Wasserbomben schwer beschädigt, war das Schiff 1919 bis 1930 in Reserve gelegen und diente dann zur Wahrung amerikanischer Interessen in spanischen Gewässern, während des dortigen Bürgerkrieges. Im November 1938 wurde das Schiff nach Norfolk zurückbeordert und am 28.11.1938 auf AG-28 umklassifiziert, wobei das »A« natürlich für »Auxiliary« (»Hilfsschiff«) und das »G« für »General« stand, also »Allgemein«; die amtliche Bezeichnung lautete »Miscellaneous Auxiliary«. In der Praxis war es die Bezeichnung für einen Schiffstyp, bei dem die Navy nicht wirklich wusste, wie man ihn eigentlich bezeichnen sollte.

Der Umbau zum amphibischen Schnelltransporter erfolgte auf der New York Naval Shipyard, AG-28 »Manley« verließ die Werft am 7.2.1939. Anschließend führte sie sofort amphibische Manöver an der Ostküste und in der Karibik durch. Äußerlich war das Schiff dabei noch nicht sehr verändert worden, es hatte noch die vier markanten Schornsteine (später auf zwei reduziert), nur die vier Drillings-Torpedorohre waren zugunsten großer Davits entfernt und einfache Truppenunterkünfte waren eingebaut worden.

Intern nannte die Navy das Schiff bzw. diesen neuen Schiffstyp recht treffend »Experimental High Speed Transport« und erst ab 2.8.1940 wurde für diese so umgerüsteten Schiffe amtlich die Klassifikation APD verwendet, die sich wie folgt erklärt: das übliche »A« für »Auxiliary« (»Hilfsschiff«), das »P« für »Transport« im Sinne von Truppentransporter und das »D« markierte die bauliche Herkunft der Schiffe als »Destroyer«, also Zerstörer.

Die ab 1940 zum Umbau ausgewählten Flottenzerstörer gehörten folgenden Klassen an: »Caldwell«-Klasse (1 Schiff), »Wickers«-Klasse (17 Schiffe) und »Clemson«-Klasse (14 Schiffe), die sich jedoch schon äußerlich sehr ähnlich waren und nun nach einem weitgehend gemeinsamen Muster umgebaut wurden. Sie werden hier deshalb auch in einer Kategorie bzw. in einer Art Schiffsklasse behandelt. Der Umbau von vier weiteren Flottenzerstörern, die bereits APD-Klassifikationen erhalten hatten, wurde storniert (DD-237, 244, 341, 342).

Äußere Merkmale des Umbaus waren die Entfernung der beiden vorderen Schornsteine, der komplette Ausbau der umfangreichen Torpedobewaffnung (ursprünglich 12 Torpedorohre) und ihr Ersatz durch vier Landungsboote (auf Davits) sowie eine deutliche Verminderung der Artilleriebewaffnung. Die Kriegsverluste waren in dieser Gruppe der alten Glattdecker besonders hoch, zumindest für amerikanische Verhältnisse (etwa ein Drittel der Schiffe ging verloren). Die verblie-

benen, hochbetagten Schiffe wurden kurz nach Kriegsende außer Dienst gestellt und abgebrochen.
Die zweite Kategorie, die ehemaligen Geleitzerstörer (DE), gliedern sich in zwei Gruppen zu je ca. 50 Einheiten (es gab Laufnummern für 103 APD-Umbauten aus diesem Schiffstyp, davon wurden 95 tatsächlich durchgeführt). Die erste Gruppe waren Geleitzerstörer, die aus dem aktiven Frontdienst (als DE) genommen und zu APD umgebaut wurden, ausgenommen sechs als DE in Bau befindliche Einheiten, die direkt von der Werft kamen. Die aus DE-Konstruktionen entstandenen APD hatten durchwegs ein 12,7-cm-L/38-Geschütz am Vorschiff und waren im Bereich der Aufbauten achtern ebenfalls mit vier Landungsbooten auf Davits ausgerüstet.
Die zweite DE-Gruppe waren Schiffe, die ab 1944 dem Bauprogramm der klassischen Geleitzerstörer entzogen wurden. Sie wurden durchwegs bereits auf der Werft als amphibische Schnelltransporter designiert und als APD in Dienst gestellt. Allen ist aber gemeinsam, dass sie ursprünglich noch DE-Klassifikationen erhalten hatten. Sie werden hier deshalb in einer gemeinsamen Kategorie behandelt, d.h. de facto wie eine gemeinsame Schiffsklasse. Als Geleitzerstörer hatten sie der »Buckley« und der »Ruderow«-Klasse angehört.
Besonders bei der zweiten Gruppe lässt es sich nicht leugnen, dass die derart hohe Stückzahl von umgerüsteten Geleitzerstörern auch vor dem Hintergrund der Überproduktion dieses Schiffstyps auf US-Werften zu sehen ist. Es waren einfach schon mehr Geleitzerstörer im Einsatz oder in Bau, als die Front wirklich sinnvoll vertragen konnte. So war die amphibische Verwendung auch als eine Art Gelegenheits-Notlösung zu sehen, zumindest in dieser Größenordnung.
Unter den DE-Umbauten gab es ebenfalls noch Kriegsverluste, vor allem in der ersten Gruppe, die schon ab Mitte 1943 in Dienst kam; sie erlebte noch sehr umfangreiche Gefechte. Zwar gab es nur einen Totalverlust (APD-47), doch dazu kam noch ein Dutzend schwer beschädigter Schiffe, verursacht meist durch Luftangriffe (Kamikaze), wobei zwei Schiffe solche Treffer zwar überstanden, später jedoch nicht mehr repariert wurden. Nach Kriegsende verblieben die zahlreich vorhandenen Schiffe aus den DE-Umbauten jahrelang in Dienst. Viele wurden an befreundete Marinen abgegeben und dort sehr oft für traditionelle Geleitaufgaben verwendet.
Mit der hier schon so oft erwähnten SECNAVINST 5030.1E erhielten auch diese Schiffe das nun übliche »L« als »Landing Ship« anstelle des »A«. Logisch wäre damit als neue Klassifikation »LPD« gewesen. Aber diese Buchstabenkombination war inzwischen an die Kategorie der Docklandungsschiffe mit erweiterter Frachtkapazität vergeben worden und stand für »Landing Transport Dock«. Als neue Bezeichnung ab 1.1.1969 wählte man das etwas gekünstelte »LPR«, die amtliche Navy-Bezeichnung für die »High Speed Transport« lautete nun »Amphibious Transport, Small«; das »R« leitete sich aber von »Rapid« ab. Bereits Mitte der 1970er Jahre waren alle Einheiten des Typs aus der Flotte ausgeschieden.
Die Namensgebung als Zerstörer und Geleitzerstörer (bzw. designierte Geleitzerstörer) wurde in der U.S. Navy auch nach der Umklassifizierung durchgehend beibehalten.

Zerstörer DD-74 »Manley« 1939 in New York als AG-28, bereits mit zusätzlichen Davits etc., aber noch mit den vier Schornsteinen.

5.1.3.1. DD-Umbauten (APD-1–36)

APD-1 Manley, ex AG-28, ex DD-74
APD-2 Colhoun, ex DD-85; Kriegsverlust im Zweiten Weltkrieg
APD-3 Gregory, ex DD-82; Kriegsverlust im Zweiten Weltkrieg
APD-4 Little, ex DD-79; Kriegsverlust im Zweiten Weltkrieg
APD-5 McKean, ex DD-90; Kriegsverlust im Zweiten Weltkrieg
APD-6 Stringham, ex DD-83
APD-7 Talbot, ex DD-114
APD-8 Waters, ex DD-115
APD-9 Dent, ex DD-116
APD-10 Brooks, ex DD-232; Kriegsverlust im Zweiten Weltkrieg
APD-11 Gilmer, ex DD-233; Kriegsverlust im Zweiten Weltkrieg
APD-12 Humphreys, ex DD-236
APD-13 Sands, ex DD-243
APD-14 Schley, ex DD-103
APD-15 Kilty, ex AG 20, ex DD-137
APD-16 Ward, ex DD-139; Kriegsverlust im Zweiten Weltkrieg
APD-17 Crosby, ex DD-164
APD-18 Kane, ex DD-235
APD-19 Tattnall, ex DD-125
APD-20 Roper, ex DD-147
APD-21 Dickerson, ex DD-157
APD-22 Herbert, ex DD-160
APD-23 Overton, ex DD-239
APD-24 Noa, ex DD-343; Kriegsverlust im Zweiten Weltkrieg
APD-25 Rathburne, ex DD-113
APD-26 McFarland, ex DD-237, Umbau als APD 1940 storniert; stattdessen AVD-14
APD-27 Williamson, ex DD-244, Umbau als APD 1940 storniert; stattdessen AVD-2
APD-28 Hulbert, ex DD-342, Umbau als APD 1940 storniert; stattdessen AVD-6
APD-29 Barry, ex DD-248; Kriegsverlust im Zweiten Weltkrieg
APD-30 Decatur, ex DD-341, APD-Klassifikation nur vorgesehen, Umbau storniert
APD-31 Clemson, ex DD-186 / AVP-17 / AVD-4
APD-32 Goldsborough, ex DD-188 / AVP-15/AVD-5
APD-33 George E. Badger, ex DD-196 /AVP-16 / AVD-3
APD-34 Belknap, ex DD-251 / AVD-8
APD-35 Osmond Ingram, ex DD-255 / AVD-9
APD-36 Greene, ex DD-266 / AVD-13

Bauwerften (9)	- Bath Iron Works in Bath, Maine: APD-1 - Fore River Shipbuilding in Quincy, Mass.; APD-2–4, 6 - Union Iron Works in San Francisco, Ca.: APD-5, 14 - William Cramp and Sons, Philadelphia, Pa.: APD-7–9, 20, 25 - New York Shipbuilding in Camden, N.J.: APD 10–13, 18, 19, 21–23, 29, 30 - Mare Island Naval Shipyard in Vallejo, Ca.: APD 15, 16 - Bethlehem Shipbuilding in Quincy, Mass.: APD-17, 34–36 - Norfolk Naval Shipyard in Portsmouth, Va.: APD-24 - Newport News Shipbuilding in Newport News, Va.: APD-31–33
Stapelläufe	23.8.1917–28.10.1920
Wasserverdrängung	1600–1660 ts (fl.)
Abmessungen (LxBxT)	95,8 bis 96,2 x 9,3 bis 11,2 x 3,3 bis 3,7 m
Antrieb	Dampfturbinen (2 Kessel, als DD ursprünglich 4), 20.000 PS (als DD bis 27.000), 2 Wellen
Geschwindigkeit	23–25 kn (als DD über 30 kn)
Bewaffnung	3 x 76 mm, 2 x 40 mm

APD-25 »Rathburne« vor der Puget Sound NY am 16.6.1944, Tarnanstrich Muster 31/12T.

APD-3 »Gregory« in einer Seitenansicht von Backbord 1942, mit Tarnanstrich. Der Zerstörer wurde bereits vor dem US-Kriegseintritt umgebaut und 1940 als APD klassifiziert.

APD-10 »Brooks« nach Umbau in der San Francisco Bay am 24 August 1944.

Schiffserkennung: Klassische US-Glattdeck-Zerstörer aus dem Ersten Weltkrieg; Brücke im vorderen Schiffsdrittel; nur mehr die hinteren beiden schmalen, langen Schornsteine blieben erhalten (von ursprünglich vier); je zwei markante Davits hinter dem zweiten Schornstein; kleiner, aber etwas klobig hochgezogener Decksaufbau vor dem ersten Schornstein; separater kleiner Aufbau achtern; leicht geneigter Vorsteven, nach unten abgerundetes Heck.

Klassenbeschreibung: In dieser Kategorie bzw. Klasse zusammengefasst als »DD-Umbauten« werden die Klassifikationen APD-1 bis 36 behandelt, von denen 32 tatsächlich als amphibische Schnelltransporter umgebaut und für die U.S. Navy in Dienst gestellt wurden. Sie alle waren ursprünglich 1917 bis 1920 als Flottenzerstörer gebaut worden, ihre typischen Merkmale waren vier schmale Schornsteine und ein durchgängiges Hauptdeck ohne Back, weshalb man sie auch als »Flushdecker« bzw. »Glattdeckzerstörer« oder »Four Pipers« bzw. »Vierschornsteiner« bezeichnete.

Die Laufnummern APD-26–28 waren Schiffen zugeteilt worden, die schließlich zu Seeflugzeugtendern (AVD) umgebaut wurden, APD-30 einem Schiff, das schließlich nicht umgebaut wurde und die APD-Klassifikation nur kurz auf dem Papier trug.

Die Geschichte der Zerstörer der U.S. Navy ist auch in der Fachliteratur im deutschen Sprachraum umfassend erforscht und beschrieben, weshalb auf diesen Lebensabschnitt der Schiffe hier nur kurz eingegangen wird. APD-1–36 gehörten sehr ähnlichen Zerstörer-Klassen an, nämlich APD-1 der »Caldwell«-Klasse, APD-2–9, 14–17, 19–22 und 25 der »Wickes«-Klasse und APD-10–13, 18, 23, 24, 29 und 31–36 der »Clemson«-Klasse. Die nur designierten und schließlich nicht umgebauten APD-26–8 und 30 gehörten ebenfalls zur »Clemson«-Klasse. Man könnte die 36 Schiffe deshalb nochmals in drei Sub-Klassen unterteilen, APD-1 »Manley« als Einzelgänger, eine APD-2- oder »Colhoun«-Klasse (17 Schiffe) und eine APD-10- oder »Brooks«-Klasse (14+4 Schiffe).

Bei allen ohnehin sehr ähnlichen Schiffen wurden die Umbauten zu amphibischen Schnelltransportern aber, nach einer Versuchsphase 1938/39 (USS »Manley«), ab 1940 relativ einheitlich durchgeführt, weshalb die Zusammenfassung in einer Klasse gerechtfertigt erscheint:

Die vorderen beiden Kessel und die vorderen beiden Schornsteine wurden entfernt, in den frei gewordenen Räumen wurden Truppenunterkünfte für etwa 200 Mann eingebaut. Trotz der Reduktion der Maschinenanlage um räumlich etwa die Hälfte blieb eine Geschwindigkeit von bis zu 25 kn erhalten. Die vier Torpedo-Drillingssätze wurden zur Gänze entfernt und durch vier große Davits für (vier) Landungsboote vom Typ LCVP ersetzt, zusätzliche Ladebäume und Krane waren nicht vorhanden, da auch keine nennenswerten Mengen an Gefechtsfracht mitgeführt wurden. An den (niedrigen) Seiten-

APD-11 »Gilmer« in der Marinewerft NY auf einer Werftaufname (von einem Kran aus fotografiert).

wänden wurden fixe Leitern aus Stahl installiert, an denen die Truppen in die Boote klettern konnten.

Die geplante Reduktion der Artillerie gestaltete sich nicht so einheitlich. So waren zumindest einige der vier 10,2-cm-Geschütze, die auch für den Küstenbeschuss sehr gut geeignet waren, teilweise noch lange an Bord, sie wurden dann aber durch drei einzelne 7,6-cm-Geschütze und mehrere 40-mm- und 20-mm-Flakgeschütze ersetzt. Auch die Wasserbomben-Werfer blieben an Bord.

Die ersten sechs Einheiten wurden bereits vor dem Kriegseintritt der USA als amphibische Schnelltransporter umgebaut und am 2.8.1940 als APD-1–6 klassifiziert, APD-7–13 wurden gegen Ende 1942 umgebaut, die anderen Schiffe 1943, APD-25 erst im Frühjahr 1944. Die vier umklassifizierten, aber nicht als APA umgebauten Einheiten fuhren teilweise ohne Umbau als APD, erlebten dann meist eine Re-Klassifizierung als DD und 1944 einen Umbau als kleine Seeflugzeugtender (AVD), wobei auch hier das »D« noch für »Destroyer« stand.

Einsatz/Verbleib: Die 32 alten ex-Zerstörer wurden nach dem Umbau an allen Brennpunkten der amphibischen Kriegsführung, vor allem im Pazifik, eingesetzt und hatten besonders hohe Verluste zu verzeichnen, 10 der 32 Schiffe gingen im Krieg verloren, mehrere wurden erheblich beschädigt. Die Totalverluste waren: APD-2 wurde am 30.8.1942 vor Guadalcanal durch japanische Flugzeuge versenkt; APD-3 und APD-4 am 5.9.1942 durch japanische Zerstörer, ebenfalls vor Guadalcanal; APD-5 am 17.11.1943 vor Bougainville durch japanische Flugzeuge; APD-24 wurde am 12.9.1944 vor Palau vom USS »Fullam« (DD-474) gerammt und sank; APD-16 wurde am 7.12.1944 vor Leyte durch Kamikaze versenkt; APD-10 wurde am 6.1.1945 und APD-34 am 11.1.1945 vor Luzon durch Kamikaze-Angriffe zerstört; APD-21 wurde am 4.4.1945 durch japanische Flugzeugangriffe vor Okinawa und APA-29 am 21.6.1945 durch Kamikaze vor Okinawa versenkt. APD-36 strandete im Oktober 1945 in einem Taifun vor Okinawa und wurde nicht mehr repariert.

Nur einige wenige Schiffe wurden gegen Kriegsende nochmals auf DD rückklassifiziert. Fast alle wurden noch im Jahr 1945 außer Dienst gestellt, einige wenige erst Anfang 1946, und alle bald darauf zum Abbruch verkauft.

APD-11 »Gilmer« in der Marinewerft Mare Island am 27.11.1944, kurz vor Beendigung des Umbaus als APD; hier eine Detailaufnahme der vier Landungsboote vom Typ LCP(R).

5.1.3.2. DE-Umbauten (APD-37–139)

APD-37 Charles Lawrence, ex DE-53
APD-38 Daniel T. Griffin, ex DE-54; 1966 an Chile (Luis Virgilio Uribe)
APD-39 Barr, ex DE-576
APD-40 Bowers, ex DE-637; 1960 an Philippinen (Rajah Soliman)
APD-41 England DE-635, Umbau storniert
APD-42 Gantner, ex DE-60; 1966 an Taiwan (Wen Shan)
APD-43 George Washington Ingram, ex DE-62; 1967 an Taiwan (Gang Shan)
APD-44 Ira Jeffery, ex DE-63
APD-45 Lee Fox, ex DE-65
APD-46 Amesbury, ex DE-66
APD-47 Bates, ex DE-68; Kriegsverlust im Zweiten Weltkrieg
APD-48 Blessman, ex DE-69; 1967 an Taiwan (Chung Shan)
APD-49 Joseph E. Campbell, ex DE-70; 1966 an Chile (Riquelme)
APD-50 Sims, ex DE-154
APD-51 Hopping, ex DE-155
APD-52 Reeves, ex DE-156; 1961 an Ecuador (nicht in Dienst)
APD-53 Hubbard, ex DE-211
APD-54 Chase, ex DE-158; de facto Kriegsverlust im Zweiten Weltkrieg
APD/LPR-55 Laning, ex DE-159
APD-56 Loy, ex DE-160
APD-57 Barber, ex DE-161; 1969 an Mexiko (Coahuila)
APD-58 Witter DE-636, 1945 schwer beschädigt; Umbau storniert
APD-59 Newman, ex DE-205
APD-60 Liddle, ex DE-206
APD-61 Kephart, ex DE-207; 1967 an Südkorea (Kyong Buk)
APD-62 Cofer, ex DE-208
APD-63 Lloyd, ex DE-209
APD-64 Scott, ex DE-214, Umbau storniert
APD-65 Burke, ex DE-215; 1968 an Kolumbien (Almirante Brion)
APD-66 Enright, ex DE-216¸ 1965 an Ecuador (25 de Julio, später Mora Valverde)
APD-67 Jenks, ex DE-665, Umbau storniert
APD-68 Durik, ex DE-666, Umbau storniert
APD-69 Yokes, ex DE-668
APD-70 Pavlic, ex DE-669
APD-71 Odum, ex DE-670; 1966 an Chile (Serrano)
APD-72 Jack C. Robinson, ex DE-671; 1966 an Chile (Orella)
APD-73 Bassett, ex DE-672; 1968 an Kolumbien (Almirante Tono)
APD-74 John P. Gray, ex DE-673
APD-75 Weber, ex DE-675
APD-76 Schmitt, ex DE-676; 1969 an Taiwan (Lung Shan)
APD-77 Frament, ex DE-677; 1961 an Ecuador (nicht in Dienst)
APD-78 Bull, ex DE-693; 1966 an Taiwan (Lu Shan)
APD-79 Bunch, ex DE-694
APD-80 Hayter, ex DE-212; 1967 an Südkorea (Chun Nam)
APD-81 Tatum, ex DE-789
APD-82 Borum DE-790, Umbau storniert
APD-83 Maloy DE-791, Umbau storniert
APD-84 Haines, ex DE-792
APD-85 Runels, ex DE-793
APD/LPR-86 Hollis, ex DE-796
APD-87 Crosley, ex DE-226; 1961 an Ecuador (nicht in Dienst)
APD-88 Cread, ex DE-227
APD/LPR-89 Ruchamkin, ex DE-228; 1969 an Kolumbien (Cordoba)
APD/LPR-90 Kirwin, ex DE-229
APD-91 Kinzer, ex DE-232; 1965 an Taiwan (Yu Shan)
APD-92 Register, ex DE-233; 1966 an Taiwan (Tai Shan)
APD-93 Brock, ex DE-234; 1962 an Kolumbien (nicht in Dienst)
APD-94 John Q. Roberts, ex DE-235
APD-95 William M. Hobby, ex DE-236; 1967 an Südkorea (Chi Ju)
APD-96 Ray K. Edwards, ex DE-237
APD-97 Arthur L. Bristol, ex DE-281
APD-98 Truxtun, ex DE-282; 1966 an Taiwan (Fu Shan)
APD-99 Upham, ex DE-283; 1962 an Kolumbien (nicht in Dienst)
APD/LPR-100 Ringness, ex DE-590
APD/LPR-101 Knudson, ex DE-591
APD-102 Rednour, ex DE-592; 1969 an Mexiko (Chihuahua)
APD-103 Tollberg, ex DE-593; 1965 an Kolumbien (Almirante Padilla)
APD-104 William J. Pattison, ex DE-594
APD-105 Myers, ex DE-595; 1962 an Kolumbien (nicht in Dienst)
APD-106 Walter B. Cobb, ex DE-596; an Taiwan 196 (bei Überführung gesunken)
APD-107 Earle B. Hall, ex DE-597
APD-108 Harry L. Corl, ex DE-598; 1966 an Südkorea (Ah Shan)
APD-109 Belet, ex DE-599; 1963 an Mexiko (California)
APD-110 Julius A. Raven, ex DE-600; 1966 an Südkorea (Ung Po)
APD-111 Walsh, ex DE-601
APD-112 Hunter Marshall, ex DE-602; 1961 an Ecuador (nicht in Dienst)
APD-113 Earheart, ex DE-603; 1963 an Mexiko (Papaloapan)
APD-114 Walter S. Gorka, ex DE-604; 1961 an Ecuador (nicht in Dienst)
APD-115 Rogers Blood, ex DE-605
APD-116 Francovich, ex DE-606
APD-117 Joseph M. Auman, ex DE-674; 1963 an Mexiko (Tehuantepec)
APD-118 Don O. Woods, ex DE-721; 1963 an Mexiko (Usumacinta)
APD/LPR-119 Beverly W. Reid, ex DE-722
APD-120 Kline, ex DE-687; 1966 an Taiwan (Shou Shan)
APD-121 Raymon W. Herndon, ex DE-688; 1966 an Taiwan (Heng Shan)

APD-122 Scribner, ex DE-689 APD/LPD-123 Diachenko, ex DE-690 APD/LPD-124 Horace A. Bass, ex DE-691 APD-125 Wantuck, ex DE-692 APD-126 Gosselin, ex DE-710 APD/LPR-127 Begor APD-128 Cavallaro; 1959 an Südkorea (Kyung Nam) APD-129 Donald W. Wolf; 1965 an Taiwan (Hua Shan) APD-130 Cook	APD-131 Walter X Young APD/LPR-132 Balduck APD-133 Burdo APD-134 Kleinsmith; 1960 an Taiwan (Tian Shan) APD/LPR-135 Weiss APD-136 Carpellotti APD-137 DeLong, ex DD-684; Umbau storniert APD-138 Coates, ex DD-686; Umbau storniert APD-139 Bray, ex DE-709

Bauwerften (9)	- Bethlehem Shipbuilding in Hingham, Mass.: APD-37–39, 42–49, 100–116 - Bethlehem Shipbuilding in San Francisco, Ca.: APD-40, 41, 58 - Norfolk Naval Shipyard in Portsmouth, Va.: APD-50–52, 54–57 - Charleston Naval Shipyard in Charleston, S.C.: APD-53, 59–63, 80, 91–99 - Philadelphia Naval Shipyard in Philadelphia, Pa.: APD-64–66, 87–90 - Dravo Corporation in Pittsburgh, Pa.: APD-67, 68 - Consolidated Steel in Orange, Tex.: APD-69–74, 81–86, 117–119 - Bethlehem Shipbuidling in Quincy, Mass.: APD-75–77, 120–125, 137, 138 - Defoe Shipbuilding in Bay City, Mich.: APD-78, 79, 126–136, 139
Stapelläufe	16.2.1943 bis 5.5.1945
Wasserverdrängung	2114 ts (fl.)
Abmessungen (LxBxT)	93,3 (91,4) x 11,3 x 3,8 m
Antrieb	Dampfturbinen (2 Kessel), 12.000 PS, 2 Wellen
Geschwindigkeit	23–24 kn
Bewaffnung	1 x 127 mm, 6 x 40 mm

APD-136 »Carpellotti« in Bay City, Michigan am Huron-See, aufgenommen am 19.6.1945.

APD-73 »Bassett« mit Gittermast anstelle des sonst meist üblichen Dreibeinmastes.

APD-127 »Begor« im Koreakrieg, bei der Sprengung der Hafenanlagen von Hungnam in Nordkorea am 24.12.1950, während des Rückzugs.

Schiffserkennung: Umgebaute Geleitzerstörer; markanter 12,7-cm-Geschützturm am Vorschiff, dahinter kleiner, abgestufter Aufbautenkomplex inklusive Brücke, gefolgt von langgezogenem Schiffsmast; gesamter Mittschiffsbereich um ein Deck höher; ein kleiner, leicht nach achtern geneigter Schornstein mittschiffs, dahinter eine Doppelreihe Davits; am Ende des hochgezogenen Mittschiffsbereichs ein kleiner Gitter- oder Dreibeinmast mit Ladebäumen; leicht geneigter, etwas hochgezogener Vorsteven, flaches Heck.

Klassenbeschreibung: Die 103 Schiffe werden in der Fachliteratur teilweise geschlossen als »Charles Lawrence«-Klasse bezeichnet, hier zusammengefasst als »DE-Umbauten«. Von den 103 designierten Umbauten zum APD wurden 9 storniert. Aufgrund der Zweiteilung der DE-Klassen beim Entscheid zur Umrüstung wird in der Fachliteratur teilweise eine APD-37 »Charles Lawrence«-Klasse von einer APD-87 »Crosley«-Klasse unterschieden, eine Trennung, die aber nicht sehr aussagekräftig ist.
Auch hier gilt, dass der als Basis dienende Schiffstyp der US-Geleitzerstörer nur grob umrissen werden kann. Er diente zur Entlastung der viel aufwändiger zu bauenden Flottenzerstörer in eher zweitklassigen Aufgabenstellungen, wie dem Geleitschutz von Handelsschiffen, und war zur billigen Produktion in möglichst großer Stückzahl konzipiert. Die Schiffe wurden zu Hunderten von den Werften der West- und Ostküste, inklusive der Großen Seen, ausgeworfen. Das Bauprogramm war 1941 als Unterstützung für England begonnen worden, das Schiffe dieser Art zur Abwehr deutscher U-Boote im Atlantik dringend benötigte (sie wurden dort als Fregatten geführt, eine Bezeichnung, welche die U.S. Navy im Zweiten Weltkrieg nicht verwendete). Auch die U.S. Navy übernahm schließlich diesen Typ, unter der Bezeichnung Escort Destroyers (DE). Etwa 1000 Schiffe wurden insgesamt in verschiedenen Klassen in Auftrag gegeben, davon wurden nicht ganz 600 fertiggestellt. 103 davon wurden zum Umbau als amphibische Schnelltransporter ausgewählt und der Großteil (95) auch tatsächlich abgeliefert.
Schon die Frühgeschichte der Umbaupläne scheint sich nicht zuletzt aus dem Umstand heraus entwickelt zu haben, dass die enormen Auswurfzahlen des DE-Typs den Bedarf an der Front schlichtweg überstiegen. Im September 1943 machte

APD-132 »Balduck« vor der San Francisco NY am 23.3.1954, nach einer Überholung.

APD-48 »Blessmann« vor der Mare Island NY im August 1945.

der stellvertretende Chief of Naval Operations (CNO) deshalb den Vorschlag, 100 in Bau befindliche Geleitzerstörer zu amphibischen Transportern sowie für den Zweck des Küstenbeschusses umzubauen. Zwar wurde dieser Plan so nicht sofort umgesetzt, aber schon im Oktober wurden detaillierte Pläne für den Umbau im großen Stil ausgebarbeitet. Eine Artilleriekomponente zum Küstenbeschuss war eine der Forderungen, die Admiral Ernest King als CNO selbst aufstellte.

Im Mai 1944 wurde der Umbau von vorerst 50 Geleitzerstörern (DE) der »Buckley«-Klasse zu schnellen amphibischen Angriffstransportern (APD) beschlossen. Diese Schiffe verdrängten als DE 1400 ts, liefen ca. 23,5 Knoten und waren mit drei 7,6-cm- und sechs 4-cm-Geschützen sowie einem Drillingssatz an Torpedorohren ausgestattet. Sie sollten die Klassifikationen APD-37 bis ADP-86 erhalten. Als solche hatten sie eine standardisierte Aufnahmefähigkeit für regulär etwa 165 Mann an Landungstruppen, die im Bedarfsfall für eine kurzfristige Aufnahme natürlich deutlich erhöht werden konnte. Die U-Jagdausrüstung inklusive Wasserbomben wurde auch hier beibehalten.

Von den ausgewählten Schiffen waren nur sechs noch in Bau (DE-668-673), die anderen sollten der aktiven Flotte als Geleitzerstörer entzogen werden. Sie wurden in New York und Philadelphia zum APD umgebaut, mit einem Ausstoß von einem Schiff pro Monat in New York und vier in Philadelphia. Es gab aber noch einige interne Modifikationen im Umbauprogramm, da ursprünglich zum Umbau vorgesehene Schiffe später zum Umbau als Radar-Frühwarn-Geleitzerstörer (DER; Radar Pickets) designiert wurden und durch andere Schiffe ersetzt werden mussten. Dieser Ersatz wurde, zumindest teilweise, in Form eines zusätzlichen Schiffes der Klasse DE-637 sowie von sehr ähnlichen DE-Einheiten der »Rudderow«-Klasse bereitgestellt, wobei diese als DE-137–139 ans Gesamtprogramm angehängt wurden; der nachnominierte Nachzügler DE-637 der »Buckley«-Klasse erhielt am 25.6.1945 die freigebliebene Laufnummer APD-40.

Inzwischen war aber Mitte 1944, d.h. kurz nach der Entscheidung zum Umbau der ersten 50 Einheilten, im Rahmen der DE-Überkapazität in der Navy bereits der Umbau von weiteren 50 Geleitzerstörern zu amphibischen Angriffstransportern beschlossen worden; diese wurden am 17.7.1944 geschlossen als APD-87 bis APD-136 umklassifiziert.

Es handelte sich hierbei um Schiffe der »Rudderow«-Klasse, die, wie schon gesagt, schiffbaulich und in den Abmessungen der »Buckley«-Klasse sehr ähnlich waren, mit gleichem Rumpf und Maschinenanlage; charakteristisch ist ihre im Vergleich sehr niedrige Brücke. Sie hatten 1450 ts Standard-Verdrängung (1740 ts maximal), liefen 24 Knoten schnell, hatten jedoch als DE eine recht andere Artillerie-Konzeption, nämlich zwei 12,7-cm-Geschütztürme, zehn 40-mm-Maschinenkanonen und dazu drei Torpedorohre und Wasserbomben als weitere Bewaffnung. Einen wesentlichen Unterschied gab es allerdings: Alle Schiffe befanden sich noch im Bau auf diversen Werften an der Ost- und Westküste. Sie wurden auf den Bauwerften zu APD umgerüstet und schon als solche in Dienst gestellt.

Insgesamt wurden 103 Geleitzerstörer oder als Geleitzerstörer vorgesehene Schiffe von DE auf APD umklassifiziert und bei 95 Schiffen der Umbau auch tatsächlich abgeschlossen.

Die Schiffe führten als APD einen einzelnen 12,7-cm-L/38-Geschützturm am Vorschiff sowie leichte Flak, in der Grundausstattung drei Zwillinge vom Kaliber 40 mm und einige 20-mm-Geschütze. Wasserbomben-Werfer und Sonarausrüstung blieben an Bord. Sie wurden bei Bedarf auch tatsächlich für Geleitaufgaben inklusive U-Abwehr verwendet. Für zusätzliche Raumgewinnung wurden gegenüber der DE-Version die Aufbauten erheblich erweitert, besonders auffällig ist, dass der gesamte Mittschiffsbereich um ein Deck höher gezogen wurde. In diesem Bereich wurden auch Davits für vier Landungsboote vom Typ LCVP installiert (2 x 2). Achtern wurde ein Dreibein- oder teilweise auch ein Gittermast mit Auslegern angebracht, die zur Beladung von Landungsbooten mit Ge-

APD-100 »Ringness«, aufgenommen ca. 1945.

fechtsfracht dienten, die in bescheidenem Ausmaß mitgeführt wurde.
Sieben Einheiten wurden für beschränkte Flaggschiff-Aufgaben ausgerüstet und erhielten zusätzliche Räume für die Aufnahme von Stäben, zulasten der Truppenkapazität.

Einsatz/Verbleib: Indienststellungen für die Navy als DE ab 1943; ab Mitte 1944 wurden die ersten Schiffe auf APD umklassifiziert. Die früh umgebauten APD dieser Kategorie bekamen im Krieg zumindest noch die volle Wucht japanischer Kamikaze-Angriffe zu spüren, aber nur ein Schiff, APD-47 »Bates«, ging am 25.5.1945 vor Okinawa durch Bomben- und Kamikaze-Treffer verloren. Etwa ein Dutzend wurden bei Luftangriffen, meist durch Kamikaze im Bereich Okinawa, beschädigt, APD-48, 50, 54, 56, 58, 60, 81, 90, 102 und 124, darunter APD-54 und 58 so schwer, dass sie nicht mehr repariert wurden. Dass so viele dieser kleinen Schiffe einen oder mehrere Kamikaze-Treffer überstanden, beweist die beeindruckende Qualität der US-Schiffbauindustrie sowie der Ausbildung der Navy.
Anders als bei den alten DD-Umbauten gestaltete sich auch die Nachkriegsverwendung noch recht vielfältig. Nach einer Außerdienststellungswelle 1945/46 blieben vorerst nur 11 Einheiten aktiv in der Flotte, also gut 10 Prozent des Gesamtbestandes. Bis 1949 schieden vier weitere aus dem aktiven Dienst; für den Koreakrieg 1950–1953 wurden aber wieder 14 Einheiten reaktiviert.

APD-121 »Raymon W. Herndon« vor der Küste von Massachusetts im April 1944.

Ab den 1960er Jahren wurden sehr viele Schiffe dieser Klasse an befreundete Marinen abgegeben, besonders nach Ostasien und Lateinamerika, insgesamt 44 Schiffe. In den Empfängerstaaten dienten sie zumeist in einer Kombination aus Geleitschiffen und schnellen Truppentransportern, teilweise aber nur als Hulks. Die Schiffe wurden an sieben befreundete Marinen transferiert, nämlich an Taiwan (13), an Kolumbien (7), an Ecuador (6), an Mexiko (6), an Südkorea (6), an Chile (5) und an die Philippinen (1).
Dabei handelte es sich um folgende Einheiten (in Klammern die Jahreszahl des Transfers): An Taiwan gingen APD-42 (1966), 43 (1967), 48 (1967), 76 (1969), 78 (1966), 91 (1965), 92 (1966), 98 (1966), 106 (1966; Verlust bei Transfer), 120 (1966), 121 (1966), 128 (1965), 134 (1960); an Kolumbien gingen APD-65 (1968), 73 (1968), 89 (1969), 93 (1962), 99 (1962), 103 (1965), 105 (1962); an Ecuador gingen APD-52 (1961), 66 (1966), 77 (1961), 87 (1961), 112 (1961), 114 (1961); an Mexiko gingen APD-57 (1969), 102 (1969); 109 (1963), 113 (1963), 117 (1963), 118 (1963); an Südkorea gingen APD-61 (1967), 80 (1967), 95 (1967), 108 (1966), 110 (1966), 127 (1959); an Chile gingen APD-38 (1966), 49 (1966), 71 (1966), 72 (1966), 74 (1968) und an die Philippinen APD-40 (1961).
Dabei ist aber anzumerken, dass die Zählweise der Auslandtransfers in der Fachliteratur nicht einheitlich ist: Die meisten Einheiten für Ecuador und Kolumbien dienten dort nämlich nur zur Verwendung als schwimmende Kraftstationen, die Schiffe wurden dabei nicht als Kriegsschiffe in Dienst gestellt und werden deshalb oft nicht gezählt. APD-106 sank am 22.2.1966 nach einer Kollision mit APD-42, als beide Schiffe im Schlepp von der US-Westküste nach Taiwan gebracht werden sollten. Und offenbar gingen zusätzlich APD-127 und 132 im Jahr 1975, nachdem sie ausgemustert und verkauft worden waren, zum Abbruch nach Indonesien und werden gelegentlich als Transfers mitgezählt.
In der Nachkriegszeit wurden auch in der U.S. Navy Pläne gewälzt, die Schiffe wieder stärker zur U-Bootabwehr auszurüsten. Zwar wurden einige Schiffe mit modernen Mk 32-Torpedorohren gegen U-Boote ausgestattet, weitergehende Pläne aber verworfen.
Einige Einheiten waren noch im Vietnamkrieg in Verwendung und neun Schiffe wurden noch mit Mitteln aus dem FRAM-Programm modernisiert, das die großen Weltkriegsbestände den aktuellen Anforderungen anpassen sollte, um sie so noch einige Zeit in Dienst halten zu können. Es waren dies: APD-60, 89, 90, 119, 123, 127, 130, 132 und 135.
Am 1.1.1969 erhielten noch 13 Einheiten der Klasse die neue amphibische »L«-Klassifikation, nämlich LPR anstelle APD; es waren dies: LPR-56, 86, 89, 90, 100, 101, 119, 123, 124, 127, 130, 132 und 135.
In den 1970er Jahren wurden auch die letzten Einheiten aus der Navy-Schiffsliste gestrichen und nachfolgend abgebrochen.

5.2. Amphibische Spezial-Transportschiffe

5.2.1. Artillerie-Transporter (APM)

Diese Klassifikation wurde 17 Mal vergeben (an nur 16 verschiedene Schiffe) und von der Navy amtlich als »Mechanized Artillery Transport« geführt. Nur ein einziges Schiff tat jemals als APM Dienst, nämlich APM-9 (ex APM-1) »Lakehurst«, die anderen wurden in die neue Kategorie der Docklandungsschiffe (LSD) übernommen. So zeigt diese Klassifikation auch nicht viel mehr als die anfängliche Unsicherheit der U.S. Navy, einen neuen Schiffstyp in das Klassifikationssystem einzubauen. Betroffen waren von dieser Unsicherheit 1941 nur die ersten 15 Schiffe, die später zu LSD wurden, von denen die ersten acht bei Moore Drydock für die U.S. Navy als APM-1–8 im Bau waren. Dazu kamen sieben Schiffe bei Newport News für die Royal Navy, im Bau als BAPM-1–7, wobei das »B« am Anfang nur für »British« stand (und sonst keine schiffbauliche Bedeutung hat).

Erst im Jahr 1942 erkannte die Navy die Tatsache des Vorhandenseins eines flutbaren Dockraums als spezifisches Kriterium für eine eigene Kategorie in der Klassifikation an, am 1.7.1942 wurde APM-1–8 auf die noch heute übliche Kennung »Landing Ship Dock«, als LSD-1–8, umklassifiziert, dazu BAMP-1–7 auf LSD-8–15. Damit war die APM-Klassifikation vorerst wieder aus der Navy verschwunden.

Etwa fünf Monate später, am 3.12.1942, erhielt aber USS »Lakehurst«, eine ehemalige Eisenbahnfähre, die als APV-3 geführt wurde, die Kennung APM-1. Es war klassifikationstechnisch ein klarer »Sündenfall«, da es die idente Klassifikation schon für ein anderes Schiff gegeben hatte, ein absolutes »No-Go«. Zwei Wochen später korrigierte die Navy diesen Fehler auch und klassifizierte es auf APM-9 um. APM-9 »Lakehurst« stellte am 2.8.1943 außer Dienst und wurde an die U.S. Army zur weiteren Verwendung übergeben, die Klassifikation AMP, die ohnehin nur bedingt eine amphibische war, erlosch damit endgültig.

5.2.1.1. APM-1–8, BAMP-1–7

APM-1–8, BAMP-1–7

Siehe LSD-1 bis LSD-15.

5.2.1.2. Lakehurst (APM-9, ex APM-1)

APM-9 Lakehurst, ex APM-1, ex APV-3, ex SS Seatrain New Jersey		
	Bauwerft	Sun Shipbuilding in Chester, Pa.
	Stapellauf	1940
	Wasserverdrängung	16.500 ts (fl.)
	Abmessungen (LxBxT)	142,2 x 19,4 x 8,3 m
	Antrieb	Dampfturbinen (2 Kessel), 8000 PS, 1 Welle
	Geschwindigkeit	16 kn
	Bewaffnung	1 x 127 mm, 4 x 76 mm, 4 x 40 mm

Schiffserkennung: Ehemaliges Eisenbahnfährschiff; Brücke sehr weit vorne; ein einzelner Schornstein weit hinten; hohe Seitenwände mit beidseitig tiefem Einschnitt nach erstem Schiffsdrittel; vor und hinter diesem Einschnitt jeweils zweireihiger Mast für Ladebäume; dazu ein einzelner Schiffsmast hinter vorderen Aufbauten; nochmals kleine Aufbauten achtern, im Bereich der Maschine; Bordwand im Heckbereich offen; leicht geneigter Vorsteven, leicht geschwungenes Heck.

Ex-APM-9 »Lakehurst« am 6.8.1943 bei New York, kurz nach Übergabe an die U.S. Army.

Klassenbeschreibung: Fertiggestellt als Eisenbahnfähre für Seatrain Lines Inc. im Juli 1940 und am 8.6.1942 von der Navy angefordert. In Dienst am 13.10.1942 als Transportschiff zur Überstellung von Flugzeugen (»Transport and Aircraft Ferry«) mit Namen USS »Lakehurst« (APV-3) und bald darauf Teilnahme an US-Landung in Marokko. Am 3.12.1942 redesigniert als »Mechanized Artillery Transport« und auf APM-1 umklassifiziert, am 17.12.1942 auf APM-9. Die beiden ehemaligen Schwesterschiffe (APV-1 »Kitty Hawk« und APV-2 »Hammondsport«) waren von dieser Umklassifizierung nicht betroffen.

Einsatz/Verbleib: Indienststellung für die Navy als APM am 13.2.1942. Nachfolgend wurde APM-9 »Lakehurst« für Nachschubtransporte von der US-Ostküste nach Nordafrika eingesetzt, jedoch am 2.8.1943 außer Dienst gestellt und (via MC) der Army übergeben. Im Mai 1946 wurde es an die ehemalige Reederei zurückgegeben (möglicherweise unter gleichem Namen in Fahrt) und erst in den 1970er Jahren abgebrochen.

5.2.2. Fahrzeug-Landungsschiffe (LSV)

Insgesamt waren nur neun Schiffe von dieser Klassifikation betroffen, die man aber nochmals in zwei Gruppen unterteilen muss. Die LSV-Klassifikation war nach den LSD die zweite echte amphibische »L«-Klassifikation für Schiffe, die nicht selbst am Strand anlandeten. Sie wurde am 21.4.1944 an einige Schiffe vergeben, die als große Minen- bzw. Netzleger konstruiert worden waren und noch auf der Werft als amphibische Schiffe umgebaut werden sollten. Dabei war für sie ursprünglich die Kennung AP vorgesehen gewesen, die dann zu Recht als nicht sehr passend empfunden wurde.
Grundgedanke war dabei, den für Minen bzw. Netzlegeeinrichtungen vorgesehenen Raum für amphibische Fahrzeuge (wie Schwimmpanzer) zu nutzen, die über eine Rampe das Schiff verlassen sollten. Die neue LSV-Klassifikation stand bedeutungsmäßig für »Landing Ship Vehicle«, also in etwa »Fahrzeug-Landungsschiff«. Wie beim Typ APM bzw. LSD ging es darum, bei Landeoperationen die amphibische Fracht, die hier in erster Linien aus Fahrzeugen bestand, möglichst schnell und vor allem ohne Einsatz von Ladegeschirr und Davits löschen zu können, d.h. die Fahrzeuge sollten aus eigener Kraft ein- und ausfahren.
Nur die ersten sechs LSV können als echte Landungsschiffe gesehen werden, obwohl auch sie nicht nur zur Anlandung von Fahrzeugen direkt im Gefecht vorgesehen waren, sondern eigentlich mehr für unmittelbar danach, d.h. als Fahrzeugtransporter. Allerdings sollten sie über die Rampe am Heck auch Schwimmfahrzeuge (Typ DUKW) aussetzen können, was eine klassisch amphibische Aufgabe darstellt. Zusätzlich hatten sie Aufnahmekapazitäten für Landungstruppen. Im Jahr 1946 verschwand die LSV-Klassifikation vorerst aus der aktiven Flotte und wurde bald ganz aufgegeben, nachdem die noch vorhandenen Einheiten wieder als Minenschiffe oder Netzleger klassifiziert wurden.
Am 1.6.1963 wurde die LSV-Klassifikation von der Navy erneut »ausgegraben« und an zwei Ro/Ro-Schiffe des Military Sea Transportation Service (MSTS) vergeben. Damit begann quasi der zweite »Lebensabschnitt« dieser Klassifikation. Grundsätzlich war schon bei den LSV des Zweiten Weltkriegs das »Roll on/Roll off«-Prinzip (Ro/Ro) der Vater des Gedankens, d.h. das Konzept des Fährschiffes, das selbstfahrende Fahrzeuge über Rampen ein- und auslädt. Der Gedanke ist auch im amphibischen Bereich von Interesse, wo die schnelle Entladung von Fracht und Truppen ohne umständliche Krananlagen und Ladegeschirr ein wichtiges Element darstellt und durch die LST und viele andere Landungsfahrzeuge mit Rampenausstattung ja auch praktiziert wurde.
Mit der 1967 in Fahrt genommenen T-LSV-9 kam die LSV-Klassifikation aber bereits an ihr baldiges Ende. Natürlich war es nicht das letzte Ro/Ro-Schiff der Navy, aber die drei Nachkriegs-LSV waren eben keine Landungsschiffe im eigentlichen Sinn, sondern reine Transportschiffe, für die keine »L«-Kennung gerechtfertigt war. Das Ro/Ro-Prinzip dagegen hat sich nach dem Zweiten Weltkrieg in der zivilen Seefahrt seinen festen Platz erworben.
Auch heute unterhält die Navy bzw. das zu ihr gehörende Military Sealift Command (MSC) mit sogenannten Depotschiffen eine ganze Flotte riesiger Ro/Ro-Schiffe auf der ganzen Welt, die nahe von Krisenherden mit kleinen Besatzungen aufgelegt werden. Sie sind mit Kampfpanzern, schwerem Gerät aller Art und allen erdenklichen Nachschubgütern beladen und sollen

diese Fracht in kurzer Zeit den Soldaten zur Verfügung stellen können, die selbst aber noch nicht vor Ort sind. Natürlich auch in möglicher Kombination mit amphibischen Operationen (bzw. kurz danach).
Man beachte, dass Schiffe des MSC (bzw. bis 1970 MSTS) nicht mit Navy-Besatzungen fahren, zudem stets ein »T-« (für »Transport«) vor der Klassifikation führen und auch nicht mit dem Präfix »USS« (»United States Ship«) als US-Kriegsschiff kenntlich sind, sondern zur Unterscheidung als »USNS« (»United States Naval Ship«) geführt werden. Der gesamte Komplex der Transporter und Depotschiffe mit Ro/Ro-Komponente wird in diesem Buch nicht behandelt. Diese Schiffe beinhalten vom Konzept her zwar Eigenschaften der amphibischen Kriegsführung, sind selbst aber nicht als Landungsschiffe zu sehen. Die drei Einheiten T-LSV-7 bis 9 haben sich quasi nur ins Buch eingeschlichen, da die Navy in den 1960er Jahren nicht wusste, wie sie diese Schiffe klassifikationstechnisch einordnen sollte und deshalb anfangs amphibische Klassifikationen verwendete.
Mit der am 1.1.1969 in Kraft getretenen SECNAVINST 5030.1E wurde die Kennung LSV für die zwei noch in der Form geführten Schiffe gelöscht und die Kennung AKR (bzw. T-AKR) vergeben, die es heute noch gibt. Sie läuft unter der Bezeichnung »Vehice Cargo Ship«, also etwa »Fahrzeug-Frachtschiff«; sie wird auch für die großen Ro/Ro-Depotschiffe des MSC verwendet.

5.2.2.1. Catskill-Klasse (LSV-1, 2)

LSV-1 Catskill, ex AP-106, ex CM-6; 1955 umklassifiziert als MCS-1 LSV-2 Ozark, ex AP-107, ex CM-7; 1955 umklassifiziert als MCS-2	Bauwerft	Willamette Iron and Steel in Portland, Ore.
	Stapelläufe	19.5.1942 und 15.6.1942
	Wasserverdrängung	9040 ts (fl.)
	Abmessungen (LxBxT)	138,9 x 18,3 x 6,1 m
	Antrieb	Dampfturbinen (4 Kessel), 11.000 PS, 2 Wellen
	Geschwindigkeit	20,3 kn
	Bewaffnung	3 bis 4 x 127 mm, 4 x 40 mm

Schiffserkennung: Spezialtransporter; langgezogener Aufbautenbereich mittschiffs, zwei Schornsteine, seitlich davon zwei Doppelreihen Davits, starke Artilleriebewaffnung von bis zu vier 12,7-cm-Türmen; zwei einzelne, dünne Masten; kleiner Kran achtern; leicht geneigter Vorsteven, flaches Heck mit Rampe.

Klassenbeschreibung: Die Baugeschichte dieser ersten beiden LSV ist äußerst komplex. Ausgangspunkt sind die Entwürfe für die spätere USS »Terror« (CM-6), die ursprünglich als amphibischer Transporter geplant war, mit geräumigen Unterbringungsmöglichkeiten für Fahrzeuge und Truppen. Diese Pläne wurden umgearbeitet und nachfolgend als Netzleger gestaltet, wobei die Konstruktion des britischen Netzlegers HMS »Protector« Pate gestanden hatte. Auf dieser Grundlage wurde 1940 der Bau der beiden Schiffe der »Catskill«-Klasse vergeben, sowie auch der späteren vier Schiffe der »Osage«-Klasse. 1943 wurden die beiden Schiffe wieder umgeplant, erneut als amphibische Transporter, mit Schwerpunkt Fahrzeugtransport. Sie wurden am 1.5.1943 auf AP umklassifiziert, was im Hinblick auf die beabsichtigte Verwendung wenig logisch erscheint. Die Klassifikation wurde am 21.4.1944 wieder geändert und die völlig neue Klassifikation LSV (»Landing Ship Vehicle«) für diesen Schiffstyp eingeführt.
Bei ihrem Umbau wurden die für Minenlegeeinrichtungen vorgesehenen Räume zur Aufnahme von amphibischen Kleinfahrzeugen adaptiert, vor allem für Schwimmfahrzeuge vom Typ DUKW und für kettengetriebene Schwimmpanzer vom LVT (Landing Vehicle Tracked) bzw. amphibische Trucks aller Art, dazu bis zu 1000 Mann Landungstruppen. Auf Deutsch würde sich für die Schiffe vielleicht der Ausdruck »Schwimmfahrzeugleger« eignen. Das DUKW, umgangssprachlich meist als »Duck« bezeichnet, war ein dreiachsiges Amphibienfahrzeug von General Motors, der Name entspricht der firmeninternen Typenbezeichnung; die spätere offizielle Bundeswehr-Bezeichnung, die den Typ auch verwendete, lautete »LKW 2,5 t gl Schwimm (6 × 6)«.

LSV-1 »Catskill« auf einer Luftaufnahme vom März 1945.

Auffällig ist bei den Schiffen die umfangreiche Artilleriebewaffnung von vier (später drei) Geschütztürmen 12,7 cm L/38.

Einsatz/Verbleib: Indienststellungen für die Navy als LSV im Juni bzw. September 1944. Sie wurden auch für amphibische Operationen am pazifischen Kriegsschauplatz verwendet; die Außerdienststellung erfolgte schon 1946. In der Reserveflotte wurden sie am 7.2.1955 als MCS (Mine Countermeasures Support Ship) umklassifiziert, ohne aktiviert oder baulich verändert zu werden; 1961 aus Naval Vessel Register gestrichen und an die MARAD zur weiteren Reservehaltung (in der NDRF) übergeben.

Nach wenigen Jahren wurden sie aber erneut von der Navy angefordert und mit Mitteln aus dem FY 1963 und 1964 nun wirklich umgebaut. Unter Beibehaltung ihrer MCS-Klassifikation wurden sie 1958 als »Mine Warfare Command and Support Ships« und ab 1960 als »Mine Countermeasures Support Ships« geführt, also zu Deutsch etwa Minenabwehr-Unterstützungsschiffe.

Durch ihren Umbau waren sie nun in der Lage, 20 kleine Minenräumfahrzeuge, hölzerne 10-t-Räumpinassen vom Typ MSL (Mine Sweeping Launches) als Mutterschiff aufzunehmen und zu versorgen. Wohnräume für 100 Mann zum Betrieb dieser Boote wurden eingerichtet und dazu wurden auch große, doppellagige Davits installiert, die das Aussehen der Schiffe stark prägten. Achtern wurde eine geräumige Hubschrauber-Landeplattform zur Aufnahme und logistischen Unterstützung für zwei Minenräum-Helikopter eingerichtet. Als MSL-Mutterschiffe sollten sie vorwiegend zum Einsatz im Rahmen der Vorbereitung amphibischer Operationen herangezogen werden. Beide Einheiten wurden 1970 endgültig außer Dienst gestellt und 1973/74 aus der Schiffsliste gestrichen.

LSV-1 »Catskill« an der US-Westküste 1944–1945.

5.2.2.2. Osage-Klasse (LSV-3–6)

<table>
<tr><td rowspan="7">LSV-3 Osage, ex AP-108, ex AN-3; 1955 umklassifiziert als MCS-3
LSV-4 Saugus, ex AP-109, ex AN-4; 1956 umklassifiziert als MCS-4
LSV-5 Monitor, ex AP-160, ex AN-1; 1956 umklassifiziert als MCS-5
LSV-6 Montauk, ex AP-161, ex AN-2; 1946 umklassifiziert als AKN-6 Galilea</td><td>Bauwerft</td><td>Ingalls Shipbuilding in Pascagoula, Miss.</td></tr>
<tr><td>Stapelläufe</td><td>29.1.1943 bis 4.9.1943</td></tr>
<tr><td>Wasserverdrängung</td><td>9040 (fl.)</td></tr>
<tr><td>Abmessungen (LxBxT)</td><td>139,5 x 18,3 x 6,1 m</td></tr>
<tr><td>Antrieb</td><td>Dampfturbinen (4 Kessel), 11.000 PS, 2 Wellen</td></tr>
<tr><td>Geschwindigkeit</td><td>20 kn</td></tr>
<tr><td>Bewaffnung</td><td>2 x 127 mm, 4 x 40 mm</td></tr>
</table>

Schiffserkennung: Spezialtransporter; langgezogene Aufbauten im vorderen Schiffsbereich, seitlich davon zwei Doppelreihen Davits, ein einzelner Schornstein mittschiffs, je ein markanter 12,7-cm-Geschützturm vor und hinter den Aufbauten; zwei einzelne, dünne Masten und ein Kran achtern; hinteres Schiffsdrittel ohne Aufbauten; leicht geneigter Vorsteven, Spiegelheck mit ausklappbarer Rampe.

Klassenbeschreibung: Bei diesen vier Schiffen handelt es sich ursprünglich um vier Netzleger, wie bereits vorstehend im Zusammenhang mit der »Catskill«-Klasse beschrieben. Sie erhielten die Klassifikationen AN-1 bis 4 und wurden, ebenfalls mit der Zwischenstufe AP im Jahr 1943, ab dem 21.4.1944 mit der neuen Klassifikation LSV geführt. Die Bauverträge waren bereits am 16.12.1940 geschlossen worden, wegen der Neuheit des gesamten Konzeptes, mit insgesamt durchaus experimentellem Charakter, verzögerte sich der Bau aber erheblich, die Stapelläufe erfolgten erst 1943, die Indienststellungen 1944/45.
Die Umbauten zu Landungsschiffen erfolgten nicht auf der Bauwerft, sondern für die ersten beiden Einheiten bei Tampa in Florida, für die beiden anderen bei Todd in Brooklyn.
Starke Artilleriebewaffnung mit zwei 12,7-cm-Türmen. Als LSV führten sie bis zu 800 Mann an Truppen mit und konnten 44 DUKW plus 14 LCVP (an Deck) mitführen, alternativ 31 DUKW, 21 LVT (plus 14 LCVP an Deck).

Einsatz/Verbleib: Indienststellungen für die Navy als LSV von Juni 1944 bis Februar 1945. Alle vier Schiffe wurden im Pazifik eingesetzt und bereits 1946 außer Dienst gestellt.
LSV-6 wurde am 1.10.1946 mit Klassifikation AKN-6 in »Galilea« umbenannt (Netzleger mit zusätzlicher Frachtkapazität), begann aber schon zwei Monate später mit Vorbereitungen zur Deaktivierung und kam bereits 1947 außer Dienst; sie wurde in die Reserveflotte der Navy überstellt.
Die drei anderen Schiffe wurden 1955/56 als MCS-3–5 (Mine Countermeasures Support Ship) umklassifiziert; tatsächlich für die neue Aufgabe umgebaut wurden sie aber nicht.
Alle, auch AKN-6, wurden Anfang der 1960er Jahre aus der Navy-Schiffsliste gestrichen und an die MARAD überstellt, wo sie noch ein paar Jahre in der NDRF zubrachten, bevor sie in den frühen 1970er Jahren abgebrochen wurden.

LSV-4 »Saugus« (LSV-4) nach Umbau bei Tampa Shipbuilding in Florida am 5.3.1945.

LSV-4 »Saugus« (LSV-4) übers Heck Steuerbord fotografiert am 5.3.1945, vor Tampa.

LSV-3 »Osage« vor Florida, im Januar 1945.

LSV-3 »Osage« vor Florida 1945, mit gut erkennbarer Heckklappe, fotografiert 1945.

5.2.2.3. Comet (LSV-7)

T-LSV-7 Comet, ex T-AK-269; 1969 umklassifiziert als T-AKR-7	Bauwerft	Sun Shipbuilding in Chester, Pa.
	Stapellauf	31.7.1957
	Wasserverdrängung	18.286 (fl.)
	Vermessung	13.792 BRT
	Abmessungen (LxBxT)	152,2 x 23,8 x 8,8 m
	Antrieb	Dampfturbinen (2 Kessel), 13.200 PS, 2 Wellen
	Geschwindigkeit	18 kn

Schiffserkennung: Standard-Typ C3, Ro/Ro-Schiff mit sehr umfangreichem Ladegeschirr in mehreren Doppelreihen vor und hinter den Aufbauten, die sich im Mittschiffsbereich befinden; für diese ist die Bordwand ein Deck höher gezogen, mit markantem Knick, ein kurzer bulliger Schornstein; vier Tore für Seitenrampen in der Bordwand; leicht geneigter Vorsteven, Spiegelheck mit ausklappbarer Rampe.

Klassenbeschreibung: Für seine Zeit ein modernes Ro/Ro-Schiff (eine Heckrampe, je zwei Seitenrampen an Backbord und Steuerbord) mit der Typenbezeichnung C3-ST-14a, Bauvertrag vom 29.6.1955, designierte Kennung T-AK-269.

Einsatz/Verbleib: Im Jänner 1958 für den MSTS als T-AK-269 in Fahrt genommen. Mit 1.6.1963 wurde die neue Klassifikation LSV vergeben. T-LSV-7 »Comet« verkehrte in den ersten Dienstjahren zwischen der US-Ostküste und Bremerhaven, zur Versorgung der US-Truppen in Deutschland.
Mit 1.1.1969 erfolgte die Umklassifizierung als T-AKR-7. Ab 1985 lag es in der Ready Reserve Force (RRF), wurde 2003–2006 für den Krieg im Irak nochmals reaktiviert und erst 2014 endgültig zur Aussonderung vorbereitet. Es handelt sich auch hier nur sehr bedingt um ein amphibisches Schiff (siehe Einleitung des Kapitels).

T-LSV-7 »Comet« im Naha Military Port der U.S. Forces Japan auf Okinawa, im Juni 1965.

5.2.2.4. Taurus (LSV-8)

T-LSV-8 Taurus, ex T-AK-273, ex SS Carib Queen, ex LSD-23; ab 1972 SS Douglas Carver	Bauwerft	Gulf Shipbuilding in Chickasaw, Ala.
	Stapellauf	25.7.1946
	Wasserverdrängung:	9950 ts (fl.)
	Abmessungen (LxBxT)	139,5 x 22,0 x 5,5 m
	Antrieb:	Dampfturbinen (2 Kessel), 11.000 PS, 2 Wellen
	Geschwindigkeit:	15 kn

Schiffserkennung: Ehemaliges Docklandungsschiff der »Casa Grande«-Klasse, umgebaut als Ro/Ro-Schiff; Brücke deutlich nach hinten versetzt, zwei schmale Schornsteine parallel dahinter, keinerlei Ladegeschirr, das Schiff wirkt dadurch sehr leer; leicht geneigter Vorsteven, Spiegelheck mit ausklappbarer Rampe.

Klassenbeschreibung: Es handelt sich hier um das ehemalige Docklandungsschiff LSD-23 »Fort Snelling« der »Casa Grande«-Klasse bzw. um den Rumpf, der einst dieses Schiff werden sollte. Kiellegung November 1944, die Arbeiten wurden dann gegen Kriegsende, am 11.8.1945, eingestellt, noch vor dem Stapellauf. Im Oktober 1945 wurde der unfertige Bau von der Gulf Atlantic Transportation Co. gekauft und 1946 das Schiff vom Stapel gelassen. Nach mehrmaligem Besitzerwechsel fuhr es in den 1950er Jahren als Ro/Ro-Frachter für die Trailer Marine Inc.
1957 wurde es vom MSTS gechartert und im Transatlantikdienst eingesetzt. Es gab aber (wie schon in den Jahren zuvor) zahlreiche Maschinenprobleme. 1958 von der MARAD übernommen (Reserve), 1959 von der Navy formal angefordert und als Ro/Ro-Frachter USNS »Taurus« mit Kennung T-AK-273 in den Schiffsbestand des MSTS aufgenommen.
Äußerlich war das ehemalige Docklandungsschiff nur mehr schwer als solches zu erkennen, mit der klassentypisch kleinen Brücke und den zwei kleinen Schornsteinen wirkte es als Ro/Ro-Frachter sehr seltsam und leer. Es handelt sich in dieser Verwendung nur sehr bedingt um ein amphibisches Schiff (siehe Einleitung des Kapitels).

Einsatz/Verbleib: Am 15.1.1959 vom MSTS in Fahrt genommen als T-AK-273. Am 1.6.1963 wurde die neue Klassifikation LSV vergeben (T-LSV-8 »Taurus«). Zahlreiche Transportfahrten, auch im Vietnamkrieg. 1968 nahm es der MSTS aus dem aktiven Dienst, 1971 wurde es von der Schiffsliste der Navy gestrichen und 1972 zur neuerlichen zivilen Nutzung veräußert.

T-LSV-8 »Taurus« (ex LSD-23) auf einer Aufnahme etwa aus den späten 1960er Jahren.

5.2.2.5. Sea Lift (LSV-9)

T-LSV-9 Sea Lift,1969 umklassifiziert als T-AKR-9 Meteor	Bauwerft	Lockheed Shipbuilding in Seattle, Wa.
	Stapellauf	18.4.1965
	Wasserverdrängung	22.150 ts (fl.)
	Vermessung	16.467 BRT (12.326 dwt)
	Abmessungen (LxBxT)	164,7 x 25,3 x 8,8 m
	Antrieb	Dampfturbinen (2 Kessel), 19.400 PS, 2 Wellen
	Geschwindigkeit	18 kn

Schiffserkennung: Standard-Typ C4, Ro/Ro-Schiff mit umfangreichem Ladegeschirr in mehreren Doppelreihen vor und hinter den Aufbauten, die sich im Mittschiffsbereich befinden; für diese ist die Bordwand ein Deck höher gezogen, mit markantem Knick, ein kurzer Schornstein, leicht geneigter Vorsteven, Spiegelheck mit ausklappbarer Rampe.

Klassenbeschreibung: Der dritte und letzte Ro/Ro-Frachter mit LSV-Klassifikation war der mit dem FY 1963 bewilligte Neubau T-AK-278 »Sea Lift«; die MARAD-Typenbezeichnung lautete C4-ST-67a. Der Bauvertrag wurde am 25.6.1963 mit der Pudget Sound Bridge and D.D. Co. unterzeichnet, die bald zur Lockheed and Construction Co. mutierte.
Es handelt sich hier nur sehr bedingt um ein amphibisches Schiff (siehe Einleitung des Kapitels).

Einsatz/Verbleib: Am 25.5.1967 vom MSC in Fahrt genommen als T-LSV-9 und hauptsächlich zum Transport von Panzern und Fahrzeugen aller Art verwendet, vorwiegend im Raum zwischen der US-Westküste und Fernost.
Am 1.1.1969 erfolgte die Umklassifizierung als T-AKR-9 »Sea Lift« (das »R« stand für Roll-on/Roll-off).
Als in den 1970er Jahren neue Tanker der »Sea Lift«-Klasse in Dienst kamen, die alle »Sea Lift«-Namen erhielten, wurde das Schiff am 12.9.1975 in USNS »Meteor« umbenannt.
Ab 1985 in der Ready Reserve Force (RRF) mit 10-Tage-Bereitschaft (»10-days fully ready status«). Reaktiviert u.a. für die Golf-Kriege 1990 und 2003. Im Jahr 2006 aus der RRF ausgesondert und in die NDRF überstellt.

USNS »Meteor« (T-AKR-9, ex T-LSV-9 »Sea Lift«) im Jahr 1968.

5.3. Amphibische Dockschiffe

5.3.1. Docklandungsschiffe (LSD)

Die amphibischen Dockschiffe bzw. Docklandungsschiffe stellen die wohl interessanteste Neuentwicklung der amphibischen Technik im Zweiten Weltkrieg dar. Sie haben einen so hohen Bekanntheitsgrad erreicht, dass man oft vergisst, dass sie keineswegs die Masse der Landungsschiffe stellten, sondern damals noch eine ganz kleine Randerscheinung waren. Das technische Prinzip dieser neuen Gattung ist ein flutbarer Raum im Schiff, in dem Landungsboote über eine zu öffnende Heckklappe ein- und ausfahren können. Nach Schließen der Heckklappe kann der Dockraum wieder leergepumpt werden, die Landungsboote werden dann als eine Art Fracht im Trockenen transportiert, Ladegeschirr ist für diesen Vorgang nicht nötig.

Der Ursprung dieses Konzeptes liegt auch hier in den Studien bzw. Anforderungen der Royal Navy nach einem Träger möglichst vieler und großer Landungsboote, verbunden mit dem Versuch einer optimalen Aussetzung dieser vom amphibischen Mutterschiff aus. Erste Konzepte sahen ein überflutbares offenes Deck mit zwei der drei beladenen LCT vor, die Lösung erfolgte schließlich in recht ähnlicher Form, mit einem über das ganze Schiff zu flutenden Schwimmdock, das über eine verschließbare Öffnung im Achterschiff befahrbar war.

Es ist grundsätzlich ein besonders schwieriges Problem der amphibischen Kriegsführung, Landungsboote, die als Decksladung mitgeführt werden, mit Bordmitteln (und möglicherweise unter feindlichem Feuer) rasch zu Wasser zu bringen. Die Kapazität von Ladebäumen, Kranen und Davits begrenzt zudem die Tonnage bzw. mögliche Zuladung der Boote erheblich; sie können erst im Wasser voll beladen werden. Von den konventionellen amphibischen Transportern (APA und AKA) kletterten die Landungstruppen, wie bereits erwähnt, über Frachtnetze, die über die Bordwand gelegt wurden, in die bereits zu Wasser gelassenen Boote. Die Größe der verwendbaren Boote wirkt sich natürlich auch auf die Seetüchtigkeit aus, und damit auf die Entfernung, von der sie vom Mutterschiff in Richtung Anlandestelle entlassen werden können. Insgesamt bestand die Idee darin, die bereits beladenen Boote im Laderaum durch dessen Flutung aufschwimmen zu lassen; eine scheinbar primitive, aber in Wahrheit geniale Lösung.

LSD-27 »Whetstone« aufgenommen vor San Diego in den frühen 1950er Jahren.

Es war die amerikanische Marine, die als erste solche Schiffe in Bau gab. Am 9.10.1941, also noch vor dem offiziellen Kriegseintritt Washingtons, erhielt Newport News Shipbuilding den Bauauftrag für sieben solcher Schiffe, die zur Übergabe an Großbritannien bestimmt waren und später zu LSD-9–15 der U.S. Navy wurden; am 28.12.1941 erhielt Moore in Oakland den Bauauftrag über acht Schiffe, die von Anfang an für die U.S. Navy bestimmt waren, und später als LSD-1–8 in Dienst gestellt wurden. Wie bereits in einem separaten Kapitel beschrieben, lief die Klassifikation des neuen Schiffstyps zuerst über den Irrweg APM, bis die Navy das Vorhandensein eines flutbaren Dockraums als Alleinstellungsmerkmal eines neuen Schiffstyps anerkannte und mit 1.7.1942 die Buchstabengruppe »LSD« für »Landing Ship Dock« ins Klassifikationssystem aufnahm, die es noch heute gibt. Dies war auch das Datum der ersten Kiellegung eines solchen Schiffes bei der Moore Dry Dock Co., wo der Bau viel schneller voranschritt als bei Newport News Shipbuilding, wo erst im September 1943 die erste Kiellegung erfolgte.

Mitte 1943 wurde mit LSD-1 »Ashland« das erste Docklandungsschiff der Welt in Dienst gestellt. Die Weltkriegs-LSD können in zwei Klassen unterteilt werden, wobei die »Ashland«-Klasse von LSD-1–12- reicht, die »Casa Grande«-Klasse von LSD-13–27. Beide Klassen wiesen eine identische Grundkonstruktion auf und unterschieden sich aber in einer sehr unterschiedlichen Maschinenausrüstung.

Im Krieg wurden die Schiffe häufig zum Transport von amphibischem Gerät eingesetzt, bewährten sich aber auch unter gefechtsmäßigen Bedingungen bei Landeoperationen. Sehr häufig war zudem die Verwendung des Dockraums zur Reparatur von Kleinfahrzeugen wie Landungsbooten und Schnellbooten etc., das sich quasi als zusätzliche Verwendungsmöglichkeit anbot. Insgesamt wurden in den USA im Zweiten Weltkrieg aber nur 27 LSD in Auftrag gegeben, d.h. sie trugen keineswegs die Hauptlast der gigantischen amphibischen Operationen in Europa und im Pazifik. Nur vier Schiffe wurden schließ-

lich an die Royal Navy abgegeben, zwei wurden nicht mehr fertiggestellt.
Die Nachkriegsentwicklung dieses neuen Schiffstyps ruhte in den ersten Jahren weitgehend, im Bann der Atombombe hielt man amphibische Operationen für überholt. Die Wiederaufnahme des Baus von Docklandungsschiffen war dann eine direkte Folge des Koreakrieges, wo die Landung von Incheon im September 1950 zum Schlüsselereignis wurde. Man kann für die Zeit danach sogar von einem Siegeszug des Docklandungsschiffes sprechen, wenn man den weiteren Anteil dieses Schiffstyps am Bau amphibischer Schiffe (bis heute) betrachtet.
Im Zivilbereich wurde nach dem Krieg das Konzept eines flutbaren Dockraums in Form des LASH-Carriers (»Lighter Aboard Ship«) angewendet, erlebte aber aufgrund der aufwändigen Infrastruktur eine insgesamt nur beschränkte Umsetzung, insbesondere im Vergleich mit dem Ro/Ro-Prinzip. Anstelle von Landungsbooten werden beim LASH-Carrier Leichter (Bargen) in einem Dockraum zum Aufschwimmen gebracht. Das Mutterschiff kann den Hafen sofort wieder verlassen, die Leichter können im Schub- oder Schleppverband zur Ausladungsstelle gebracht bzw. auch auf Binnenwasserstraßen weiterbefördert werden. Der erste deutsche LASH-Carrier, die MS »München« der Reederei Hapag-Lloyd, kam zu trauriger Berühmtheit: Das Schiff sank während eines Sturms nördlich der Azoren im Dezember 1978 unter ungeklärten Umständen. Auch die U.S. Navy verwendete Schiffe mit flutbarem Dockraum in diesem Sinne. Der Spezialfrachter T-AKD-1 »Point Barrow« wurde als »Cargo Ship Dock« (Dock-Frachtschiff) zum Nachschub in arktischen Gewässern (vorwiegend Alaska) Mitte der 1950er Jahre gebaut, später in USS »Point Loma« (AGDS-2) umbenannt und mehrfach erheblich umgebaut; es handelt sich aber auch hier um keinen amphibischen Schiffstyp.
Im Zuge der weiteren Modernisierung der amphibischen Flotte stand die vom U.S. Marine Corps mit Nachdruck geforderte »20-Knoten-Flotte« im Vordergrund, die ab den 1960er Jahren auch weitgehend baulich umgesetzt wurde. Neubauten an amphibischen Mutterschiffen wurden fortan vorwiegend durch Schiffe mit Dockkapazität abgedeckt, ab dem Koreakrieg etwa im Verhältnis 3:1 gegenüber den konventionellen amphibischen Transportern, bis diese langsam ganz aus dem Bestand der U.S. Navy verschwanden. Das technische Prinzip des Docklandungsschiffes hat sich damit also klar durchgesetzt.
Die Docklandungsschiffe vom Typ LSD sind in erster Linie Transporter von Landungsbooten und mit einem vergleichsweise nur sehr geringen zusätzlichen Frachtraum ausgestattet. Zu einem normalen operativen Landeeinsatz war die parallele Anwesenheit von Transportschiffen, beladen mit zusätzlichem Material und Truppen, daher unabdingbar. Wenn die LSD ihre Erstladung an den Strand absetzten, kehrten deren Landungsboote oft zu den ebenfalls anwesenden amphibischen Transportern und Truppentransportern (AKA/APA bzw. LKA/LPA) zurück, um erneut beladen zu werden. Für einen amphibischen Truppentransporter galt die Faustregel, dass die von ihm selbst mitgeführten Boote dafür reichten, etwa ein Drittel der mitgeführten Soldaten mit Kampfausrüstung auf einmal auszuschiffen. Während also die LKA/LPA in gewisser Weise zu viel Fracht und Truppen mitführten, hatten die LSD ein starkes Übergewicht bei den Landungsbooten.

LSD-32 »Spiegel Grove« (LSD-32), noch mit zwölf 76-mm-Flak (Mk 33) bewaffnet.

Diesem Manko versuchte man Ende der 1950er Jahre mit dem Konzept der »Balanced load« beizukommen, d.h. der ausgeglichenen Zuladung, indem man Docklandungsschiffe mit zusätzlichem Frachtraum ausstattete. Natürlich ging das nur unter Verminderung des Dockraumes selbst und damit auch unter Reduktion der Zahl der Landungsboote. Dafür konnte man die Frachtkapazität weit über das Erstbeladungsvermögen der eigenen Landungsboote steigern. Daraus entstand der Typ der amphibischen Transport-Dockschiffe, die in der U.S. Navy als »LPD« klassifiziert wurden, was für »Landing Ship Transport Dock« steht.
Die LPD vereinigen in sich die Eigenschaften des Typs LSD und LKA/LPA, sind also ein großer Schritt in Richtung des amphibischen Mehrzweck- bzw. Allzweckschiffes. Zusätzlich verstärkt wurde diese Tendenz durch die Installierung von Landeplattformen und noch mehr von Hangareinrichtungen für Hubschrauber (ab LPD-3), womit die Schiffe auch Teil des neuen bordgestützten Luftlandekonzeptes wurden, das unter dem Namen »Vertical Assault« in der U.S. Navy immer stärker Einzug hielt und die Landung von Truppen und leichtem Material per Transporthubschraubern vorsah. Dieser Vorgang musste nun nicht zwingend direkt am Strand geschehen, sondern war auch deutlich dahinter möglich, was völlig neue Dimensionen in der amphibischen Kriegsführung eröffnete.

Nach den ersten LPD der »Raleigh«-Klasse wurde die verbesserte »Austin«-Klasse entwickelt, die eine erheblich größere Zuladung an Gefechtsfracht aufnehmen konnte. Die weitere Entwicklung ging dann eindeutig in Richtung amphibisches Allzweckschiff und brachte große amphibische Hubschrauberträger mit flutbarem Dockraum hervor, beginnend mit der »Tarawa«-Klasse, die erstmals die Größe früherer Flugzeugträger erreichte. Die amphibischen Hubschrauberträger werden natürlich in einem eigenen Kapitel behandelt, man sollte aber nicht vergessen, dass auch dort eine Tendenz hin zum Docklandungsschiff bestand (und wieder besteht).
Die Einsicht, dass schweres Gerät in großem Umfang und in ausreichender Menge nicht allein per Lufttransport an Land gebracht werden kann, liegt in der Natur der Physik; Hubschrauber allein können einfach nicht die notwendige Transportleistung erbringen. Erst mit dem Luftkissen-Landungsboot, in der U.S. Navy LCAC (Landing Craft Air Cushion) genannt, konnte hier ein weiterer und wesentlicher Innovationsschritt in der amphibischen Kriegsführung gesetzt werden. Wie kaum ein anderer Faktor hat es ab den 1980er Jahren den amphibischen Schiffbau beeinflusst. Konzeptstudien gab es ab den frühen 1970er Jahren mit einem Testfahrzeug, AACL (Amphibious Assault Landing Craft), später wurden zwei Prototypen gebaut (JEFF A und JEFF B). Die Beschaffung der frontreifen LCAC begann im FY 1982, die ersten Indienststellungen erfolgten 1986; es wurden insgesamt 91 Einheiten für die Navy gebaut und weitere 8 für Japan (182 ts, Abmessungen: 26,4 x 14,3 m; Standard-Zuladung 60 t).
Während die LCAC in die vorhandenen Typen der Docklandungsschiffe nachträglich integriert wurden, war die neue LSD-41-Klasse schon ganz auf diese zugeschnitten. Das Typschiff LSD-41 »Whidbey Island« lief im Juni 1983 vom Stapel, acht Schiffe wurden gebaut und zwischen 1985 und 1992 in Dienst gestellt (LSD-41–48). Parallel war lange eine Klasse von neuen LPD (Programmname LPDX) in Planung, Hauptgrund war wieder die nun als zu gering angesehene Frachtkapazität der LSD-41-Klasse. Die schließlich gefundene Lösung, die das LPDX-Programm vorerst zum Scheitern brachte, war die Überarbeitung des LSD-41-Designs in Richtung Reduzierung der Dockraumkapazität zugunsten zusätzlichen Frachtraums, wodurch es schiffbaulich zwar einem LPD ähnelte, ohne aber in der Klassifikation als solches ausgewiesen zu sein. Anstelle eines neunten Schiffes der »Whidbey Island«-Klasse lief mit LSD-49 »Harpers Ferry« im Januar 1993 das Typschiff einer neuen Klasse vom Stapel, allerdings schiffbaulich stark in Anlehnung an die LSD-41-Klasse. Zwischen 1995 und 1998 wurden vier solcher Schiffe in Dienst gestellt (LSD-49–52).
Als Ersatz für die LPD der »Austin«-Klasse (sowie auch der ersatzlos außer Dienst gestellten LST der »Newport«- und LKA der »Charleston«-Klasse) wurden wieder Schiffe gebaut, die von Anfang an als LPD klassifiziert wurden. Als Typschiff lief LPD-17 »San Antonio« im Juli 2003 vom Stapel und stellte im Januar 2006 in Dienst. Die Schiffe sind mit moderner Stealth-Technologie ausgestattet. Bis April 2019 wurden insgesamt 13 Einheiten der »San Antonio«-Klasse (LPD-17–29) auf Kiel gelegt, zwei davon sind derzeit noch im Bau, die letzte Einheit war im FY 2012 bewilligt worden. Das Bauprogramm hat sich insgesamt, durch massive Kostenüberschreitungen und technische Probleme, erheblich verzögert.
Im August 2018 unterzeichnete die US-Navy mit der Werft Huntington Ingalls in Pascagoula, Miss., einen Vorvertrag über den Bau von LPD-30, dem Leitschiff einer neuen LPD-Klasse, die vor allem in der Herstellung kostengünstiger (bzw. im Preis vorhersehbarer) als die »San Antonio«-Klasse sein soll. Im Oktober 2019 wurde bekanntgegeben, dass das Typschiff der Klasse den Namen USS »Harrisburg« (LPD-30) führen wird. Der Entwurf ist insgesamt stark an die Vorgänger-Klasse angelehnt. Die LPD der »Harrisburg«-Klasse werden den Bau amphibischer Schiffe in der U.S. Navy im nächsten Jahrzehnt stark prägen.
Die Namensgebung erfolgte anfangs nach historischen Orten, Anwesen und berühmten Forts der US-Geschichte, später nach Städten bzw. für die Marine relevanten Regionen.

LSD-47 »Rushmore«, läuft am 6.1.2003 aus San Diego aus.

5.3.1.1. Ashland-Klasse

LSD-1 Ashland, ex APM-1
LSD-2 Belle Grove, ex APM-2
LSD-3 Carter Hall, ex APM-3
LSD-4 Epping Forest, ex APM-4, umklassifiziert als MCS-7
LSD-5 Gunston Hall, ex APM-5; 1970 an Argentinien (Cándido de Lasala)
LSD-6 Lindenwald, ex APM-6
LSD-7 Oak Hill, ex APM-7
LSD-8 White Marsh, ex APM-8; 1960 an Taiwan (Tung Hai, später Chung Cheng)
LSD-9 HMS Eastway (F-130), ex BAPM-1, ex Battle Axe (B = British); 1947 an USA retourniert; 1953 an Griechenland (Hyperion)
LSD-10 HMS Highway (F-140), ex BAPM-2, ex Claymore (B = British); 1946 an USA retourniert; 1948 veräußert als ziviles Frachtschiff
LSD-11 HMS Northway (F-142), ex BAPM-3, ex Cutlass (B = British); 1946 an USA retourniert; ab 1947 SS José Marti (später u.a. an Bundesmarine)
LSD-12 HMS Oceanway (F-143), ex BAPM-4, ex Dagger (B = British); 1947 an USA retourniert; 1947 an Griechenland (Okeanos); 1952 an Frankreich (Foundre)

Bauwerften (2)	- Moore Dry Dock in Oakland, Ca.: LSD-1–8 - Newport News Shipbuilding in Newport News, Va.: LSD-9–12
Stapelläufe	21.12.1942 – 29.12.1943
Wasserverdrängung	4032 ts (7930 ts)
Abmessungen (LxBxT)	139,5 (138,4) x 22,0 x 5,6 m
Antrieb	Dampf-Expansionsmaschinen (2 Kessel), 7400 PS, 2 Wellen
Geschwindigkeit	ca. 16 kn
Bewaffnung	1 x 127 mm, 8 x 40 mm

LSD-1 »Ashland« bei Probefahrten am 21.7.1943 in der San Francisco Bay.

Schiffserkennung: Typ Docklandungsschiff, bullige Silhouette durch Konzentration der Aufbauten im vorderen Schiffsbereich bei durchgehend hochgezogener Bordwand; davor ein tiefer liegender Bugbereich; außerordentlich kleine Brücke; zwei schmale, parallele Schornsteine hinter dem Aufbautenbereich, dahinter zwei Krane, sonst kein Ladegeschirr; ein kleiner Mast; leicht geneigter Vorsteven, Spiegelheck mit ausklappbarer Rampe.

Klassenbeschreibung: Bei den acht Schiffen handelte es sich um die erste Klasse von Docklandungsschiffen weltweit, ursprünglich mit Klassifikation APM (bzw. BAPM), die am 1.7.1942 auf LSD geändert wurde. Als »Ashland«-Klasse werden nur die Schiffe LSD-1–12 geführt, sie unterscheiden sich aber nicht sehr von der »Casa Grande«-Klasse, LSD-13–27; wesentlicher Unterschied ist die Maschinenausstattung. Letztere hatten Dampfturbinen anstelle der Expansionsmaschinen der »Ashland«-Klasse. Die Maschinenanlagen befanden sich in den Seitenwänden, zwei unabhängige Anlagen mit zusammen 7400 PS.
Der Dockraum ging über fast Zweidrittel des Schiffes und wies Abmessungen von 103,0 x 13,3 m auf, bei 139,5 m Gesamtlänge des Schiffes und einer Breite von 22 m. Eine übliche Zuladung bestand aus 33 LCT oder 41 LVT bzw. DUKW oder 14 LCM(3) mit 1500 t Fracht. Unterbringungsmöglichkeit für ca. 350 Mann an Truppen.

Die ursprüngliche Eigenbewaffnung des Schiffes bestand aus einem 12,7-cm-Geschütz vor der (sehr kleinen) Brücke und 12 x 40-mm- und 16 x 20-mm-Maschinenkanonen.
Die erste Bauserie der Schiffe in Newport News war für die Ro-

LSD-1 »Ashland« bei Mare Island NY am 21.7.1943; kurz nach Indienststellung. Hier eine Detailaufnahme des Dockraumes.

LSD-5 »Gunston Hall« mit 12,7-cm-L/38-Geschützturm.

LSD-1 »Ashland« auf einer Luftaufnahme mit gutem Blick auf die Dockeinrichtungen.

yal Navy bestimmt und mit BAMP-1–7 klassifiziert (auch Schreibweise B-APM). Aus Großbritannien kam auch das Konzept und der erste Planentwurf dieses neuen Schiffstyps. Eine zweite, in Kalifornien etwas später begonnene Bauserie für die U.S. Navy (LSD-1–8, ex APM-1–8) wurde schließlich viel früher fertiggestellt. Von den für Großbritannien bestimmten Einheiten wurden die letzten drei mit Dampfturbinen ausgestattet, dann aber nicht an die Royal Navy abgeliefert. Aufgrund ihrer Maschinenausrüstung werden sie der »Casa Grande«-Klasse zugerechnet.

Nur LSD-2, 3 und 7 wurden in der Nachkriegszeit dem FRAM-Programm zur Verlängerung der Dienstzeit unterzogen. Dabei wurden neben einer Hubschrauber-Plattform, einer neuen Brücke, verbesserten Nachrichtenverbindungen (einschließlich einer Flugleitzentrale) auch die meisten Geschütze entfernt und durch zwei bis vier moderne 76-mm-Doppel Mk 33 ersetzt. Die Brückenaufbauten wurden teilweise in Aluminium ausgeführt, die Schornsteine erhöht und die Rümpfe eisverstärkt. Diese Umbauten gelten grundsätzlich auch für die »Casa Grande«-Klasse, soweit sie durch das FRAM-Programm liefen, wurden aber auf allen Schiffen etwas individuell ausgeführt. Äußerliches Hauptmerkmal für alle Schiffe, die durch FRAM liefen, ist die Installierung verbesserter Lüftungseinrichtungen, erkennbar durch die J-förmigen Entlüftungsrohre vor der Brücke.

Nur die als LSD-9–12 designierten Schiffe (ex BAMP-1–4) wurden 1943/44 tatsächlich an die Royal Navy transferiert und dann 1946/47 an die USA zurückgegeben. Sie erhielten niemals amerikanische Schiffsnamen und wurden auch nie als US-Kriegsschiffe in Dienst gestellt, erlebten aber noch interessante internationale Transfergeschichten unter der Ägide der U.S. Navy. Das als LSD-11 designierte Schiff kam sogar kurzzeitig zur Bundesmarine, weshalb die wechselvolle Geschichte kurz dargestellt wird: Das Schiff wurde 1946 von Großbritannien an die USA retourniert, an eine private Ree-

LSD-8 »White Marsh« mit geflutetem Dock, ankernd.

derei veräußert, kam in Fahrt als Eisenbahnfähre »José Marti«, wurde dann »City of Havanna«; 1961 kam es wieder in die USA zurück, wurde in Newport News umgebaut und anschließend von der Bundesmarine gekauft. Im Mai 1962 fand die Überstellung nach Deutschland statt, wo es zum Werkstatt- und Depotschiff umgebaut werden sollte. Schließlich aber wurde es zum Wohnschiff umgebaut (Y-1409) und 1965 an eine griechische Reederei verkauft, 1966 von einer britischen Reederei gekauft und als Fährschiff »Celtic Ferry« in Dienst gestellt. 1974 wurde das Schiff in Hamburg abgebrochen (neben ex LSD-11 übernahm die Bundesmarine von der U.S. Navy noch folgende amphibische Einheiten: LST-799, 967, 987, 1041, 1089, 1101, 1119, LSM-491, 537, 553, 558, LSM(R)-532, 534, LCU-779 sowie kleinere Landungsboote).
Die als LSD-9 und 12 designierten Schiffe kamen nach Rückgabe an die USA in die griechische Marine, wo sie bis in die 1970er Jahre in Dienst blieben; LSD 12 wurde 1952 von den USA zurückgekauft und im Rahmen des MDAP an Frankreichs Marine übergeben (und 1970 als Zielschiff versenkt).
Die »Ashland«-Klasse kann insgesamt als richtungsweisend für die weitere Entwicklung der amphibischen Flotte nach dem Krieg gelten.

Einsatz/Verbleib: Indienststellungen für die Navy als LSD-1–8 von Juni 1943 bis Jänner 1944, LSD-9–12 stellten dagegen nie für die U.S. Navy in Dienst. Es gab in der Klasse bzw. unter den LSD insgesamt keine Kriegsverluste. LSD-1–8 wurden nach ihrer Kriegszeit 1946 außer Dienst gestellt und eingemottet. LSD-5 und 6 kamen bereits 1949 wieder in den aktiven Dienst zurück, die anderen sechs Einheiten der Klasse wurden 1950–1951 im Zuge des Koreakrieges reaktiviert.
LSD-4 wurde 1962 als Mutterschiff für kleine Minensucher auf MSC-7 umklassifiziert (außer Dienst 1968).
Alle acht Schiffe stellten zwischen November 1967 und Mai 1970 für die U.S. Navy endgültig außer Dienst und wurden auf Abbruch verkauft.
LSD-8 wurde 1960 an Taiwan übergeben, LSD-5 im Jahr 1970 an Argentinien.

LSD-7 »Oak Hill«, am 21.4.1944 aufgenommen aus der Luft vor Kalifornien, beladen mit LCT-984 und LCT-982 sowie zahlreichen LVTs, unterwegs in Richtung Westpazifik.

5.3.1.2. Casa Grande-Klasse (LSD-13–27)

LSD-13 Casa Grande, ex BAPM-5 (B = British); nicht an Royal Navy überstellt
LSD-14 Rushmore, ex BAPM-6 (B = British); nicht an Royal Navy überstellt
LSD-15 Shadwell, ex BAPM-7 (B = British); nicht an Royal Navy überstellt
LSD-16 Cabildo
LSD-17 Catamount
LSD-18 Colonial
LSD-19 Comstock; 1984 an Taiwan (Donghai, später Chung Cheng)
LSD-20 Donner
LSD-21 Fort Mandan; 1971 an Griechenland (Nafkratousa)
LSD-22 Fort Marion
LSD-23 Fort Snelling; Bau als LSD storniert; später Taurus T-AK-273 und T-LSV-8
LSD-24 Point Defiance, ex Hilton Head; Bau 17.8.1945 storniert
LSD-25 San Marcos; 1971 an Spanien (Galicia)
LSD-26 Tortuga
LSD-27 Whetstone

Bauwerften (4)	- Newport News Shipbuilding in Newport News, Va.: LSD-13–19 - Boston Naval Shipyard in Boston, Mass: LSD-20, 21, 26, 27 - Gulf Shipbuilding in Chickasaw, Ala: LSD-21–23 - Philadelphia Naval Shipyard in Philadelphia, Pa.: LSD-25
Stapelläufe	11.4.1944 – 18.7.1945
Wasserverdrängung	4032 ts (7930 ts)
Abmessungen (LxBxT)	139,5 (138,4) x 22,0 x 5,5 m
Antrieb	Dampfturbinen (2 Kessel), 7000 PS (LSD-22–24: 9000), 2 Wellen
Geschwindigkeit	ca. 16 kn
Bewaffnung	1 x 127 mm, 8 x 40 mm

Schiffserkennung: Typ Docklandungsschiff, bullige Silhouette durch Konzentration der Aufbauten im vorderen Schiffsbereich bei durchgehend hochgezogener Bordwand; davor ein tiefer liegender Bugbereich; kleine Brücke; zwei schmale, parallele Schornsteine hinter dem Aufbautenbereich, dahinter zwei Krane, sonst kein Ladegeschirr; ein kleiner Mast; leicht geneigter Vorsteven, Spiegelheck mit ausklappbarer Rampe.

Klassenbeschreibung: Was entwicklungstechnisch und schiffbaulich zur »Ashland«-Klasse gesagt wurde, gilt grundsätzlich auch für die »Casa Grande«-Klasse, die mit LSD-13–27 anschließt. Sie wird in der Fachliteratur häufig auch ersterer zugerechnet. Der Hauptunterschied besteht in der Verwendung von Dampfturbinen anstelle von Expansions-Dampfmaschinen, womit aber die Führung als eigene Klasse gerechtfertigt erscheint.
LSD-13–15 waren (als BAMP-5–7) in der Bauphase für die Royal Navy bestimmt, wurden aber nicht abgeliefert und für die

LSD-18 »Colonial« auf einer Luftaufnahme aus den frühen 1950er Jahren.

LSD-13 »Casa Grande« in einer Aufnahme aus den 1950er Jahren.

U.S. Navy in Dienst gestellt. Der Bau von LSD-23 und 24 wurde 1945 storniert, die als LSD-23 designierte Einheit aber auf private Rechnung als Ro/Ro-Frachter fertiggebaut und später vom MSTS als Transporter im Auftrag der U.S. Navy eingesetzt (siehe unter T-LSV-8 »Taurus«).

Einsatz/Verbleib: Indienststellungen für die Navy als LSD von Juni 1944 bis Februar 1946. Der Großteil der Schiffe wurde nach Kriegsende (und der Operation »Magic Carpet«) außer Dienst gestellt, jedoch alle Schiffe ab 1950 für den Koreakrieg wieder reaktiviert; ein Beweis für den hohen Wert, den man diesem neuen Schiffstyp beimaß. Die für die Navy eingesetzten Schiffe der Klasse unterliefen alle einem Umbau aus FRAM-Mitteln, offenbar ausgenommen LSD-27; zu den konkreten schiffbaulichen Maßnahmen siehe auch hier die Ausführungen zur »Ashland«-Klasse.
Die meisten Einheiten verließen erst in den frühen 1970er Jahren die Flotte (nur LSD-13 schon im Oktober 1969). LSD-21 wurde danach an Griechenland, LSD-22 an Taiwan und LSD-25 an Spanien transferiert.
LSD-15 wurde ebenfalls bereits 1970 außer Dienst gestellt, am James River in Virginia in der NRDF (National Defense Reserve Fleet) aufgelegt und 1976 aus dem Naval Vessel Register gestrichen, dann aber 1986 als stationäre Hulk für Übungen zur Brandbekämpfung unter möglichst realistischen Bedingungen für das Navy Reserach Laboratory adaptiert. 1988 wurde ex-LSD-15 beim Fire Research Detachment in Little Sand Island, Mobile Bay, Ala., aufgelegt und lag dort noch bis 2017 (inzwischen abgebrochen).

LSD-14 »Rushmore« in Portland, Oregon im Jahr 1956, in einer Draufsicht von vorne.

5.3.1.3. Thomaston-Klasse (LSD-28–35)

LSD-28 Thomaston LSD-29 Plymouth Rock LSD-30 Fort Snelling LSD-31 Point Defiance LSD-32 Spiegel Grove LSD-33 Alamo; 1989 an Brasilien (Rio de Janeiro) LSD-34 Hermitage; 1989 an Brasilien (Ceará) LSD-35 Monticello	Bauwerft	Ingalls Shipbuilding in Pascagoula, Miss.
	Stapelläufe	9.2.1954 – 10.8.1956
	Wasserverdrängung	6880 ts (11.270–12.150 ts)
	Abmessungen (LxBxT)	160,0 x 26,0 x 5,8 m
	Antrieb	Dampfturbinen (2 Kessel), 24.000 PS, 2 Wellen
	Geschwindigkeit	ca. 22,5 kn
	Bewaffnung	bis zu 16 x 76 mm, später 2 x Phalanx CIWS

Schiffserkennung: Typ Docklandungsschiff, bullige Silhouette durch Konzentration der Aufbauten im vorderen Schiffsbereich bei durchgehend hochgezogener Bordwand; zwei schmale, diagonal versetzte Schornsteine hinter dem hohen Aufbautenbereich, an den Seiten; dahinter zwei Krane, ebenfalls diagonal versetzt; sonst kein Ladegeschirr; an jeder Seite eine Doppelreihe Davits; ein kleiner Mast; Helikopter-Plattform am Heck; leicht geneigter Vorsteven, Spiegelheck mit ausklappbarer Rampe.

Klassenbeschreibung: Die acht Schiffe der »Thomaston«-Klasse stammen konstruktiv aus der Zeit des Koreakrieges und stellen vom Konzept her eine Weiterentwicklung der »Ashland«- bzw. »Casa Grande«-Klasse dar; vom Design her aber wesentlich größer und auch auf eine höhere Geschwindigkeit ausgelegt, schon in Richtung der späteren »20-Knoten-Flotte« der 1960er Jahre; die Schiffe erreichten ca. 22,5 Knoten Höchstgeschwindigkeit, gegenüber nur 15 bei der Vorgänger-Klasse.
Die Vergabe der ersten vier Schiffe erfolgte im FY 1952, der restlichen im FY 1954 (zwei Einheiten) und FY 1955 (ebenfalls zwei Einheiten). Der Dockraum hat Abmessungen von 118,1 x 14,6 m und war zur Aufnahme von 3 LCU oder 9 LCM-8 oder 16 LCM-6 oder bis zu 50 LVTP-7 ausgelegt. Die Dockungskapazität erlaubte auch ein Aufschwimmen voll beladener Boote. Eine große Hubschrauberplattform, ausgelegt für die Aufnahme von zwei Helikoptern, deckt den (ansonsten nach oben offenen) Dockraum ab. Die Abdecksegmente waren in Sektionen zerlegbar und konnten bei Bedarf auch ganz entfernt werden. Es gab aber an Bord keinerlei Hangar- oder Wartungseinrichtungen. Etwa mittschiffs befand sich ein großer Parkraum für Fahrzeuge oder Fracht (975 Quadratmeter), der aber keinen direkten Zugang zum Dockraum hatte. Zwei schwere 50-t-Krane im Bereich zwischen Dock und Fahrzeugraum sorgten für die Beladung der Landungsboote. Die Kapazität an Landungstruppen war nur für 325 Mann ausgelegt, später 345, bei 325 Mann Eigenbesatzung.
Die Schiffe hatten außerdem deutlich bessere Seeeigenschaften als die Vorgänger-Klasse aus dem Zweiten Weltkrieg. Der Bug war serienmäßig eisverstärkt. Und ein besonders wichtiger Unterschied: die Maschinenausrüstung lag hier bereits, wie auch bei den späteren LPD, unter dem Dockraum, nicht

LSD-29 »Plymouth Rock« im Atlantik, am 8.4.1963 aufgenommen. Auffällig das versuchsweise installierte, einziehbare Sonar am Bug.

LSD-29 »Plymouth Rock« auf einer Luftaufnahme vom 10.9.1974.

mehr zweigeteilt in den Seitenwänden neben dem Dockraum. Die Eigenbewaffnung bestand ursprünglich aus 8 Doppellafetten 76 mm L/50 vom Typ Mk 33, Anfang der 1960er wurde die Zahl auf 6 und in den 1970er Jahren auf 4 gesenkt. In den 1980er Jahren erfolgte auf den noch in Dienst befindlichen Schiffen, sofern sie für einen Auslandseinsatz verwendet wurden, der Einbau von je zwei Phalanx CIWS und zeigte, dass die Navy den alten Schiffen noch immer großen Wert beimaß. Der Ersatz der acht betagten Schiffe sollte durch acht Einheiten der neuen »Whidbey Island«-Klasse (LSD-41–48) erfolgen. Aus verschiedenen Gründen wollte die Navy dann aber nicht 1:1 den Ersatz abwarten, erstens, weil die Schiffe der »Thomaston« Klasse im Unterhalt recht teuer waren, zweitens, weil man die Schiffe nicht noch stärker abnutzen wollte, da eine Reservehaltung vorgesehen war und nun längst keine Unmengen von brauchbaren amphibischen Schiffen in der Reserve herumlagen.

Einsatz/Verbleib: Indienststellungen für die Navy als LSD zwischen September 1954 und März 1957. Intensive Einsatzfahrten im Rahmen des Kalten Krieges.

LSD-32 »Spiegel Grove« dienten 1978–1980 zur Erprobung der neuen Luftkissen-Landungsboote Jeff(A) und Jeff(B), aus denen in den 1980er Jahren die serienmäßigen LCAC (Landing Craft Air Cushion) wurden.

LSD-29 und 31 stellten im September 1983 außer Dienst, es folgten LSD-28 und 30 im Herbst 1984 und LSD-35 im Herbst 1985 (versenkt als Zielschiff 2010), LSD-32 und 34 blieben noch bis Herbst 1989 in Dienst und LSD-33 beendete als letzte Einheit den aktiven Dienst dieser Klasse im September 1990. LSD-34 wurde im Oktober 1989 und LSD-33 im November 1990 an die Marine Brasiliens übergeben, wo sie die Namen »Ceará« (ex-LSD-34) und »Rio de Janeiro« (ex-LSD-33) erhielten; die restlichen Schiffe wurden zwischen 1995 und 2011 zum Abbruch verkauft, LSD-32 wurde 2002 als künstliches Riff versenkt.

LSD-32 »Spiegel Grove« diente ab 1978 zur Erprobung der neuen Luftkissen-Landungsboote; hier mit Jeff-B (AALC) vor der Küste Floridas in den frühen 1980er Jahren.

5.3.1.4. Anchorage-Klasse (LSD-36–40)

LSD-36 Anchorage LSD-37 Portland LSD-38 Pensacola; 2000 an Taiwan (Hsu Hai) LSD-39 Mount Vernon LSD-40 Fort Fisher	Bauwerften (2)	- Ingalls Shipbuilding in Pascagoula, Miss.: LSD-36 - General Dynamics in Quincy, Mass: LSD-37–40
	Stapelläufe	5.5.1968 – 22.4.1972
	Wasserverdrängung	8600 ts (14.000 ts)
	Abmessungen (LxBxT)	168,7 (162,8) x 25,9 x 5,6 m
	Antrieb	Dampfturbinen (2 Kessel), 24.000 PS, 2 Wellen
	Geschwindigkeit	ca. 22 kn
	Bewaffnung	8 bis 12 x 76 mm, später 2 x Phalanx CIWS

Schiffserkennung: Typ Docklandungsschiff, bullige Silhouette durch Konzentration der Aufbauten im vorderen Schiffsbereich bei durchgehend hochgezogener Bordwand; zwei schmale, diagonal versetzte Schornsteine hinter dem hohen Aufbautenbereich, an den Seiten; dahinter zwei Krane, ebenfalls diagonal versetzt; sonst kein Ladegeschirr; an jeder Seite eine Doppelreihe Davits; ein kleiner Mast; Helikopter-Plattform am Heck; leicht geneigter Vorsteven, Spiegelheck mit ausklappbarer Rampe.

Klassenbeschreibung: Die aus fünf Schiffen bestehende »Anchorage«-Klasse stellt konstruktiv im Prinzip nur eine Weiterentwicklung der »Thomaston«-Klasse dar, mit gutem Willen könnte man sie überhaupt dieser Klasse zurechnen. Sie ist jedoch um über 2000 ts größer, weshalb die Benennung einer neuen Klasse notwendig erscheint.
Die Kiellegungen erfolgten 1967–1970. Der für die »Thomaston«-Klasse beschriebene Aufbau im Schiffsinnern gilt grundsätzlich auch hier, der Dockraum hat aber noch größere Abmessungen, nämlich 131 x 15,2 m, und auch der Fahrzeugraum ist etwas größer, nämlich 1115 Quadratmeter Parkfläche, vorhanden sind auch hier zwei 50-t-Krane. Ebenfalls vorhanden sind bewegliche Segmente als Hubschrauber-Landeflächen über dem Dockraum, Hangareinrichtungen fehlen hier ebenfalls, dafür gibt es aber Bunkerkapazität für 90 t Flugbenzin (JP-5). Die Kapazität an Landungstruppen war nur für

LSD-36 »Anchorage«, auslaufend San Diego am 17.1.2003; man beachte die Phalanx CIWS.

LSD-37 »Portland«, auslaufend Little Creek NAB am 12.1.2003 (mit Phalanx CIWS).

LSD-37 »Portland« auf einer Luftaufnahme in den 1970er Jahren.

375 Mann ausgelegt. Die Geschwindigkeit war mit 22 Knoten marginal geringer als die der »Thomaston«-Klasse, d.h. weitgehend gleiche Maschinenausstattung, aber etwas größere Schiffe.

Auffälligster äußerer Unterschied zur Schiffserkennung war ein Dreibeinmast anstelle des Pfahlmastes der »Thomaston«-Klasse.

Die Eigenbewaffnung bestand hier ursprünglich aus nur mehr vier Doppellafetten 76 mm L/50 vom Typ Mk 33, mit weiterer Reduktion ab den 1970er Jahren. In den 1980er Jahren erfolgte der Einbau von je zwei Phalanx CIWS.

Einsatz/Verbleib: Indienststellungen für die Navy als LSD zwischen März 1967 und September 1972. Weltweit intensive Einsatzfahrten im Rahmen des Kalten Krieges.

Als erstes Schiff stellte LSD-40 im Februar 1989 außer Dienst und wurde, nach Reservehaltung, 2009 zum Abbruch verkauft. LSD-38 wurde im Jahr 2000 an Taiwans Marine verkauft und erhielt dort den Namen »Hsu Hai«. Die drei restlichen Schiffe, LSD 36, 37 und 39, stellten im Laufe des Jahres 2003 außer Dienst; sie wurden 2004 (LSD-37), 2005 (LSD-39) und 2010 (LSD-36) als Zielschiffe der U.S. Navy versenkt.

LSD-38 »Pensacola« vor Quincy, Mass., aufgenommen am 25.2.1971.

LSD-36 »Anchorage« am 27.1.1969 vor Pascagoula während Probefahrten.

5.3.1.5. Whidbey Island-Klasse (LSD-41–48)

LSD-41 Whidbey Island LSD-42 Germantown LSD-43 Fort McHenry LSD-44 Gunston Hall LSD-45 Comstock LSD-46 Tortuga LSD-47 Rushmore LSD-48 Ashland	Bauwerften (2)	- Lockheed Shipbuilding in Seattle, Wa.: LSD-41–43 - Avondale Shipyard in New Orleans, La.: LSD-44–48
	Stapelläufe	10.6.1983 – 11.11.1989
	Wasserverdrängung	11.275 ts (15.704 ts)
	Abmessungen (LxBxT)	185,8 (176,8) x 25,6 x 6,1 m
	Antrieb	4 Dieselmotoren, 33.600 PS, 2 Wellen
	Geschwindigkeit	22 kn
	Bewaffnung	2 x Phalanx CIWS, später zusätzlich 2 x RAM Startanlagen

Schiffserkennung: Typ Docklandungsschiff, bullige Silhouette durch Konzentration der Aufbauten im vorderen Schiffsbereich bei durchgehend hochgezogener Bordwand; zwei schmale, diagonal versetzte Schornsteine hinter dem hohen kastenförmigen Aufbautenbereich an den Seiten; dahinter zwei Krane, ebenfalls diagonal versetzt; sonst kein Ladegeschirr; an jeder Seite eine Doppelreihe Davits; ein kleiner Mast; Helikopter-Plattform am Heck; leicht geneigter Bug, Spiegelheck mit ausklappbarer Rampe.

Klassenbeschreibung: Die »Whidbey Island«-Klasse verkörpert die Wiederaufnahme des Baus von Docklandungsschiffen des Typs LSD, die nicht immer so selbstverständlich war, da zeitweise die maritime Zukunft ganz in Richtung amphibisches Mehrzweckschiff zu gehen schien. Sie schließt nummernmäßig an die »Anchorage«-Klasse an, weist aber deutliche Unterschiede in der Konstruktion auf.

LSD-43 »Fort McHenry« vor Haiti mit geflutetem Dock am 12.1.2010.

Ganz wesentlich beigetragen zur neuen Attraktivität des LSD-Konzeptes hatte die erfolgreiche Entwicklung des Luftkissen-Landungsbootes vom Typ LCAC, um dieses herum diese Schiffsklasse eigentlich konstruiert wurde; vier LCAC konnten im Schwimmdock Platz finden. Die Bauvergabe für das Typschiff der Klasse verzögerte sich erheblich, da die neue Carter-Administration, die Anfang 1977 in Washington einzog, das gesamte Konzept der amphibischen Kriegsführung in Frage stellte und die Autorisierung von LSD-41 bis zum FY 1981 verhinderte. Die weiteren sieben Schiffe wurden dann in der Reagan-Administration (bis zum FY 1986) vergeben. Die Kiellegungen erfolgten zwischen August 1981 und April 1988, die Ablieferungen 1985 bis 1990. Geplant waren ursprünglich 12 Schiffe, wegen der von der Navy schließlich zu klein empfundenen Frachtkapazität blieb es bei acht Einheiten, man wollte lieber auf neue LPD setzen; dieser Plan wurde dann zugunsten eines überarbeiteten Designs der LSD-41-Klasse modifiziert, die über einen kleineren Dockraum verfügte (siehe LSD-49-Klasse).

Der Dockraum der LSD-41-Klasse misst 134 x 15,2 m und

LSD-42 »Germantown« vor Okinawa, Breitseit-Aufnahme auf Steuerbord vom 23.2.2016.

LSD-41 »Whidbey Island«, Typschiff der Klasse, im Mittelmeer am 2.6.2011 fotografiert.

kann vier LCAC oder alternativ drei LCU bzw. 21 LCM-6 oder 64 LVPT aufnehmen. Die gelegentliche Angabe 5 oder 4+1 LCAC bezieht sich darauf, dass ein fünftes Boot bei gesenkter Rampe hineinpasst. Um die Gasturbinen der LCAC im Dockraum ungehindert laufen lassen zu können, wurden an der Oberkante der Seitenwände des Dockraumes große Öffnungen ausgespart. Die Helikopterplattform über dem Dock ist auch für schwere Hubschrauber des Typs Super Stallion und Flugzeuge des Typs MV-22 Osprey ausgelegt, zwei Ladeflächen sind markiert, Hangareinrichtungen fehlen jedoch auch hier, 90 t Flugbenzin (JP-5) werden aber routinemäßig mitgeführt.

Wie übrigens auch schon bei der »Anchorage«-Klasse ist vom Konzept her die Mitnahme eines Landungsbootes vom Typ LCM-6 an Deck vorgesehen. Ein 60-t- und ein 20-t-Kran stehen dort zur Verfügung, natürlich auch hier stark erweiterbar,

LSD-48 »Ashland« in der Little Creek NAB am 16.1.2006, Heck.

LSD-45 »Comstock«, läuft am 29.7.2010 in Pearl Harbor ein.

wenn die ganze Hubschrauber-Landeplattform für amphibische Fracht genutzt wird.

Das Fahrzeugdeck befindet sich vor dem Dockraum und umfasst 1214 Quadratmeter für die Fahrzeuge und 149 Kubikmeter für Gefechtsfracht, gestapelt in genormten Palletten zu je einer Tonne Gewicht. Zur Besatzung kommen Truppenunterkünfte für knapp über 500 Soldaten.

Völlig anders gegenüber der Vorgänger-Klasse ist die Antriebsanlage, die hier durch vier Dieselmotoren mit zusammen 33.000 PS erfolgt.

Die Bewaffnung bestand bei Indienststellung aus zwei Phalanx Mk 15 CIWS. Sie wurde in den 1990er-Jahren um zwei Systeme von RIM-116 Rolling Airframe Missiles (RAM) erweitert. Zur Abwehr gegen Piraten in Schlauchbooten erhielten sie zudem, wie fast alle Navy-Schiffe, die in Übersee eingesetzt werden, zusätzlich ein paar konventionelle Maschinenkanonen.

Einsatz/Verbleib: Indienststellungen für die Navy als LSD von Februar 1985 bis Mai 1992. Die Schiffe erlebten nur mehr die Endphase des Kalten Krieges, danach aber zahlreiche Einsatzfahrten im Rahmen der Golfkriege, Afghanistan, Syrien, etc. Erste Außerdienststellungen waren ursprünglich bereits ab 2013 geplant. Beginnend mit 2009 unterliefen jedoch alle Schiffe der Klasse einem substantiellen Programm zum »Midlife-Upgrade«, mit dem Ziel diese bis 2038 im Dienst zu halten. Erste Außerdienststellungen sollen erst ab 2027 beginnen.

5.3.1.6. Harpers Ferry-Klasse (LSD-49–52)

LSD-49 Harpers Ferry LSD-50 Carter Hall LSD-51 Oak Hill LSD-52 Pearl Harbor	Bauwerft	Avondale Shipyard in New Orleans, La.
	Stapelläufe	16.1.1993 – 24.2.1996
	Wasserverdrängung	11.604 ts (16.601 ts)
	Abmessungen (LxBxT)	185,6 x 25,6 x 6,4 m
	Antrieb	4 Dieselmotoren, 33.600 PS, 2 Wellen
	Geschwindigkeit	22 kn
	Bewaffnung	2 x Phalanx CIWS und 2 x RAM Startanlagen

Schiffserkennung: Typ Docklandungsschiff, bullige Silhouette durch Konzentration der Aufbauten im vorderen Schiffsbereich bei durchgehend hochgezogener Bordwand; zwei schmale, diagonal versetzte Schornsteine hinter dem hohen, kastenförmigen Aufbautenbereich, an den Seiten; dahinter zwei Krane, ebenfalls diagonal versetzt; sonst kein Ladegeschirr; an jeder Seite eine Doppelreihe Davits; ein kleiner Mast; Helikopter-Plattform am Heck; leicht geneigter Vorsteven, Spiegelheck mit ausklappbarer Rampe.

Klassenbeschreibung: Es handelt sich hier um einen in den späten 1980er Jahren modifizierten Entwurf der LSD-41 »Whidbey«-Island-Klasse, der den Projektnamen »LSD 41 Cargo Variant« oder kurz »LSD 41CV« erhalten hatte, nachdem die Navy nicht glücklich darüber war, dass diese zwar vier Luftkissenboote des Typs LCAC transportieren konnten, dafür aber nur relativ wenig Fracht. Trotz des Konzeptes, das schon mit »Cargo Variant« (Frachtvariante) klar umschrieben ist, wurde interessanterweise nicht die Klassifikation LPD gewählt, was eigentlich gerechtfertigt gewesen wäre (politische Gründe gegenüber dem Kongress spielten auch hier eine Rolle). Die Klasse war als kostengünstigere Alternative zu einem neuen LPD-Projekt (LPDX) gedacht.

Der Dockraum ist gegenüber LSD-41 in etwa halbiert und nur zur Aufnahme von zwei Luftkissenbooten des Typs LCAC geeignet, die reguläre Kapazität an Truppenunterkünften beträgt gut 400. Die Antriebsanlage ist grundsätzlich identisch, d.h. vier Dieselmotoren für 24 Knoten Geschwindigkeit. Ebenso gleich ist die Bewaffnung, nämlich zwei 20-mm-Phalanx CIWS, zwei Starter RIM-116 Rolling Airframe Missile (RAM) und (gegen Piraten) zwei einfache Maschinenkanonen des Typs Mk 38 sowie sechs Maschinengewehre Browning M 2.

Im FY 1988 wurde das Typschiff der Klasse in Auftrag gegeben, gebaut wurden insgesamt nur vier Schiffe, die Kiellegungen erfolgten zwischen April 1991 und Januar 1995.

Geplant waren bis zu 12 Einheiten, das Programm wurde aber wegen massiver Kostenüberschreitungen gebremst und schließlich nach der vierten Einheit ganz beendet; der weitere Bedarf wurde vorerst in Form der LPD-17-Klasse gedeckt. Eine eigene LSD-Nachfolgeklasse war zeitweise sehr wahrscheinlich, ist aber gegenwärtig nicht wirklich absehbar.

Einsatz/Verbleib: Indienststellungen für die Navy als LSD von Januar 1995 bis Mai 1998. Die Dienstzeit war dabei auf ca. 40 Jahre angelegt.

LSD-52 »Pearl Harbor« vor Timor Leste, Heckaufnahme vom 23.6.2010.

LSD-50 »Carter Hall« bei der 5. Flotte im Indischen Ozean am 7.10.2007.

LSD-49 »Harpers Ferry« im Golf von Thailand am 8.5.2008.

LSD-51 »Oak Hill« auf einer Luftaufnahme von vorne, im Suezkanal am 30.1.2007.

5.3.2. Transport-Docklandungsschiffe (LPD)

5.3.2.1. Raleigh-Klasse (LPD-1–3)

LPD-1 Raleigh LPD-2 Vancouver LPD-3 La Salle, 1972 umklassifiziert als AGF-3	Bauwerft	New York Naval Shipyard in Brooklyn, N.Y.
	Stapelläufe	17.3.1962 – 3.8.1963
	Wasserverdrängung	8275 ts (14.650 ts) – LPD-3: 9559 ts (13.634 ts)
	Abmessungen (LxBxT)	159,0 (152,5) x 25,6 x 6,6 m
	Antrieb	Dampfturbinen (2 Kessel), 24.000 PS, 2 Wellen
	Geschwindigkeit	21,6 kn
	Bewaffnung	8 x 76 mm, später 2 x Phalanx CIWS

Schiffserkennung: Typ Docklandungsschiff, bullige Silhouette durch Konzentration der Aufbauten im vorderen Schiffsbereich bei durchgehend hochgezogener Bordwand; zwei schmale, diagonal versetzte Schornsteine hinter dem hohen Aufbautenbereich an den Seiten; ein großer Kran an Steuerbordseite, sonst kein Ladegeschirr; markanter Mast über den Aufbauten; Helikopter-Plattform am Heck; geneigter Vorsteven, Spiegelheck mit ausklappbarer Rampe.

Klassenbeschreibung: Bei der »Raleigh«-Klasse handelt es sich um die erste Klasse des neuen Typs der Transport-Dockschiffe vom Typ LPD, also der Kombination von Docklandungsschiff und amphibischem Frachtschiff/Truppentransporter. Die Bauvergabe des Typschiffes erfolgte mit FY 1959, zeitlich in etwa parallel mit den Neubauten der amphibischen Hubschrauberträger der »Iwo Jima«-Klasse. Die Kiellegungen erfolgten zwischen Juni 1960 und April 1962, die Indienststellungen zwischen September 1962 und Februar 1964. Als letztes der drei Schiffe verfügte LPD-3 über eine etwas höhere Tonnage als die beiden Schwesterschiffe.
Gegenüber den ersten Nachkriegs-Docklandungsschiffen der »Thomaston«-Klasse ist die wesentlich größere Verdrängung auffällig, der Dockraum war aber bedeutend kleiner, nämlich nur 51,2 x 15,2 m anstatt 118,1 x 14,6 m und daher nur zur

AGF-3 »La Salle« (ex-LPD-3) als Flaggschiff im Persischen Golf am 16.11.1990.

LPD-2 »Vancouver« im Arabischen Meer am 12.1.1991, mit Phalanx CIWS (Operation Desert Storm).

Aufnahme eines einzigen LCU oder von drei LCM oder von 20 LVTP ausgelegt. Ähnlich wie bei der späteren »Tarawa«-Klasse befand sich an der Decke des Dockraums ein Schienensystem für sechs Laufkrane zur Beladung der Boote mit amphibischer Fracht. Auch hier können zwei LCM-6 oder vier kleinere Landungsboote routinemäßig an Deck, im Bereich Aufbauten/Beginn Flugdeck, als zusätzliche Kapazität mitgeführt werden. Im Bereich Achterkante Aufbauten befindet sich an Steuerbord ein großer Kran für Decksladung. Großzügig ausgestattet war auch der Fahrzeugraum, mit einem Rampensystem zwischen Parkdecks, das an den vorderen Bereich des Dockraums anschließt und eine Verbindung sowohl zu diesem als auch zum Hubschrauber-Deck aufweist. Durchschnittlich wurden 2000 t Gefechtsfracht mitgeführt. Umfangreiche Truppenunterkünfte standen zur Verfügung, ausgelegt auf 930 Mann.
Das Flugdeck im Bereich des Achterschiffes hatte zwei markierte Landeplätze und Unterbringungsmöglichkeiten für bis zu vier CH-53- oder sechs CH-46-Helikopter. Hangar- oder Wartungseinrichtungen für die Hubschrauber fehlten aber. Die Plattform war natürlich alternativ auch zur Zuladung zusätzlicher Decksfracht verwendbar.
Ausgestattet mit Dampfturbinen-Antrieb, waren sie bereits für ca. 20 Knoten Geschwindigkeit ausgelegt (zwei Wellen).
Die Eigenbewaffnung von ursprünglich vier 76-mm-Mk 33-Doppellafetten wurde auch auf diesen Schiffen in den 1970er Jahren stark reduziert, in den 1980er Jahren wurde auch hier die eigene Abwehrfähigkeit gegen Lenkwaffen durch zwei Phalanx CIWS erheblich gesteigert.

LPD-1 »Raleigh« in New York in den 1960er Jahren aufgenommen, noch mit acht 76-mm-Flak bewaffnet.

Einsatz/Verbleib: Indienststellungen für die Navy als LPD von September 1962 bis Februar 1964. Intensive Verwendung für Einsatzfahrten im Kalten Krieg.
Das dritte Schiff der Klasse, LPD-3 »La Salle«, wurde Anfang der 1970er Jahre als Kommandoschiff umgebaut und am 1.7.1972 als AGF-3 klassifiziert, unter Beibehaltung des Namens. Für diese Aufgabe erhielt das Schiff umfangreiche Stabs-, Kommando- und Kommunikationseinrichtungen, schied aber dauerhaft aus der amphibischen Flotte aus. Es handelte sich hier um keine amphibische Klassifikation, sondern um die eines Flottenflaggschiffs. Stationiert war sie u.a. mehrfach in Bahrain (mit weißem Anstrich), als Flaggschiff für die 3. US-Flotte, fungierte dort aber auch zeitweise als Joint Command Ship für US-Streitkräfte im Nahen Osten und später im Mittelmeer. Im Ersten Golfkrieg wurde AGF-3 dabei zudem als schwimmendes Gefängnis für irakische Soldaten genutzt. USS »La Salle« wurde 2005 in Norfolk außer Dienst gestellt und im April 2007 als Zielschiff versenkt.
Die ersten beiden Schiffe der Klasse verblieben in der amphibischen Flotte. LPD-1 stellte im Dezember 1991 außer Dienst und wurde 1994 als Zielschiff versenkt, LPD-2 stellte im März 1992 außer Dienst und wurde 2013 zum Abbruch verkauft.

5.3.2.2. Austin-Klasse (LPD-4–16)

LPD-4 Austin LPD-5 Ogden LPD-6 Duluth LPD-7 Cleveland LPD-8 Dubuque LPD-9 Denver LPD-10 Juneau LPD-11 Coronado, 1980 umklassifiziert als AGF-11 LPD-12 Shreveport LPD-13 Nashville LPD-14 Trenton 2007 an Indien (Jalashwa) LPD-15 Ponce, 2012 umklassifiziert als AFSB(I)-15 LPD-16, Bau storniert im Februar 1969	Bauwerften (3)	- New York Naval Shipyard in Brooklyn, N.Y.: LPD-4–6 - Ingalls Shipbuilding in Pascagola, Miss: LPD-7, 8 - Lockheed Shipbuilding in Seattle, Wa: LPD-9–15
	Stapelläufe	27.6.1964 – 20.5.1970
	Wasserverdrängung	9962 ts (16.900 ts)
	Abmessungen (LxBxT)	173,4 (167,0) x 25,6 x 7,0 m
	Antrieb	Dampfturbinen (2 Kessel), 24.000 PS, 2 Wellen
	Geschwindigkeit	21 kn
	Bewaffnung	8 x 76 mm, später 2 x Phalanx CIWS; LPD-15 wurde ab 2014 als Testschiff zur Installierung eines neuen Laser-Waffensystems verwendet.

Schiffserkennung: Typ Docklandungsschiff, bullige Silhouette durch Konzentration der Aufbauten im vorderen Schiffsbereich bei durchgehend hochgezogener Bordwand; zwei schmale, diagonal versetzte Schornsteine hinter dem hohen Aufbautenbereich an den Seiten; ein großer Kran an Steuerbordseite, sonst kein Ladegeschirr; markanter Mast über den Aufbauten; Helikopter-Plattform am Heck; geneigter Vorsteven, Spiegelheck mit ausklappbarer Rampe.

Klassenbeschreibung: Das Design der »Austin«-Klasse basiert weitgehend auf der »Raleigh«-Klasse, von der sie sich hauptsächlich durch etwas größere Abmessungen unterscheidet. In einigen älteren Flottenhandbüchern werden sie überhaupt dieser Klasse zugerechnet.
Aber auch innerhalb der Klasse gibt es Unterschiede, LPD-7–13 weisen zusätzliche Kommandoeinrichtungen auf, die sich äußerlich durch ein zusätzliches Brückendeck manifestieren. Insgesamt waren Stabseinrichtungen für ca. 90 Personen vorgesehen. Diese Besonderheit hat ihnen auch gelegentlich die Behandlung als eigene »Cleveland«-Klasse eingebracht.
Zu LPD-6 ist anzumerken, dass das Schiff wegen Werftschließung nicht auf der New York Naval Shipyard fertiggebaut werden konnte; es wurde am 24.11.1965, etwa drei Monate nach dem Stapellauf, an die Marinewerft Philadelphia zum Fertigbau geschleppt.

USS »Ponce« (ex-LPD-15) als AFSB(I)-15, aufgenommen aus der Luft im Persischen Golf am 26.4.2013, dahinter LPD-17 »San Antonio«.

LPD-9 »Denver« am 30.9.1997 mit einem ASW-Hubschrauber SH-60 im Vordergrund.

LPD-4 »Austin« vor der US-Ostküste im April 1965.

Der Dockraum hat die gleichen Abmessungen wie jener der »Raleigh«-Klasse, also 51,2 x 15,2 m, es gelten daher auch die gleichen Unterbringungsmöglichkeiten für Landungsfahrzeuge. Das direkt an den Dockraum anschließende Parkdecksystem ist aber geräumiger als bei der LPD-1-Klasse und reicht auch hier bis aufs Flugdeck. Einer der wesentlichen Unterschiede der LPD-3- zur LPD-1-Klasse ist eine ca. 15 m lange Rumpfsektion, die quasi zusätzlich eingeschoben wurde. Sie bewirkt eine deutliche Steigerung (bzw. fast Verdoppelung) der Frachtkapazität von 2000 auf ca. 3900 t. Die Truppenunterkünfte sind für 840 Personen an Landungstruppen ausgelegt. An Deck wurde dieser zusätzliche Raum u.a. für die Installierung eines teleskopartig ausziehbaren Hangars verwendet, dessen Länge ist zwischen 7,6 und 18,9 m verstellbar. Auch hier sind zwei Landeflächen markiert und auch hier ist aber keine permanente Mitführung eines Hubschraubers vorgesehen.Der Antrieb bestand hier ebenfalls aus zwei Dampfkesseln, die zwei Getriebeturbinen antrieben, und aus zwei Wellen. Die Maschinenleistung lag bei 24.000 PS, die Höchstgeschwindigkeit bei 21 Knoten.

Nicht erwähnt wurde bisher LPD-16: ursprünglich als 13. Einheit der »Austin«-Klasse mit FY 1966 bewilligt, wurde der Bau zugunsten der »Tarawa«-Klasse nicht mehr begonnen und die

LPD-13 »Nashville« mit offener Heckklappe im Mittelmeer am 16.3.2008.

Der Dockraum von LPD-7 mit Landungsboot LCU-1665, aufgenommen im Mai 2011.

AGF-11 »Coronado« (ex-LPD-11) vor Hawaii am 2.8.1009 (bei Rückkehr von der Übung RIMPAC '98).

bewilligten Mittel ins LHA-Programm transferiert. Vorgesehen war der Bau bei Lockheed in Seattle, die offizielle Stornierung des Bauauftrages erfolgte im Februar 1969.

Einsatz/Verbleib: Indienststellungen für die Navy als LPD von Februar 1965 bis Juli 1971. Intensive Verwendung für Einsatzfahrten im Kalten Krieg.
LPD-11 »Coronado« verließ 1980 die amphibische Flotte, um – ähnlich wie LPD-3 »La Salle« – als Kommandoschiff umgebaut zu werden. Sie wurde am 1.10.1980 auf AGF-11 umklassifiziert. Was anfangs als temporäre Maßnahme zur zwischenzeitlichen Ablösung von USS »La Salle« gedacht war, hat sich so sehr bewährt, dass das Schiff in dieser Rolle verblieb, obwohl der Umbau nicht so umfassend war wie bei LPD-3/AGF-3. AGF-11 stellte 2005 außer Dienst und wurde 2012 als Zielschiff versenkt.
Beginnend mit Mitte der 1980er Jahre, unterliefen die Schiffe ein »Service Life Extension Program« (SLEP), um sie länger als geplant in Dienst halten zu können.
2005 wurde mit LPD-6 die erste Einheit der Klasse außer Dienst gestellt, 2006 folgte LPD-4, 2007 dann LPD-5, 12 und 14, 2008 LPD-10, 2009 LPD-13, 2011 LPD-7 und 8, 2014 LPD-9 und 2017 LPD-15.
LPD-14 wurde 2007 an die indische Marine verkauft und umbenannt in »Jalashwa«. LPD-15 wurde 2012 zu einer Advanced Forward Staging Base (Interim) umgebaut und als AFSB (I)-15 umklassifiziert. Sie diente als Mutterschiff für Minenräum-Hubschrauber (MH-53 Sea Dragon) sowie für kleine Räumfahrzeuge und wurde später auch für weitere Spezialaufgaben, wie Tests von Laserwaffen, verwendet. Ein geplanter Verkauf an Argentinien kam nicht zustande, sie wurde im Oktober 2017 endgültig außer Dienst gestellt.

LPD-7 »Cleveland« am 24.6.2011 vor Timor-Leste, mit MH-60S Sea Hawk in der Luft.

5.3.2.3. San Antonio-Klasse (LPD-17–29)

<table>
<tr><td rowspan="7">LPD-17 San Antonio
LPD-18 New Orleans
LPD-19 Mesa Verde
LPD-20 Green Bay
LPD-21 New York
LPD-22 San Diego
LPD-23 Anchorage
LPD-24 Arlington
LPD-25 Somerset
LPD-26 John P. Murtha
LPD-27 Portland
LPD-28 Fort Lauderdale
LPD-29 Richard M. McCool</td><td>Bauwerften (2)</td><td>Bauverträge für LPD-17, 18, 20, 21, und 23 mit Avondale in New Orleans, La., für die restlichen Einheiten mit Ingalls Shipbuilding (bzw. Huntington Ingalls Industries) in Pascagoula, Miss. Im Jahr 1999 wurde Avondale von Litton Industries, der Mutterfirma von Ingalls übernommen, 2011 Litton wiederum von der Northrop Grumman Corp.</td></tr>
<tr><td>Stapelläufe</td><td>ab 12.7.2003; zum Teil 2020 noch im Bau</td></tr>
<tr><td>Wasserverdrängung</td><td>25.300 ts (fl.)</td></tr>
<tr><td>Abmessungen (LxBxT)</td><td>208,0 x 31,9 x 7,0 m</td></tr>
<tr><td>Antrieb</td><td>4 Dieselmotoren, 41.000 PS, 2 Wellen</td></tr>
<tr><td>Geschwindigkeit</td><td>+22 kn</td></tr>
<tr><td>Bewaffnung</td><td>2 x RAM Startanlagen, 2 x 30-mm-Bushmaster II; Verwendung des Laser-Waffensystems SSL-TM in Testphase; Platz zum Einbau eines VLS für RIM-162 ESSM ist reserviert.</td></tr>
</table>

Schiffserkennung: Modernes Docklandungsschiff mit zwei sehr markanten, kegelartigen Stealth-Mastkomplexen, durchwegs scharfe Kanten, aber andeutungsweise geschwungene Rumpflinie mit Knick, voluminöse Aufbauten; zwei sehr kleine, unauffällige Schornsteine im Aufbautenbereich, diagonal versetzt; große Hubschrauber-Plattform am Heck; geneigter Vorsteven, Spiegelheck mit ausklappbarer Rampe.

Klassenbeschreibung: Über die in den 1980er Jahren geplante neue LPD-Klasse, die unter dem Projektnamen LPDX, z.T. auch LPD-17-Klasse lief, wurde bereits berichtet, sie hätte 17.700 ts verdrängen sollen, Länge 185,3 m, Bewilligung der ersten Einheit mit FY 1987. Das Projekt wurde zugunsten einer Frachtversion der LSD-42-Klasse aufgegeben, die aber keine LPD-Klassifikation erhielt, sondern als LSD-49- bzw. »Harpers Ferry«-Klasse gebaut wurde.

Der Plan einer völlig neuen LPD-17-Klasse begann Anfang der 1990er Jahre, die Anforderungen für das Design, nun LPX genannt, verlangten aber ein deutlich größeres Schiff, als im LPDX-Entwurf vorgesehen, sowie die Verwendung der neuen Tarnkappen-Technologie. Die spezifischen Anforderungen wurden in einer umfassenden Studie mit dem sperrigen Namen »Navy Integrated Amphibious Operations and Marine Corps Air Support Requirements Study« definiert. Die Schiffe waren im Design fast doppelt so groß wie die LPD der »Austin«-Klasse und sollten nicht nur die »Austin«- und »Raleigh«-Klasse, sondern auch die LST der »Newport«-Klasse ersetzen; zudem war absehbar, dass es auch für die (Anfang der 1990er Jahre außer Dienst gestellten) LKA der »Charleston«-Klasse keinen Ersatz geben würde. Die erste Einheit sollte 2002 in Dienst kommen.

Die Baugeschichte wurde zum Drama in zahllosen Akten. Es kam, mit Verzögerungen, zu einer Ausschreibung an fünf Werften, bei der 1996 ein Konsortium um Avondale Shipyard in Bridge City (New Orleans) als Gewinner des Auftrags ermittelt wurde. Die Avondale Shipyard in Louisiana sollte acht der geplanten zwölf Einheiten der Klasse bauen, vier weitere Bath Iron Works in Maine. Die Genehmigung der ersten Einheit erfolgte im FY 1998 (ursprünglich war schon FY 1996 für den ersten Bauauftrag geplant gewesen).

Die Avondale-Werft sah sich jedoch bald erheblichen technologischen Problemen gegenüber, Computerprobleme der zum Einbau vorgesehenen Systeme verursachten erhebliche Mehrkosten, die Werft beschuldigte die Navy als eigentlichen Verursacher aufgrund von verlangten Veränderungen (basierend auf Budgetkürzungen). Dazu kamen aber auch massive Umstrukturierungen bei der Werftgruppe: 1999 wurde Avondale von Litton Industries, der Mutterfirma von Ingalls Shipbuilding übernommen. 2011 wurde Litton wiederum von der Northrop Grumman Corp. übernommen. Bath Iron Works gab den Bau der ihr zugedachten vier Schiffe ganz auf; sie einigte sich schließlich 2002 mit der Navy, mit Northrop Grumman und ihrer Mutterfirma General Dynamics, diese vier Schiffe gar nicht zu bauen (gegen Bauaufträge für vier Zerstörer der »Arleigh-Burke«-Klasse). Damit hatte Northrop alle zwölf Bauaufträge in einer Hand, der Bauablauf stand aber von Anfang an unter keinem guten Stern.

LPD-17 »San Antonio« im Atlantik am 3.9.2008, Breitseite Steuerbord.

LPD-19 »Mesa Verde«, Versorgung aus der Luft bei der 5. Flotte (Nahost) am 28.2.2010.

Erst im Oktober und Dezember 2002 kam es zu den ersten beiden Kiellegungen bei Avondale, dann im Juli 2003 und Dezember 2004 zu den ersten beiden Stapelläufen, nach zahlreichen technischen Problemen. Insgesamt wurden 13 Schiffe zwischen FY 1998 und FY 2017 in Auftrag gegeben, 11 bisher abgeliefert, zwei sind gegenwärtig noch im Bau.

Zu allem Überfluss kamen auch noch Beschädigungen beim Jahrhundert-Hurrikan Katrina im August 2005 hinzu. Die Endausrüstung verlief ebenfalls mit großen Problemen, im Januar 2006 wurde LPD-1 in Dienst gestellt, trotz zahlreicher Mängel und mit Vorbehalten bei der Übernahme und ohne tatsächlich kampftauglich zu sein. Die Probleme lagen dabei aber nicht nur im High Tech-Bereich, sondern auch bei der handwerklichen Verarbeitung, Korrosion, Dichtigkeit, den elektrischen Leitungen und damit der Einsatzfähigkeit der Schiffe allgemein. Die Navy musste viel Geld nachschießen, die Kosten waren inzwischen völlig aus dem Ruder gelaufen, das gesamte Programm etwa fünf Jahre hinter dem ursprünglichen Zeitplan. Frühe Pläne waren von 750 Millionen Dollar per Einheit ausgegangen, realistischere bei Beginn des Bauprogramms von 890 Millionen Dollar. Tatsächlich kam die günstigste Einheit auf über 1,3 Milliarden Dollar, spätere Einheiten gar auf über 2 Milliarden, der Durchschnittspreis pendelte sich bei 1,6 Milliarden ein. Das amphibische Schiff hatte sich endgültig vom einfachen Hilfsschiff zum hochspezialisierten und kaum noch finanzierbaren High Tech-Spezialschiff entwickelt.

Die Schiffe verdrängen ca. 25.000 ts, sind 208,5 m lang und 31,9 Meter breit, d.h. wesentlich größer als alle LPD oder LSD davor. Der Rumpf wurde nach den Prinzipien der Stealth Technologie entwickelt, basierend auf den Erfahrungen mit dem Testschiff »Sea Shadow« (IX-529) und den Zerstörern der »Arleigh Burke«-Klasse. Der untere Teil des Rumpfes ist nach au-

LPD-20 »Green Bay« beim Einlaufen in White Beach Naval Facility in Okinawa am 5.3.2015.

LPD-22 »San Diego« am 20.2.2014; Übung zur Aufnahme einer Orion-Kapsel der NASA.

ßen geneigt bzw. geknickt, darüber ist er nach innen geneigt, um den Radarquerschnitt zu minimieren. Auf herkömmliche Masten wurde zu Gunsten des »Advanced Enclosed Mast/Sensor« (AEM/S) verzichtet. Bautechnische Mängel wurden aber auch bei der tatsächlichen Umsetzung des verminderten Radarquerschnitts festgestellt.

Der Antrieb erfolgt über vier Dieselmotoren mit zusammen 41.000 PS, zwei Wellen (Verstellpropeller), die Geschwindigkeit liegt bei über 22 Knoten. Die Besatzung umfasst 28 Offiziere und 332 Mannschaften, Unterkünfte für bis zu 800 Personen an Landungstruppen stehen zur Verfügung.

Über den Decksbereich achtern zieht sich ein großes Landedeck für Hubschrauber und Flugzeuge mit verstellbaren Propellern und einem Hangar; darin können z.B. zwei CH-46 Sea Knight oder drei AH-1 Sea Cobra, bzw. eine große CH-53 Sea Stallion oder eine MV-22 Osprey untergebracht und gewartet werden. Eine permanente Stationierung an Bord ist aber nicht vorgesehen.

Unter dem Flugdeck ist ein großer Dockraum mit Platz für zwei LCAC oder einen LCU plus einem Mix an kleineren Landungsfahrzeugen. Vor dem Dockraum befinden sich drei Parkdecks für Fahrzeuge mit ca. 2300 Quadratmeter Fläche und 700 Kubikmeter Laderaum für amphibische Fracht sowie 1200 Kubikmeter Raum zum Bunkern von Treibstoffen für Fahrzeuge.

Als Bewaffnung sind zwei 30-mm-Geschütze vom Typ Bushmaster II Mk 46 installiert, die als Nahbereich-Abwehrwaffe und gegen kleinere Oberflächenziele verwendet werden können, dazu zwei Starter für 21 RIM-116 Rolling Airframe Missiles. Ursprünglich war geplant, ein Vertical Launching System (VLS) zur Aufnahme der RIM-162 Evolved Sea Sparrow Missile (ESSM) einzubauen, was aber bisher nicht umgesetzt wurde; der Platz dafür ist jedoch schiffbaulich reserviert. LPD-27 »Portland« testete ab Ende 2019 den Einsatz des neuen Laser-Waffensystems SSL-TM von Northrop Grumman (Solid-State Laser Technology Maturation), das auf den Schiffen der Klasse zum Einsatz kommen soll (und auch auf anderen amphibischen Einheiten).

Einsatz/Verbleib: Indienststellungen für die Navy als LPD-17–27 (d.h. 11 von 13 Einheiten) von Januar 2006 bis Dezember 2017; LPD-28 und 29 sind (Anfang 2020) noch im Bau.

Wohl nicht zuletzt wegen der hohen Kosten wurde von der Navy vorsorglich bereits festgehalten, dass die Schiffe bis etwa Mitte des Jahrhunderts in Dienst bleiben sollen.

LPD-24 »Arlington« in einer Draufsicht, im Atlantik am 24.12.2018 aufgenommen.

LPD-26 »John P. Murtha« in einer Seitenansicht, aufgenommen am 22.3.2019 im Pazifik.

5.3.2.4. Harrisburg-Klasse (LPD-30–42)

LPD-30 Harrisburg (Bauvergabe 2019, Baubeginn 2020) LPD-31–42 (in Planung)	Bauwerften	LPD-30 bei Huntington Ingalls Industries in Pascagoula, Miss. (wahrscheinlich auch alle Folgeschiffe)
	Stapelläufe	ab ca. Mitte der 2020er Jahre
	Wasserverdrängung	25.300 ts (full load)
	Abmessungen (LxBxT)	208,0 x 31,9 x 7,0 m
	Antrieb	4 Dieselmotoren, 41.000 PS, 2 Wellen
	Geschwindigkeit	+ 22 kn
	Bewaffnung	2 x 30-mm-Bushmaster II, 2 x RAM Startanlagen; Verwendung des Laser-Waffensystems SSL-TM und Einbau eines VLS für RIM-162 ESSM ist wahrscheinlich.

Schiffserkennung: Siehe »San Antonio«-Klasse (LPD 17–29).

Klassenbeschreibung: Am 2.8.2018 unterzeichnete die US-Navy mit der Werft Huntington Ingalls in Pascagoula, Miss., einen Vorvertrag in Höhe von 165,5 Millionen Dollar über den Bau der LPD-30-Klasse. Im März 2019 erhielt die Werft den Bauauftrag für LPD-30; es wird das Typschiff einer neuen LPD-Klasse, die vor allem in der Herstellung kostengünstiger sowie in der Preisgestaltung überschaubarer als die »San Antonio«-Klasse sein soll. Sie lief in der Planung unter der Bezeichnung »Flight II« (bezogen auf die »San Antonio«-Klasse) und soll 13 Schiffe umfassen. Mit der Werft wurde ein »Kostenziel« von 1,64 Milliarden Dollar für das Typschiff und 1,4 Milliarden für die Folgeschiffe vereinbart.
Die Konstruktion ist insgesamt stark an die »San Antonio«-Klasse angelehnt bzw. leitet sich direkt von ihr ab. Die Aufstellung einer neuen Klasse hat auch politische Gründe. Die bisherige Kostenexplosion beim Bau der »San Antonio«-Klasse hat sehr dazu beigetragen, dass die Navy eine neue Schiffsklasse aus der Taufe hob, um den Namen »San Antonio«-Klasse nicht länger dem Kongress für die Bewilligung von LPD-Neubauten vorlegen zu müssen.
Am 10.10.2019 gab der Secretary of the Navy, Richard V. Spencer, in einer Aussendung den Namen des ersten Schiffes der neuen Klasse mit USS »Harrisburg« (LPD-30) bekannt. Offizieller Baubeginn LPD-30 war am 16.4.2020, an diesem Tag wurde die 100. Tonne Stahl für das Schiff geschnitten. Die LPD der »Harrisburg«-Klasse werden den Bau amphibischer Schiffe in der U.S. Navy im nächsten Jahrzehnt stark prägen, gemeinsam mit den LHA der »America«-Klasse.

Einsatz/Verbleib: Indienststellungen für die Navy ab ca. Mitte der 2020er Jahre.

LPD-30 »Harrisburg« in einer Computerdarstellung der Bauwerft Huntington Ingalls, zur Veröffentlichung freigegeben am 16.4.2020.

5.4. Amphibische Hubschrauberträger und Mehrzweckschiffe

Die Entwicklung hin zum amphibischen Hubschrauberträger und von diesem zum amphibischen Mehrzweck- bzw. Allzweckschiff wurde vor allem von technischen Neuentwicklungen außerhalb des unmittelbaren amphibischen Bereichs bestimmt, in erster Linie vom Hubschrauber, vom Luftkissen-Landungsfahrzeug und vom kurz oder senkrecht startenden Flugzeug (V/STOL bzw. STOVL). Es erscheint aber nicht sinnvoll, das amphibische Allzweckschiff entwicklungstechnisch vom amphibischen Hubschrauberträger zu trennen, da diese Schiffe doch sehr stark von der fliegerischen Komponente geprägt sind, die übrigens auch bereits deutlich über den Hubschrauber hinausgeht. Man könnte deshalb eigentlich inzwischen vom amphibischen Flugzeugträger sprechen, der ja nun auch modernste F-35B Kampfflugzeuge aufzunehmen in der Lage ist. Wenn also hier nachstehend die Entwicklung des amphibischen Hubschrauberträgers behandelt wird, sollte doch angemerkt werden, dass zumindest die darunter fallenden Kategorien LHA und LHD, die auch über Dockkapazitäten verfügen (ausgenommen LHA-6, 7), vom Design her eigentlich auch als völlig neue und eigenständige Kategorie neben den reinen Hubschrauberträgern LPD (CVHA) gestellt werden könnten. Besonders die erste Phase der konzeptionellen Entwicklung des amphibischen Hubschrauberträgers war ganz von der technischen Entwicklung des Hubschraubers geprägt, der im Zweiten Weltkrieg noch keine große Rolle spielte, aber kurz danach seinen Siegeszug antrat.

Erste Studien (des U.S. Marine Corps) für einen amphibischen Hubschrauberträger begannen 1946/47 und hingen wieder einmal mit der Atombombe zusammen, die ein Überdenken aller bisherigen strategischen und taktischen Konzepte verursacht hatte. Es ist heute fast unglaublich, mit welcher Normalität der Einsatz taktischer Nuklearwaffen damals in Studien behandelt wurde, teilweise unabhängig von einer politischen Entscheidung über ihren Einsatz, mit der man eher den Kommandanten am Gefechtsfeld betraute. Die Studien kamen jedenfalls zum Schluss, dass ein Brückenkopf, der mittels einer klassischen amphibischen Landung erzwungen worden war, durch taktische Nuklearwaffen sehr leicht auszuschalten sei, weshalb die bisherige Schwerpunktbildung von einem viel breiter gestreuten Ansatz ersetzt werden müsste. Der von Bord eines Schiffes eingesetzte Hubschrauber wäre dazu besser in der Lage als Landungsboote, weil er nicht von der direkten Strandlinie abhängig ist und die amphibische Operation sofort tief ins Hinterland tragen könnte. Außerdem könnten die amphibischen Mutterschiffe dabei viel weiter auseinandergezogen operieren, ein Umstand, der im Hinblick auf den Einsatz von taktischen Nuklearwaffen besonders wichtig erschien. Der amphibische Transporthubschrauber wurde in dieser Phase zeitweise deutlich überschätzt, besonders im Hinblick auf die Geschwindigkeit der Technikentwicklung. Ende 1947 stellte das U.S. Marine Corps seine erste Hubschrauberstaffel auf, 1948 fanden die ersten amphibischen Manöver mit Hubschraubern statt, die von gewöhnlichen Geleitflugzeugträgern abhoben, und die als erfolgreich gewertet wurden.

Nach der grundsätzlichen Anerkennung des bordgestützten Helikopters als wertvolles (zusätzliches) Element einer amphibischen Operation begann konkret die Suche nach einer geeigneten Plattform für seinen Einsatz. Wie in der unmittelbaren Nachkriegszeit bei der Navy üblich, dachte man dabei vorerst weniger an einen völligen Neubau, sondern an einen entsprechenden Umbau aus den Beständen der riesigen Reserveflotte. Dabei boten sich in allererster Linie die vielen Geleitflugzeugträger (CVE) an, da die Geschwindigkeit dieser Schiffe im Konzept keine wesentliche Rolle spielte.

Vorerst wurde aber nicht so schnell umgebaut, wie geplant, und ganz besonders nicht, wie vom Marine Corps gefordert, wo man die Luftverladebarkeit einer ganzen USMC-Division lieber heute als morgen realisiert gehabt hätte. Die Forderungen beliefen sich in den späten 1940er Jahren auf den Umbau von bis zu 16 Geleitflugzeugträgern der »Casablanca« und »Commencement Bay«-Klasse.

Es verging aber fast ein Jahrzehnt von der ersten Studie bis zur Setzung konkreter Maßnahmen, im Sinn des Baus von amphibischen Spezialschiffen für die bordgestützte Landung aus der Luft, ein Konzept, das man inzwischen »Vertical Assault« nannte. Der Hubschrauber hatte sich bereits fest in der Flotte mit verschiedenen Aufgabenstellungen etabliert.

Mit dem FY 1955 sollte der Umbau von zwei Geleitflugzeugträgern als Prototypen beginnen, je einer der »Casablanca«- und der deutlich größeren »Commencement Bay«-Klasse. Nur das ausgewählte Schiff der »Casablanca«-Klasse wurde vollendet, es handelte sich um CVE-90 »Thetis Bay«. Das »CV« steht in der U.S. Navy traditionell für Flugzeugträger, das angehängte »E« für »Escort«. Das Schiff wurde am 20.7.1955 mit der neuen Klassifikation CVHA-1 und seinem alten Namen USS »Thetis Bay« als amphibisches Schiff klassifiziert, wobei das »HA« »Helicopter Assault« bedeutete. Der 1944 gebaute Geleitträger war seit 1946 in Reserve und wurde im Mai 1955 nach San Francisco geschleppt und dort entsprechend umgebaut. Die Wiederindienststellung erfolgte im Juli 1956.

Bereits der zweite Umbau, jener von CVE-108 »Block Island«, wurde klassifikationsmäßig 1957 einer völlig neuen Kategorie

LPH-6 »Thetis Bay« (ex-CVHA-1) als erster operativer amphibischer Hubschrauberträger, aufgenommen ca. 1960.

»LPH« zugeordnet (»Landing Ship / Transport / Helicopter«), die fortan für amphibische Hubschrauberträger verwendet wurde. CVHA-1 »Thetis Bay« wurde nachträglich ebenfalls in diese Kategorie aufgenommen (als LPH-6). Der Umbau von LPH-1 »Block Island« wurde dagegen im Juni 1958 storniert, noch vor Beginn der Arbeiten, und das Schiff bereits 1959 aus dem Naval Vessel Register gestrichen.

Die Navy wollte lieber größere Flugzeugträger für die neue Aufgabe umbauen, aber nur temporär, da nun auch Neubauten konkret geplant wurden. Die Pläne und Zukunftsvisionen um den neuen Schiffstyp des amphibischen Hubschrauberträgers erreichten zeitweise enthusiastische Ausmaße, nur mehr ganz schweres Gerät sollte mit wasserverdrängenden Booten an den Strand gebracht werden. Pläne für bis zu 24 LPH mit je 20 Hubschraubern und 1800 Mann Landungstruppen wurden gewälzt.

Bei der Suche nach geeigneten Rümpfen bzw. Plattformen für amphibische Hubschrauberträger blieb aber vorerst kaum eine Schiffsgattung der Navy verschont, es gab Umbaustudien für Schlachtschiffe (»North Carolina«-Klasse), Kreuzer, Frachtschiffe und natürlich auch Flottenflugzeugträger, von denen schließlich tatsächlich drei zu amphibischen Hubschrauberträgern umgebaut wurden: LPH-4 »Boxer«, LPH-5 »Princeton« und LPH-8 »Valley Forge« (die Laufnummern dazwischen wurden an Neubauten vergeben).

USS »Boxer«, Stapellauf 1944, einer der 24 Träger der »Essex«-Klasse, war Anfang 1956 zu einem U-Jagd-Flugzeugträger umgebaut worden (CVS-21). Er wurde 1958 zum Umbau als amphibischer Hubschrauberträger ausgewählt und dafür am 30.1.1959 als LPH-4 umklassifiziert; das Schiff blieb etwa ein Jahrzehnt in dieser Verwendung im Einsatz. USS »Princeton«, der ebenfalls für U-Jagdaufgaben umgebaut worden war (CVS-37), wurde am 2.3.1959 als LPH-5 klassifiziert und zum amphibischen Hubschrauberträger umgebaut. Mit deutlichem Abstand folgte ein dritter Flottenflugzeugträger der gleichen Klasse, die auch bereits zum U-Jagd-Flugzeugträger umgerüstete USS »Valley Forge« (CVS-45); das Schiff wurde am 1.7.1961 als LPH-8 für seine neuen amphibischen Aufgaben umgebaut.

Ein geplanter vierter Umbau wurde nicht mehr durchgeführt (CVS-39), denn die Navy kam schon in der Planungsphase mit den Umbauten nur recht mäßig zurecht, konnte man doch nicht alle Elemente des Vertical Assault-Konzeptes im gewünschten Ausmaß berücksichtigen. So wusste man mit der riesigen Maschinenanlage der »Essex«-Klasse wenig anzufangen, fand aber andererseits keine brauchbare Lösung für das als zu gering empfundene Ladevolumen für amphibische Fracht. So groß die Flottenträger auch von außen wirken, es war konstruktiv kein Platz verschwendet worden, die Umgestaltung des Schiffraums im Inneren erwies sich daher als sehr schwierig. Zudem stellte der sehr hohe Personalaufwand zum Unterhalt der Flottenträger ein Problem dar in Bezug auf die Rentabilität gegenüber Neubauten, das auch in Verbindung mit Umbaukosten und zu erwartender Lebensdauer in Relation gesetzt werden musste. Ein sinnvoller Umbau der Geleitträger erwies sich als noch unzweckmäßiger, obwohl berechnet wurde, dass ein Neubau etwa das Fünffache eines CVE-Umbaus kosten würde. Unter dem Strich erwartete die Navy von einem Neubau auf die Gesamtlebenszeit berechnet doch Einsparungen, dazu die optimale Umsetzung des neuen Konzeptes. Das Ergebnis war ein flugzeugträgerähnliches, sehr voluminöses und vergleichsweise langsames Schiff (»+ 20 Knoten«), ohne Katapulte und Fangseile für konventionelle Flugzeuge (»Iwo Jima«-Klasse).

Etwa parallel mit der Adaptierung der ersten Flottenflugzeugträger erging daher bereits der Bauauftrag für einen ersten LPH-Neubau (ca. 18.300 ts Maximalverdrängung) an die Puget Sound Naval Shipyard in Bremerton, Washington, wo am 2.4.1959 die Kiellegung für das Typschiff LPH-2 »Iwo Jima« erfolgte. Nach dem Stapellauf im September 1960 fand im August 1961 die Indienststellung statt. Bis 1966 wurden sechs weitere Einheiten der Klasse genehmigt, die Indienststellungen erfolgten bis 1970.

Alle Schiffe mit LPH-Klassifikation waren reine Hubschrauberträger, mit der hauptsächlichen Aufgabenstellung, als Teil der amphibischen Flotte Truppen und leichtes Gerät zur Anlandung zu bringen, unterstützt von Landungsschiffen, die mittels wasserverdrängender Boote in der Lage waren, auch Panzer und schweres Gerät anzulanden.

Die Entwicklung des kurz- oder senkrechtstartenden Flugzeuges (V/STOL) bewirkte eine Diskussion um die Verwendung der amphibischen Hubschrauberträger auch als leichte Flugzeugträger. Basierend auf dem in den 1960er Jahren gebauten britischen Hawker Siddeley Harrier, den auch das U.S. Marine

Corps ab 1969 verwendete, entwickelte McDonnell Douglas in den späten 1970er Jahren den AV-8 Harrier II. In der U.S. Navy geisterte bereits Ende der 1960er Jahre das Konzept eines »Sea Control Ship« (SCS) herum, einer Art leichten Flugzeugträgers für Regionen außerhalb schwer bewaffneter Krisenzonen oder beispielsweise zum Geleitschutz von Konvoys. Ein SCS wurde jedoch nie gebaut. Die amphibischen Hubschrauberträger erfüllten aber alle wichtigen Anforderungen dafür, weshalb LPH-9 »Guam« bereits 1971 für diese Aufgabe in der Portsmouth Naval Shipyard ausgerüstet wurde (inklusive CCA Anflugradar); sie führte neben Hubschraubern vom Typ SH-3 Sea King und SH-2 Seasprite auch eine Harrier-Staffel der Marines an Bord. Die Verwendung als leichter Flugzeugträger blieb aber eine Nebenrolle, auch LPH-9 wurde bereits ab 1974 wieder hauptsächlich für klassische amphibische Aufgaben eingesetzt; dennoch führen amphibische Hubschrauberträger auch danach immer wieder Kampfflugzeuge an Bord.

Bereits Mitte der 1960er Jahre begannen die Planungen für eine Serie deutlich größerer Neubauten, den 40.000-ts-Schiffen der »Tarawa«-Klasse. Sie sollten als große Hubschrauberträger zusätzlich mit einem geräumigen Schwimmdock sowie mit amphibischer Frachtkapazität ausgestattet werden, d.h. die Eigenschaften eines LPH mit einem LPD/LSD kombinieren. Als Klassifikation wählte die Navy dafür »LHA« (für »Landing Ship / Helicopter / Assault«). 1969 wurde der Auftrag für fünf Schiffe an Ingalls Shipbuilding vergeben, die erste Kiellegung erfolgte am 15.11.1971, der erste Stapellauf im Dezember 1973 und die Indienststellung im Mai 1976; die weiteren vier Indienststellungen folgten dann bis 1980. Die Größe entsprach etwa der von großen Flottenflugzeugträgen bei Kriegsende.

Bereits seit den 1960er Jahren war beim Marine Corps und der Navy die North American Rockwell OV-10 Bronco im Einsatz, die (in vergleichsweise beschränktem Umfang) auch an Bord von amphibischen Hubschrauberträgern verwendet wurde. Die OV-10 ist ein von zwei Turboprop-Triebwerken angetriebenes leichtes Beobachtungs-, Angriffs- und Transportflugzeug mit Kurzstart- und Landeeigenschaften (STOL).

In den 1980er Jahren wurde dann ein weiterer Flugzeugtyp für das Marine Corps zur umfassenden Verwendung an Bord amphibischer Schiffe entwickelt, die Bell Boeing MV-22 Osprey, ein Kipprotorflugzeug. Das Hauptmerkmal sind hier zwei Rotoren, die ähnlich einem Hubschrauber mit transversalen Rotoren (nebeneinander) ausgestattet sind, allerdings nicht am Rumpf, sondern an Flugzeugtragflächen; dort sind sie mitsamt ihren Triebwerken um die Querachse kippbar montiert. Damit können sie wie ein Hubschrauber mit senkrechten Rotoren landen; für den Reiseflug werden beide Rotoren um etwa 90 Grad nach vorne gekippt. Der Erstflug des Prototyps fand 1989 statt, die serienmäßige Einführung beim Marine Corps begann 2005. Es handelt sich dabei im Unterschied zum Harrier, einem einstrahligen Jagdbomber, in erster Linie um ein Last- und kein Kampfflugzeug. Beim Marine Corps dient es der schrittweisen Ablöse der gängigen großen Transporthubschrauber der Typen CH-46E Sea Knight und CH-53 Sea Stallion. Ab 2014 wurde auch die Eigenbewaffnung deutlich erhöht, es können gelenkte und ungelenkte Raketen (zum Bodeneinsatz) abgefeuert werden.

Um 1980 begann die Planung für eine Folgeklasse für LHA-1–5, den acht Schiffen der »Wasp«-Klasse, mit ähnlichen Größendimensionen, die konstruktiv stark auf der »Tarawa«-Klasse basierte. Aus politischen Gründen, um nach Schwierigkeiten im Kongress mit der Vorgänger-Klasse zu beschwichtigen, wurde dafür die neue Klassifikation »LHD« (für »Landing Ship / Helicopter / Dock«) aus dem Hut gezaubert. Die Schiffe LHD-1–8 haben tatsächlich bessere Dockeinrichtungen (sie sind bereits für die Luftkissen-Landungsboote vom Typ LCAC zugeschnitten), das allein hätte aber keine neue Klassifikation gerechtfertigt. Vielmehr wäre es logischer gewesen, das Vorhandensein eines Dockraums bei beiden Klassen grundsätzlich mit LHD zu würdigen, die Unterscheidung in der Form hatte aber rein politische und keine schiffbaulichen Hintergründe. Zur Bauvergabe der ersten Einheit kam es 1984, Kiellegung am 30.5.1985, der Stapellauf erfolgte am 4.8.1987. Die acht Schiffe wurden zwischen 1989 und 2009 in Dienst gestellt.

Zu Beginn des neuen Jahrtausends erfolgte die Planung für die Nachfolgeklasse mit dem Typschiff USS »America«, mit ca. 45.000 ts nur etwas größer als die beiden Vorgänger-Klassen und mit einer noch stärkeren Betonung auf die fliegerische Komponente, zu Lasten der Dockeinrichtungen. Es wurde dafür wieder die Klassifikation LHA gewählt, anschließend an die fünf Einheiten der »Tarawa«-Klasse, d.h. beginnend mit LHA-6 »America«.

Allerdings fehlte diesem Schiff von Anfang an eine ganz entscheidende amphibische Komponente: es verfügt über keinerlei Dockeinrichtungen, wofür es in der Fachwelt auch Unverständnis und heftige Kritik gab. Vom Konzept her stand die Navy damit nämlich beim amphibischen Hubschrauberträger wieder in den 1950er Jahren, auch wenn sich die fliegerische Komponente seither stark gewandelt hat. Der Bauauftrag für das Typschiff ging 2007 an Huntington Ingalls Industries, die Kiellegung erfolgte am 17.7.2009, der Stapellauf am 4.6.2012 und die Indienststellung am 10.4.2014.

Beginnend mit dem dritten Schiff der Klasse, LHA-8 »Bougainville«, das im März 2019 auf Kiel gelegt wurde, sollen nun doch wieder Dockeinrichtungen eingebaut werden. Die endgültige Zahl der Schiffe, die diese Klasse umfassen wird, ist noch nicht bekannt, wobei sich aber die Frage stellt, ob mit dem Einbau von Dockeinrichtungen nicht eine neue Klasse beginnen muss (was wahrscheinlich der Fall sein wird).

Nur zur grundsätzlichen Verdeutlichung der Größenordnung von Transportkapazitäten hier folgender Vergleich: Ein großer Transporthubschrauber des Marine Corps kommt auf ca. 300 km/h Einsatzgeschwindigkeit und trägt 5 t Innenlast; ein Kipprotorflugzeug vom Typ MV-22 Osprey erreicht deutlich über 500 km/h Einsatzgeschwindigkeit und ca. 9 t Innenlast. Diese Fluggeräte eignen sich damit hervorragend zum schnellen Transport von Soldaten mit voller Kampfausrüstung und wichtigen Nachschubgütern. Ein 25-t-Schützenpanzer oder gar ein 60-t-Kampfpanzer bzw. die wirkliche Masse der Gefechtsfracht kann aber weiterhin nur per Boot angelandet werden, daran wird auch die weitere Entwicklung moderner bordgestützter Flugzeugtypen nichts ändern: ein Luftkissen-Landungsboot (LCAC) kommt immerhin auf 60 bis 75 t Zuladung, ein großes, wasserverdrängendes Landungsboot vom Typ LCU, d.h. das größte Modell, das an Bord von amphibischen Mutterschiffen der U.S. Navy mitgeführt wird, auf 175 bis 200 t Zuladung.

Hatten schon die LPH der »Iwo Jima«-Klasse und alle nachfolgenden Klassen neben den Transporthubschraubern immer wieder auch die senkrechtstartenden Kampfflugzeuge vom Typ Harrier und später die Kipprotorflugzeuge MV-22 Osprey aufnehmen können, sind die neuen LHA der »America«-Klasse auch zur Aufnahme der Lockheed Martin F-35B Lightning II Tarnkappen-Mehrzweckkampfflugzeuge geeignet.

Der hochmoderne Typ F-35 soll in den USA die F/A-18, F-16, F-111, die AV-8B-Harrier-II und diverse ältere Jet-Modelle ersetzen und wurde zudem bereits von etwa einem Dutzend anderer Länder bestellt. Nur die Version F-35B ist ein Kurzstartflugzeug mit Senkrechtlandekapazität (STOVL) und ist, anders als der V/STOL Harrier (0,9 Mach), auch für Überschallgeschwindigkeit konzipiert (1,6 Mach). Ein erstes Flugzeug der F-35B-Version wurde 2009 getestet, die erste senkrechte Landung fand im März 2010 statt. Die Serienproduktion des Flugzeuges begann 2011. Die Version F-35C wird von der Navy seit 2016 auf Flugzeugträgern eingesetzt, ist aber nicht für amphibische Hubschrauberträger geeignet. 2015 meldete das Marine Corps die erste Staffel mit F-35B einsatzbereit. Im September 2018 flogen erstmals F-35B von LHD-2 »Essex« aus Angriffe in Afghanistan.

Die Namensgebung der Schiffe ist ebenfalls interessant. Sie blieb bei den umgebauten Geleit- und Flottenflugzeugträgern auch nach der Umklassifizierung unverändert. Die neugebauten LPH und LHA erhielten Namen von amphibischen Operationen bzw. Einsätzen der Marines aus der US-Geschichte. Die LHD der »Wasp«- und die LHA der »America«-Klasse erhielten dann Namen von ehemaligen Flugzeugträgern bzw. ebenfalls von amphibischen Operationen. Künftige Einheiten der »America«-Klasse sollen verstärkt nach ehemaligen Flottenflugzeugträgern benannt werden, was viel über ihren Wert und ihre Stellung in der Flotte aussagt.

Basierend auf dem amerikanischen Design des amphibischen Hubschrauberträgers haben auch zahlreiche fremde Seestreitkräfte inzwischen solche oder ähnliche Schiffe gebaut bzw. angekauft, z.T. mit dem deutlichen Anspruch, damit einen Flugzeugträger in der Flotte zu haben. Darunter war allerdings kein einziger Export aus den USA, weder in Form ausgemusterter Schiffe noch in Form von Auftrags- oder Lizenzbauten. Gegenwärtig unterhalten folgende Marinen Hubschrauberträger mit amphibischer Kapazität (aufgelistet nach alphabetischer Staatenfolge):

Ägypten besitzt zwei Schiffe der französischen »Mistral«-Klasse, aber ausgelegt auf vorwiegend russische Fluggeräte (die »Gamal Abdel Nasser« und »Anwar El Sadat«, Stapellauf 2013 und 2014); Australien die »Canberra«-Klasse (zwei in Spanien gebaute Schiffe der »Juan Carlos I«-Klasse; Stapelläufe 2011 und 2012, HMAS »Canberra« und HMAS »Adelaide«), Brasilien kaufte 2018 die britische HMS »Ocean« (Stapellauf 1995, brasilianischer Name »Atlântico«); China baut gegenwärtig drei völlig neue amphibische Hubschrauberträger des bereits erwähnten »Typ 075« (erster Stapellauf September 2019); Frankreich hat insgesamt fünf Schiffe der »Mistral«-Klasse gefertigt (»Mistral«, »Tonnerre« und »Dixmude«, Stapelläufe von 2004 bis 2010 für die eigene Marine; zwei weitere Schiffe der Klasse wurden ab 2013 für Russland gebaut, »Wladivostok« und »Sevastopol«, die aber nach der Besetzung der Krim 2014 nicht abgeliefert und schließlich an Ägypten verkauft wurden, siehe oben), Italien baut gegenwärtig die »Trieste« (Stapellauf Mai 2019; sie soll 2022 den leichten Träger »Giuseppe Garibaldi« ablösen); Japan vermeidet zwar den Ausdruck amphibische Hubschrauberträger, besitzt aber mit der »Osumi«-Klasse (drei Schiffe), der »Hyuga«-Klasse (zwei Schiffe) und der »Izumo«-Klasse (zwei Schiffe) sehr wohl leistungsstarke Hubschrauberträger, die auch über amphibische Kapazitäten verfügen; Spanien unterhält die selbst gebaute »Juan Carlos I« (Stapellauf 2009 als Ersatz für das SCS »Príncipe de Asturias«); Südkorea hat zwei selbst gebaute amphibische Hubschrauberträger (Indienststellungen 2018 und 2020), weitere Schiffe der Klasse sind geplant; die Türkei baut seit 2015 den Hubschrauberträger »Anadolu«, basierend auf der spanischen »Juan Carlos I«-Klasse, Stapellauf geplant 2020.

Insgesamt ist festzuhalten, dass sich der Typ des amphibischen Hubschrauberträgers bewährt hat und inzwischen, zusammen mit den LPD und LSD, auch in der vorhersehbaren Zukunft für die nächsten Jahrzehnte das Rückgrat der amphibischen Flotte bilden wird. Aufgrund der technischen Entwicklung im Bereich des Flugwesens ist der amphibische Hubschrauberträger heute aber auch in der Lage, immer mehr Aufgaben eines klassischen Flugzeugträgers zu übernehmen, kombiniert mit allen klassischen Aufgaben eines Landungsschiffes.

5.4.1. Amphibische Hubschrauberträger (CVHA)

5.4.1.1. Thetis Bay (CVHA-1)

CVHA-1 Thetis Bay, ex CVE-90, später LPH-6	Bauwerft	Kaiser Shipbuilding in Vancouver, Wa. (als CVE-90)
	Stapellauf	16.3.1944
	Wasserverdrängung	7800 ts (10.866 ts)
	Abmessungen (LxBxT)	156,1 (152,7) x 32,9 (19,6) x 6,1 m
	Antrieb	4 Kolbendampfmaschinen, 9000 PS, 2 Wellen
	Geschwindigkeit	19 kn
	Bewaffnung	16 x 40 mm

Schiffserkennung: Geleitflugzeugträger, kleine, schmale Insel an Steuerbord im weit vorderen Bereich (mit hohem Mast), vier unscheinbare, nach außen gebogene Rauchabzüge an den Seitenwänden; Bug- und Heck vom rechteckigen Flugdeck vorstehend, letzteres besonders stark abgesenkt; leicht gebogener Vorsteven, Spiegelheck.

Klassenbeschreibung: Kleiner Geleitflugzeugträger (Escort Aircraft Carrier) der »Casablanca«-Klasse. Mit etwa 50 gebauten Einheiten, die zwischen 1942 und 1944 in Dienst kamen, war es die zahlenmäßig stärkste Klasse von US-Flugzeugträgern.

Am 16.3.1944 vom Stapel gelassen und bereits am 21.4.1944 in Dienst gestellt, verbrachte CVE-90 »Thetis Bay« den Kriegseinsatz im Pazifik und war dabei hauptsächlich mit dem Transport von Flugzeugen beschäftigt. Am 7.8.1946 außer Dienst gestellt und in Bremerton, Wa., bei der Reserveflotte aufgelegt. Der Geleitträger wurde für den Umbau zum ersten amphibischen Hubschrauberträger der U.S. Navy ausgewählt. Bereits am 8.6.1954 wurde mit der San Francisco Naval Shipyard der Vertrag zum Umbau unterzeichnet, das Schiff aber erst im Mai 1955 dorthin geschleppt.

Der Umbau selbst dauerte bis 1.9.1956 und war keineswegs so umfassend, wie man annehmen könnte. Er beinhaltete eine Verkürzung des Flugdecks achtern, der dortige Aufzug wurde erweitert, um auch große Transporthubschrauber aufnehmen zu können. Insgesamt konnten etwa 20 Hubschrauber untergebracht werden. Die Aufnahmekapazität für Truppen wird mit 1000 Mann angegeben, was doch sehr hoch erscheint; entsprechende Unterkünfte wurden vorwiegend im vorderen

LPH-6 »Thetis Bay« (ex CVHA-1) mit neuer Decksmarkierung im Panamakanal 1963.

CVHA-1 »Thetis Bay« in einer Luftaufnahme vom 17.11.1956. Eingeklinkt: Probefahrten in der San Francisco Bay am 15.8.1956.

Schiffsbereich geschaffen. Die Eigenbewaffnung wurde auf acht doppelte 40-mm-Flakgeschütze reduziert, die im Bereich der Ecken des Flugdecks platziert waren.
Genau einen Monat nach offiziellem Umbaubeginn, am 1.7.1955, wurde CVE-90 auf die neue Kennung CVHA-1 umklassifiziert. Mit dieser Kennung erfolgte die Wiederindienststellung am 20.7.1956. Das Schiff führte dann einige Zeit die volle Buchstabenkennung »CVHA«, aufgemalt am Flugdeck, und die »1« auf der Insel.

Einsatz/Verbleib: Indienststellung für die Navy als CVE 1944 (Außerdienststellung 1946) und als CVHA-1 am 20.7.1956. Danach als eine Art Testschiff für das Vertical Assault-Konzept verwendet, ab 1959 für reguläre Einsatzfahrten, zuerst im Westpazifik, danach im Atlantik.
Am 28.5.1959 wurde das Schiff in die bereits seit 1957 existierende Klassifikationsreihe LPH (als LPH-6) eingereiht. Am 1.3.1964 außer Dienst gestellt und 1966 abgebrochen.

CVHA-1 »Thetis Bay« auf einer Aufnahme vom 1.4.1958. Eingeklinkt: CVHA-1 »Thetis Bay« übers Heck aufgenommen in der San Francisco Bay am 15.8.1956.

5.4.2. Amphibische Hubschrauberträger (LPH)

5.4.2.1. Block Island (LPH-1)

LPH-1 Block Island, ex CVE-106 (ex Sunset Bay); Umbau 1958 storniert	Bauwerft	Todd Pacific Shipyards Corp. in Tacoma, Wa.
	Stapellauf	10.6.1944
	Wasserverdrängung	10.900 ts (24.100 ts)
	Abmessungen (LxBxT)	169,9 x 32,1 (22,9) x 8,5 m
	Antrieb	2 Dampfturbinen (4 Kessel), 16.000 PS, 2 Wellen
	Geschwindigkeit	19 kn
	Geschwindigkeit	16 x 40 mm

Schiffserkennung: Geleitflugzeugträger; kleine, schmale Insel an Steuerbord im weit vorderen Bereich (mit hohem Mast), vier unscheinbare, nach außen gebogene Rauchabzüge an den Seitenwänden; Bug und Heck vom rechteckigen Flugdeck vorstehend, leicht geschwungener Vorsteven, geschwungenes Heck mit Schwalbennestern.

Klassenbeschreibung: Als Geleitflugzeugträger CVE-106 »Sunset Bay« am 10.6.1944 vom Stapel gelaufen und am 30.12.1944 in »Block Island« umbenannt (in Erinnerung an den am 29.4.1944 von U 549 versenkten Geleitträger gleichen Namens); am 30.12.1944 in Dienst gestellt. Das Schiff gehörte zur »Commencement Bay«-Klasse, die vom Rumpf her auf einem T3-Tanker basierte, mit 18.908 ts (maximal) wesentlich größer war als die CVE der »Casablanca«-Klasse und sich schon deshalb scheinbar besser für einen Umbau zum amphibischen Träger anbot.

CVE-106 »Block Island« war, nach Kriegseinsatz im Pazifik, Anfang 1946 zur Atlantikflotte verlegt und dort im Mai 1946 außer Dienst gestellt worden. Im Zuge des Koreakrieges wurde sie am 28.4.1951 reaktiviert, blieb aber im Atlantik und wurde dort am 27.8.1954 in Philadelphia erneut außer Dienst gestellt. Am 22.12.1957 erfolgte die Umklassifizierung auf die neue Kategorie LPH-1. Am 2.1.1958 begann in der Philadelphia Naval Shipyard offiziell der Umbau zum amphibischen Hubschrauberträger. Die Navy haderte aber damals bereits grundsätzlich mit der mangelnden Eignung der CVE zum Umbau und stellte diesen Umbau schon im Juni 1958 wieder ein, ohne dass das Schiff jemals als amphibischer Hubschrauberträger im Dienst gestanden wäre.

Einsatz/Verbleib: Im aktiven Dienst für die Navy 1944–1946 und 1951–1954 als CVE, die Indienststellung als LPH-1 ist dagegen nie erfolgt. Das Schiff wurde am 17.2.1959 auf CVE-106 rückklassifiziert, am 1.7.1959 aus dem NVR gestrichen und 1960 abgebrochen.

CVE-106 »Block Island« auf einer Luftaufnahme im Sommer 1953. Das Schiff wurde am 22.12.1957 auf LPH-1 umklassifiziert, der Umbau aber im Juni 1958 storniert.

5.4.2.2. Iwo Jima-Klasse (LPH-2, 3, 7, 9–12)

LPH-2 Iwo Jima LPH-3 Okinawa LPH-7 Guadalcanal LPH-9 Guam LPH-10 Tripoli LPH-11 New Orleans LPH-12 Inchon, umklassifiziert als MCS-12	Bauwerften (3)	- Pudget Sound Naval Shipyard in Bremerton, Wa.: LPH-2 - Philadelphia Naval Shipyard in Philadelphia, Pa: LPH-3, 7, 9, 11 - Ingalls Shipbuilding in Pascagoula, Miss: LPH-10, 12
	Stapelläufe	17.9.1960 – 24.5.1969
	Wasserverdrängung	11.000 ts (18.300 ts)
	Abmessungen (LxBxT)	183,6 (169,5) x 31,7 (26,0) x 7,9 m
	Antrieb	Dampfturbinen (2 Kessel), 22.000 PS, 1 Welle
	Geschwindigkeit	22 kn
	Bewaffnung	4 x 76 mm, 2 Sea Sparrow BPDMS, später 2 Phalanx CIWS

Schiffserkennung: Hubschrauberträger, voluminöser Gesamteindruck, große Inselaufbauten an Steuerbord mittschiffs, darauf ein kurzer Schornstein und vor diesem ein großer Mast; durchgehendes Flugdeck, im Bugbereich gerundet; markante Seitenaufzüge Backbord vor der Insel und Steuerbord dahinter; leicht geknickter Vorsteven, markantes Spiegelheck in breiter V-Form.

Klassenbeschreibung: Neben den Umbauversionen aus drei vorhandenen Träger-Klassen beschäftigte sich die Navy bald auch parallel mit der Frage von völligen Neubauten, obwohl diese wesentlich teurer waren. Die Autorisierung des Typschiffes dieser neuen Klasse, LPH-2 »Iwo Jima«, erfolgte im FY 1958, bis zum FY 1966 wurden insgesamt sieben Bauaufträge vergeben. Die Lücken in der Klassifikation erklären sich mit den gleichzeitig laufenden Umbauprojekten von Geleit- und Flottenträgern.

Der Hubschrauberhangar reichte über die gesamte Schiffsbreite und war ca. 70 m lang und 6,5 m hoch, er reichte dabei von der Vorderkante des Backbord- bis zur Achterkante des Steuerbord-Aufzuges, der auf 22,7 t Last ausgelegt war. Wie auf vielen Fotos deutlich sichtbar, ist der Steuerbord-Aufzug klappbar, um engere Durchfahrten zu ermöglichen. Die Klasse war in der Lage, 20 bis 25 Helikopter unterzubringen. Eine typische Zusammenstellung während der Dienstzeit war z.B.: vier CH-53 Sea Stallion, zehn CH-46 Sea Knight, vier H-1 Sea Cobra, zwei AH-1 Huey Cobra plus einige Kuriermaschinen und einige Hilfsdienst-Hubschrauber der Navy. Der Mix wechselte aber ständig. Dazu kamen bis zu 2000 Mann an Landungstruppen sowie das für den Lufttransport vorgesehene Gerät. Die Eigenbesatzung betrug 47 Offiziere und 605 Mannschaften, eine für damalige Verhältnisse relativ geringe Zahl, nicht zuletzt wegen einer schon stark automatisierten Maschinenanlage. Es handelt sich um einen reinen Hubschrauberträger ohne Dockeinrichtungen und ohne zusätzliche Landungsboote.

Die Maschinenanlage war in der Form von Anfang an umstritten, Dampf-Getriebeturbine mit zwei Kesseln auf einer Welle für 22–23 Knoten (das Marine Corps hätte gerne 25 Knoten gehabt). Die Eigenbewaffnung bestand bei Indienststellung auf allen Schiffen aus vier 76-mm-Mk 33-Doppellafetten, zwei vor der Insel, zwei am Heck, unterhalb des Flugdecks. In

LPH-12 »Inchon« vor Vietnam im Juni 1973, mit sechs CH-46D, sieben CH-53 und einem UH-1 Hubschrauber.

LPH-3 »Okinawa« am 14.10.1981; man beachte das für die Klasse typische Heck.

den 1970er Jahren wurden sie gegen zwei Starter für Nahbereich-Lenkwaffen vom Typ RIM 7 Sea Sparrow ausgetauscht. In den 1980er Jahren folgte die Ausrüstung mit zwei Phalanx CIWS, die jedoch nicht überall in gleicher Weise stattfand, z.T. unter Verlust einer Sea Sparrow-Anlage.
Der Typ des amphibischen Hubschrauberträgers ist sehr vielseitig verwendbar. Das zeigte sich besonders gut an dieser Klasse, wie z.B. in der Verwendung von LPH-9 als Sea Control Ship (SCS) ab 1971. LPH-9 erhielt dann 1973/74 auch eine U-Abwehrzentrale (ASAC; Anti Submarine Classification and Analysis Center); amphibische Hubschrauberträger können natürlich auch U-Jagdhubschrauber aufnehmen.
Und schließlich sei noch eine weitere Verwendungsmöglichkeit der fliegerischen Komponente der LPH genannt, die Minensuche. So wurde erstmals LPH-7 »Guadalcanal« 1987 im Persischen Golf mit acht Minensuch-Hubschraubern vom Typ RH-53D ausgestattet, als die Navy schmerzlich feststellen musste, dass sie klassische Minensucher bezüglich Typ und Anzahl lange Zeit sträflich vernachlässigt hatte. Der Einsatz von Minensuch-Hubschraubern ist natürlich auch im Zuge amphibischer Operationen sinnvoll. Mehrere amphibische Hubschrauberträger agierten später als Mutterschiffe für Minensuch-Hubschrauber (und bei Dockkapazität auch für kleine Minensuchboote; Hubschrauber eignen sich gut zur Minensuche, aber nicht besonders gut für die Räumung tieferliegender Minen).

Ein AV-8A Harrier auf LPH-9 »Guam« 1972 (während der Verwendung als Sea Control Ship).

LPH-10 »Tripoli« auf einer Luftaufnahme; man beachte das gerundete Deck im Bugbereich.

Und schließlich eignet sich der Schiffstyp darüber hinaus sehr zur Aufnahme von Stabs- und Kommandoeinrichtungen; die vorhandenen Einrichtungen der »Iwo Jima«-Klasse reichten aber nicht annähernd an die nachfolgende »Tarawa«-Klasse heran.

LPH-12 »Inchon«, die letzte Einheit der »Iwo Jima«-Klasse, wies einige besonders erwähnenswerte Abweichungen zu ihren sechs Schwesterschiffen auf. Sie besaß nur ein Brückendeck (statt zwei) und ist daher erkennungstechnisch leicht unterscheidbar, zudem verfügte sie über eine Mitnahmemöglichkeit für zwei Landungsboote vom Typ LCVP, gegenüber der völlig fehlenden Kapazität der Landungsboot-Aufnahme bei den Schwesterschiffen. Man kann diese geringfügige Modifizierung schon als ersten Schritt für die weitere Entwicklung hin zum Mehrzweckschiff interpretieren, denn schon in der nächsten Klasse wurden amphibische Träger umfangreich mit Landungsbooten ausgestattet.

LPH-12 »Inchon« in den 1970er Jahren; man beachte die einzelne Brückenfensterreihe, die es nur auf diesem Schiff der Klasse gab. Eingeklinkt: LPH-12 »Inchon« beim Abfeuern einer Sea Sparrow-Rakete in den frühen 1980er Jahren.

LPH-11 »New Orleans« beim Einlaufen in San Diego am 16.6.1988, Backbordseite.

LPH-2 »Iwo Jima« am 30.4.1979 an der US-Ostküste mit CH-46 und CH-53 Helikoptern.

Einsatz/Verbleib: Indienststellungen für die Navy als LPH von August 1961 bis Mai 1969. Intensive Einsatzfahrten in der Zeit des Kalten Krieges. Umfangreiche SLEP-Maßnahmen waren nie geplant, allein schon, da die Maschinen durch die intensive Verwendung sehr abgefahren waren.

Nach Außerdienststellung 1992 bis 2002 blieben die Schiffe nur kurz in Reserve: LPH-2 wurde im Juli 1993 außer Dienst gestellt (verschrottet), LPH-3 im Dezember 1992 außer Dienst (und 2002 als Zielschiff versenkt), LPH-7 im August 1994 außer Dienst (2005 als Zielschiff versenkt), LPH-9 im August 1998 außer Dienst (2001 als Zielschiff versenkt), LPH-10 im September 1995 außer Dienst (noch als mobile Startplattform für ballistische Raketen verwendet und erst 2018 abgebrochen), LPH-11 im Oktober 1997 außer Dienst (2010 als Zielschiff versenkt) und LPH-12 stellte schließlich im Juni 2002 außer Dienst (2004 als Zielschiff versenkt).

5.4.2.3. Boxer-Klasse (LPH-4, 5, 8)

LPH-4 Boxer, ex CV-21, CVA-21, CVS-21 LPH-5 Princeton, ex CV-37 (ex Valley Forge), CVA-37, CVS-37 LPH-8 Valley Forge, ex CV-45, CVA-45, CVS-45	Bauwerften (2)	- Newport News Shipbuilding in Newport News, Va; LPH-4 (als CV-21) - Philadelphia Naval Shipyard in Philadelphia, Pa; LPH-5, 8 (als CV-37, 45)
	Stapelläufe	14.12.1944, 8.7.1945 und 18.11.1945
	Wasserverdrängung	27.000 ts (37.000 ts)
	Abmessungen (LxBxT)	271 x 35 (28.3) x 9,4 m
	Antrieb als CV	Dampfturbinen (8 Kessel CV), 150.000 PS, 4 Wellen (Maschine als LPH teilweise stillgelegt)
	Geschwindigkeit	32,5 kn als CV (+ 25 kn als LPH)
	Bewaffnung	6 bis 8 x 127 mm (Doppeltürme)

Schiffserkennung: Ehemaliger Flottenflugzeugträger, große Insel im Bereich mittschiffs bzw. leicht davor; darauf ein kurzer Schornstein und vor diesem ein hoher Mast; 12,7-cm-Doppeltürme vor und hinter den Inselaufbauten, ein Seitenaufzug an Backbord, knapp vor der Schiffsmitte; Bug und Heck leicht über das rechteckige Flugdeck vorstehend; scharfer Bug, geschwungenes Heck mit ausgreifender Galerie.

Klassenbeschreibung: Der Umbau der 38.000 ts großen Flottenflugzeugträger der »Essex«-Klasse zu amphibischen Trägern bot sich an, schienen sie doch wesentlich preisgünstiger dafür zu sein als Neubauten. Die meist gegen Kriegsende vom Stapel gelaufenen Träger waren außerdem aufgrund technischer Neuentwicklungen nur mehr mit aufwändigen Umbauten (inklusive Schrägdeck) in einer modernen Flotte zu halten, d.h. ein Umbau entzog der Navy keinen dringend benötigten Träger. Ursprünglich wurde ein sehr großzügiger Umbau zu amphibischen Hubschrauberträgern angedacht, die tatsächlich durchgeführten Maßnahmen waren gemäßigter.
Die gewaltige Maschinenanlage stellte von Anfang an ein Problem dar, weshalb man vier Kessel und zwei Turbinen entfernen wollte, was aber mit so hohem Aufwand und Kosten verbunden war, dass man letztlich nur das Stilllegen eines Teils der Anlage für sinnvoll hielt. Als aufwändig erwiesen sich auch geplante Veränderungen im Hangarbereich, wie das Einziehen eines zweiten Decks im vorderen Bereich unter Entfernung eines Aufzugs. Ein sinnvoller Totalumbau wurde jedenfalls von der Navy mit mindestens 25 Millionen Dollar veranschlagt, ein Neubau mit 40 Millionen. Kalkulierte man nun die voraussichtliche Lebenszeit ein, kühlte die Unterstützung für Umbauten ehemaliger Flottenträger für die amphibische Verwendung doch sehr rasch ab.

LPH-4 »Boxer« Mitte ca. 1965, mit sechs UH-34 Sea Horse im Formationsflug. Das Schiff ist noch mit vier Doppeltürmen 12,7 cm ausgerüstet.

Flugbetrieb auf LPH-4 »Boxer« am 8.3.1959 mit HUS-1 Hubschraubern in der Karibik; man beachte den Innenaufzug am Deck.

LPH-5 »Princeton« bei der Aufnahme von Apollo 10 im Mai 1969 (mittels Kran).

Vier ehemalige Flottenflugzeugträger der »Essex«-Klasse, Stapellauf 1944/45, wurden für den Umbau zum amphibischen Träger ausgewählt, die alle bereits als U-Jagd-Flugzeugträger mit CVS klassifiziert waren (das »S« stand für »Submarine«; die ursprüngliche Klassifikation als Flottenträger war CV. In den 1950er Jahren war diese in der Navy auf CVA geändert worden, das »A« stand für »Attack«). Diese vier Träger waren CVS-21 »Boxer«, CVS-37 »Princeton«, CVS-39 »Lake Champlain« und CVS-45 »Valley Forge«. Der Umbau von CVS-39 wurde storniert, das Schiff auch nie für den Zweck umklassifiziert.

Um Verwechslungen zu vermeiden, sei noch darauf hingewiesen, dass CV-37 ursprünglich unter dem Namen »Valley Forge« gebaut worden war und am 21.1.1944 in »Princeton« umbenannt wurde, in Erinnerung an den am 24.10.1944 durch japanische Flugzeuge versenkten leichten Flugzeugträger CVL-23 »Princeton«. Dafür erhielt später ein anderer Träger den Namen »Valley Forge«, nämlich CV-45.

CVS-21, 37 und 39 wurden dagegen unter Verlust ihrer Laufnummern als Flugzeugträger auf LPH-4, 5 und 8 umklassifiziert; das geschah am 30.1.1959, 2.3.1959 und am 1.7.1961.

Die Maschine wurde soweit reduziert, dass sie nur noch 25 Knoten laufen konnte, was etwa der Stilllegung der halben Anlage entsprach.

Etwa 30 Helikopter konnten aufgenommen werden: 10 Sikorsky HR-2S wurden im Hangar untergebracht, an Deck war Platz für etwa 20 parkende Maschinen und dazu noch ausreichend Raum für den Flugbetrieb. Ein Truppenkontingent von nur ca. 330 Mann war routinemäßig an Bord, kurzfristig konnten aber etwa bis zu 1800 dazukommen.

Die ursprüngliche Eigenbewaffnung von bis zu 12 Geschützen Kaliber 12,7 cm L/38 wurde auf den Schiffen deutlich reduziert, allerdings uneinheitlich (meist auf sechs Geschütze 12,7 cm), ebenso die leichte Flak; Flugkörper waren dagegen nie an Bord.

LPH-5 »Princeton«, Seitenansicht (bei Aufnahme von Apollo 10 im Mai 1969).

LPH-8 »Valley Forge« unterwegs in pazifischen Gewässern 1968.

Nach der Umklassifizierung auf LPH (ab 1959) gab es nur relativ kurze Werftaufenthalte von einigen Monaten, in denen die Umbauten zu amphibischen Hubschrauberträgern durchgeführt wurden. Allerdings unterliefen später alle drei Schiffe Anfang der 1960er Jahre mehrmonatige Umbauten im Rahmen des FRAM-Programms als LPH.

Einsatz/Verbleib: Indienststellungen für die Navy als CV am 16.4.1945 (CV-21), 18.11.1945 (CV-37) und 3.11.1946 (CV-45); alle drei wurden zwischen 1959 und 1961 von CVS auf LPH umklassifiziert (ohne Außerdienststellungen dazwischen).
Als LPH waren die Schiffe durchschnittlich etwa ein Jahrzehnt im aktiven Dienst als amphibische Hubschrauberträger: LPH-4 »Boxer« diente im Bereich Atlantik, bevor sie 1969 außer Dienst gestellt und am 1.12.1969 von der Navy-Liste gestrichen wurde (1971 abgebrochen); LPH-5 »Princeton« war im pazifischen Bereich eingesetzt, wurde 1970 außer Dienst gestellt und am 30.1.1970 von der Navy-Liste gestrichen (1971 abgebrochen); LPH-8 »Valley Forge« war ebenfalls im pazifischen Bereich eingesetzt, ebenfalls inklusive Vietnam-Einsatz, stellte am 15.1.1970 außer Dienst und wurde am gleichen Tag aus der Navy-Liste gestrichen (1971 abgebrochen).

LPH-8 »Valley Forge«, ca. 1961–1962, Decksaufnahme mit 12,7-cm-Geschützturm und HUS-1 Helikopter.

5.4.2.4. Thetis Bay (LPH-6, ex CVHA-1)

LPH-6 Thetis Bay, ex CVE-90, ex CVHA-1

Siehe Kapitel 5.4.1.1. Thetis Bay.

5.4.3. Amphibische Mehrzweckschiffe (LHA)

5.4.3.1. Tarawa-Klasse (LHA-1–5)

LHA-1 Tarawa LHA-2 Saipan LHA-3 Belleau Wood LHA-4 Nassau LHA-5 Peleliu (ex »Da Nang«)		
	Bauwerft	Ingalls Shipbuilding in Pascagoula., Miss.
	Stapelläufe	1.12.1973 – 25.11.1978
	Wasserverdrängung	25.120 ts (39.400 ts)
	Abmessungen (LxBxT)	254,2 (237,1) x 40,2 (32,2) x 7.9 m
	Antrieb	Dampfturbinen (2 Kessel), 70.000 PS, 2 Wellen
	Geschwindigkeit	24 kn
	Bewaffnung	ursprünglich 3 x 127 mm; 2 Sea Sparrow BPDMS (später Phalanx CIWS) und später 2 RAM Startanlagen

Schiffserkennung: Hubschrauberträger, voluminöser Gesamteindruck, langgezogener Knick im vorderen Bereich der Bordwand, große, recht glatte Inselaufbauten an Steuerbordseite mittschiffs bzw. leicht dahinter, darauf zwei kurze Schornsteine und zwei Masten; durchgehendes Flugdeck, weitgehend rechteckig, aber an den vier Kanten (durch Platzbedarf für diverse Waffensysteme) eingeknickt, ein Seitenaufzug an Backbord hinter der Insel und ein Heckaufzug; Flugdeck reicht im Bugbereich über die Wasserlinie, mit breitem Abschluss, im Heckbereich bis zur Konstruktionswasserlinie; geschwungener Vorsteven, flaches Heck mit ausklappbarer Rampe im Dockbereich.

Klassenbeschreibung: Das »Large General Purpose Amphibious Assault Ship«, so die ursprüngliche Planungsbezeichnung für diese ca. 40.000 ts großen Kriegsschiffe, vereinigt in sich die Eigenschaften fast aller bisher beschriebenen amphibischen Spezialschiffe und kann darüber hinaus für Aufgaben herangezogen werden, die weit außerhalb der amphibischen Kriegsführung liegen. Die Beschreibung der Klasse fällt daher dementsprechend komplex aus. Viele der Aussagen über ihre Einsatzverwendungsmöglichkeiten, wie als Flugzeugträger, Lazarett- oder Kommandoschiffe, gelten auch für die Folgeklassen amphibischer Hubschrauberträger.

LHA-1 »Tarawa« im Pazifik, aufgenommen am 11.11.2007; achtern vier AV-8B Harrier.

Der Bau des Typschiffs LHA-1 »Tarawa« fällt in die Zeit des Vietnam-Krieges und wurde mit Mitteln aus dem FY 1969 autorisiert, je zwei weitere Schiffe entstanden in den beiden Folgejahren. Die gesamte Klasse, die aus neun Schiffen hätte bestehen sollen, war geschlossen zum Bau bei Ingalls Shipbuilding vorgesehen, im Rahmen des »Total Package Systems« als neuem Vergabekonzept, das Geld sparen sollte, aber auch viele negative Effekte durch Monopolstellungen einzelner Konzerne schuf. Am 20.1.1971 wurde die Stornierung des Baus der vier letzten Einheiten (LHA-6–9) bekanntgegeben. Trotz Nutzung der Serienproduktion und Sektionsbauweise litt der Bau bald unter explosionsartigem Anstieg der Kosten, das gesamte Programm verzögerte sich etwa um drei Jahre und belief sich schließlich auf das Doppelte der ursprünglich veranschlagten Mittel. Mehrere nachfolgende Versuche der Nachbeschaffung einer Einheit der Klasse, bis hin zum FY 1983, waren nicht erfolgreich, denn der Kongress war auf die LHA-Neubauten nicht gut zu sprechen.

Die Namen der Schiffe bezeichnen Einsatzorte der Marines bzw. Navy und wechselten bei LHA-3–5 in der Planungs- und Bauphase verwirrend oft: LHA-3 »Bellau Wood« (ex »Philippine Sea«), LHA-4 »Nassau« (ex »Boxer«, ex »Leyte Gulf«), LHA-5 »Peleliu« (ex »Da Nang«, ex »Princeton«, ex »Khe Sanh«). Es ist nicht ganz klar dokumentiert, welche dieser ex-Namen wirk-

LHA-1 »Tarawa«. Heckaufnahme vor Kuwait am 12.2.2003, Dock geflutet; an Deck AV-8B Harrier, in der Luft ein CH-53E Super Stallion und im Wasser LCU-1686, voll beladen.

lich amtlich vergeben waren, verbürgt ist die amtliche Umbenennung von »Da Nang« auf »Peleliu« am 15.2.1978; alle Namensänderungen fanden vor den Stapelläufen statt.

Das Design und Operationskonzept dieser großen amphibischen Mehr- oder Allzweckschiffe ist extrem vielfältig und in bisher bestehende Kategorien nicht einordenbar. Die Truppenkapazität liegt bei regulär ca. 1900 Mann, die mit kompletter Ausrüstung und inklusive schwerem Gerät aus der Luft und über See angelandet werden können. Aber auch die Ähnlichkeit mit Flugzeugträgern ist nicht nur äußerlich gegeben, obwohl es die U.S. Navy stets peinlichst vermied, sie als solche zu bezeichnen. Es besteht aber kein Zweifel, dass man aufgrund eines durchgezogenen Flugdecks, Flugzeugaufzügen, vollwertigen Hangareinrichtungen und einer permanenten Aufnahmefähigkeit von etwa 40 Fluggeräten in jedem anderen Land von einem Flugzeugträger gesprochen hätte. Da die Navy aber im Kalten Krieg ihre Rüstung rhetorisch eher bescheiden gestalten wollte – und dabei natürlich auch die Zahl ihrer Flugzeugträger – definierte sie letztere über das Vorhandensein von Katapulten für konventionelle Radflugzeuge, die auf diesen Schiffen nicht vorhanden waren.

Das Flugdeck der »Tarawa«-Klasse ist ziemlich genau 250 m lang und bis zu 40 m breit. Die Mischung der Typen von Hubschraubern und Flugzeugen ist sehr variabel, bei rein amphibischer Aufgabenstellung konnten z.B. 38 mittelschwere Transporthubschrauber vom Typ CH-46 Sea Knight mitgeführt werden, von denen jeder etwa 25 Mann transportieren kann. Bei der Verwendung als leichter Flugzeugträger (Sea Control Ship) bestünde ein typischer Mix aus 20 senkrechtstartenden Kampfflugzeugen AV-8B Harrier II, vier bis sechs U-Jagdhub-

LHA-2 »Saipan« auf einer Luftaufnahme des Jahres 2004. Vorne ein Hubschrauber vom Typ AH-1Z Viper, dahinter drei CH-46 Sea Knight. Die leeren Plattformen am Vorschiff trugen ursprünglich Geschütze.

LHA-4 »Nassau« auf einer Luftaufnahme vom 19.11.2007.

LHA-3 »Belleau Wood« am 7.7.2004 vor Kuwait; ein LCU läuft in das geflutete Dock.

schraubern SH-60B Seahawk und dazu, wie üblich, einigen Kuriermaschinen und Hilfsdienst-Hubschraubern der Navy, inklusive SAR etc.

Der Hangar hatte eine Länge von 81,7 m und war 23,8 m breit sowie 6,5 m hoch, ausgelegt für 30 CH-46 Sea Knight (mit zwei Rotoren) oder 16 der großen CH-53 Sea (ein Rotor). Es gab zwei Flugzeugaufzüge, einen kleinen Seitenaufzug achtern und einen großen, nach hinten offenen Innenaufzug am Heck, geeignet für alle Typen. 1232 ts Flugbenzin (JP-5) konnten mitgeführt werden, die Leitung des Flugbetriebs befand sich im Bereich der großen Insel (dort ganz achtern).

Auf eine Skisprungschanze (»Ski Jump«), die zur besseren Ausnützung der Kapazität der V/STOL-Flugzeuge verwendet wird, wurde verzichtet, auch nachdem sich dieses System in der Royal Navy auf den kleinen Flugzeugträgern der »Invincible«-Klasse gut bewährt hatte. Der Grund liegt darin, dass die U.S. Navy dem Erhalt großer Parkflächen für die Helikopter Priorität einräumte, vor der besseren Ausnutzung der Harrier-V/STOL im Flugbetrieb.

Diese Schiffe sind nicht nur fast vollwertige Flugzeugträger, sondern auch vollwertige Docklandungsschiffe, die mit 12.000 ts Seewasser geflutet werden können. Der Dockraum hatte Abmessungen von 81,7 m Länge und 23,8 m Breite, er liegt also größenordnungsmäßig über einem LPD, aber unter einem LSD. Zur Verdeutlichung: er hatte die gleiche Größe wie der direkt darüber liegende Hangar. Vier der großen Landungsboote des Typs LCU konnten darin aufgenommen werden und mit voller Zuladung von je 150 t darin aufschwimmen (d.h. mit jeweils bis zu drei Kampfpanzern); alternativ waren beliebige Ladungsmischungen möglich, wie z.B. 17 LCM-6 (mit je 34 t Zuladung). Zusätzlich wurden zwei kleine Landungsboote als Decksladung mitgeführt (im Bereich der Insel achtern) und per Kran versorgt.

In einem geräumigen Fahrzeugdeck fanden etwa 40 Schwimmpanzer vom Typ LTVP-7 Platz. Vor dem Dock bzw. Hangar erstreckten sich die Parkdecks für etwa 200 Fahrzeuge, die über Rampen vom Dockraum bis aufs Flugdeck fahren konnten.

Ein schweres konstruktives Handicap war dagegen die Größe der neuen Luftkissen-Landungsfahrzeuge des Typs LCAC, die in der Planungsphase noch keine Rolle gespielt hatten. Der Dockraum war nämlich über Zweidrittel der Länge in der Mitte zweigeteilt und ganz auf die LCU zugeschnitten. Diese Trennwand in der Mitte konnte man aber nicht einfach entfernen, da sie zentrale Elemente der Versorgung der Landungsboote beinhaltete, inklusive Frachtaufzüge. Fünf Aufzüge in Kiellinie gingen vom unter dem Dock liegenden Frachtraum nach oben und auch die 11 Laufkrane an der Decke des Dockraumes waren ganz auf diese ausgerichtet. Erst die »Wasp«-Klasse war konstruktiv nicht mehr auf die LCU, sondern ganz auf den Typ LCAC zugeschnitten.

Für lokale Bordmanöver der Marines stand ein vollklimatisier-

LHA-5 »Peleliu«. Seitenansicht Backbord, aufgenommen vor Kalifornien am 20.3.2010.

ter Raum mit 465 Quadratmetern zur Verfügung, in dem im Wüsten- oder Polarklima geübt werden konnte. Unmittelbar davor lag ein Bordlazarett mit 300 Betten; im Bedarfsfall sollte der Manöverraum zusätzlich zum Verbandsplatz bzw. Notlazarett umfunktioniert werden. Der Typ LHA diente nämlich auch als Lazarettschiff eines ganzen Verbandes, auf das Verwundete zentral eingeflogen werden sollten.

Eine ganz wichtige Eigenschaft der LHA bestand zudem in ihrer Ausrüstung als Kommandoschiffe; sie ersetzten im amphibischen Bereich diesen Spezialtyp weitgehend ebenfalls. Sowohl die Einrichtungen zur Führung eines amphibischen Verbandes auf See (Commander Amphibious Task Group) als auch der amphibischen Operation selbst waren vorhanden (Landing Force Commander). Diese Einrichtungen stellen u.a. die sinnvolle Verteilung von Landungsbooten, Hubschraubern, Fracht und Nachschub sicher und leiten darüber hinaus die Identifizierung von Zielen und die Zuweisungen zu deren Bekämpfung. Das Zauberwort dafür heißt ITAWDS (Integrated Tactical Amphibious Warfare Data System), die Kommandoeinrichtungen sind im voluminösen Inselbereich untergebracht. In beschränktem Umfang war auch die Verwendung als Leitschiff für Jagd- und Kampfflugzeuge möglich.

Die Eigenbewaffnung war relativ umfangreich, inklusive Artillerie in Form von drei 12,7 cm L/54 des Typs Mk 45, die zum Küstenbeschuss vorgesehen waren. In den 1990er Jahren wurden die Geschütze ersatzlos entfernt (und auch die nachfolgenden Typen verwenden keine schweren Rohrwaffen mehr). Die Flugabwehr bestand ursprünglich aus zwei Sea Sparrow Mk 25-Startanlagen, die in den 1980er Jahren durch zwei Phalanx CIWS ersetzt wurden. Später kamen noch zwei Starter für je 21 RIM-116 Rolling Airframe Missiles dazu. Ergänzt wird die Palette durch einige konventionelle Maschinenkanonen, die wegen der Gefahr von Piraten an Bord kamen.

Die Maschinenanlage bestand aus zwei Dampfturbinen mit zwei überdimensional großen Kesseln, zwei Wellen und einer Geschwindigkeit von 24 Knoten; 5900 t Betriebsstoff wurden mitgeführt. Die Besatzung bestand aus 54 Offizieren und 840 Mann. Hinsichtlich des Designs kann die Klasse insgesamt als besonders gelungene Konstruktion gewertet werden, das amphibische Mehr- oder Allzweckschiff wurde zum zweitgrößten Einzeltyp in der U.S. Navy, nach den Flugzeugträgern. Sie war in zentralen Konstruktionsmerkmalen zudem vorbildhaft für die nachfolgende »Wasp«- und »America«-Klasse. Die Schiffe waren als zentrales Element jeder amphibischen Operation ausgelegt, wenn auch verbunden mit der Gefahr, dass sie durch ihre integrierte Aufgabenvielfalt bei einer laufenden Operation kaum ersetzbar gewesen wären und ihr rascher Verlust wohl jede Operation substantiell gefährdet hätte.

Die Nachteile lagen in der schlechten Integrierbarkeit der LCAC von der Größe her, einem (der Zeit entsprechend) hohen Anteil an verbautem Aluminium von etwa 400 t, vor allem aber in der Kostenfrage, die schließlich in Verbindung mit der Explosion der allgemeinen Kriegskosten in Vietnam auch den Bau weiterer Einheiten der Klasse verhinderte.

Einsatz/Verbleib: Indienststellungen für die Navy als LHA zwischen Mai 1976 und Mai 1980. Intensive Teilnahme an internationalen Einsätzen im Rahmen des Kalten Krieges und danach. Die Außerdienststellungen erfolgten von 2005 bis 2015. LHA-1 stellte am 31.3.2009 außer Dienst, LHA-2 am 20.4.2007, LHA-3 am 28.10.2005, LHA-4 am 31.3.2011 und LHA-5 am 31.3.2015. LHA-3 hatte mit 27 Dienstjahren die kürzeste Dienstzeit und wurde am 13.7.2006 im Pazifik als Zielschiff versenkt, LHA-30 wurde nach ebenfalls nur 30 Dienstjahren kurz nach Außerdienststellung abgebrochen. Die anderen drei Einheiten befinden sich 2020 noch in der Reserveflotte. Bezüglich der noch vorhandenen LHA-1 »Tarawa« gibt es seit ca. 2014 Bemühungen, sie als Museumsschiff an der US-Westküste zu erhalten (getragen von der »US Naval Amphibious Ship Historical Society«).

5.4.3.2. America-Klasse (LHA-6–8)

LHA-6 America LHA-7 Tripoli LHA-8 Bougainville LHA-9 - ? (insgesamt bis zu 11 Einheiten in Planung)	Bauwerft	Huntington Ingalls Industries in Pascagoula, Miss. (LHA-6–8; voraussichtlich auch die Folgeschiffe)
	Stapelläufe	ab 4.6.2012
	Wasserverdrängung	44.971 ts (fl.)
	Abmessungen (LxBxT)	257,3 x 32,3 x 9 m
	Antrieb	2 Gasturbinen, 70.000 PS, 2 Wellen
	Geschwindigkei	+20 kn
	Bewaffnung	2 RIM-116 (RAM) Startsysteme und zwei RIM-162 Evolved Sea Sparrow Missile

Schiffserkennung: Hubschrauberträger, voluminöser Gesamteindruck, langgezogener Knick im vorderen Bereich der Bordwand, große Inselaufbauten an Steuerbordseite mittschiffs bzw. leicht dahinter, darauf zwei voluminöse, nach außen gebogene Schornsteine und zwei Masten; durchgehendes, rechteckiges Flugdeck; ein Seitenaufzug an Steuerbord weit hinter der Insel und einer an Backbord in Höhe Aufbauten achtern; Flugdeck reicht im Bugbereich über die Konstruktionswasserlinie, mit breitem Abschluss, im Heckbereich bis zu dieser (oberer Heckbereich etwas vorstehend); geschwungener Vorsteven mit leichtem Knick, flaches Heck ohne Rampe für Dockeinrichtungen (gilt für LHA-6 und 7).

Klassenbeschreibung: Es handelt sich bei der am 17.7.2009 bei Ingalls Shipbuilding auf Kiel gelegten USS »America« um das Typschiff der dritten Klasse an großen US-Hubschrauberträgern im Sinn amphibischer Mehrzweckschiffe, für welche die Planungsarbeiten nach der Jahrtausendwende begonnen hatten, aufbauend auf den beiden Vorgänger-Klassen »Tarawa« und »Wasp«. Es sind die größten amphibischen Schiffe, die je gebaut wurden.

Um diese Klasse schiffbaulich besser zu verstehen, sollte man nicht hier an dieser Stelle, d.h. direkt nach der »Tarawa«-Klasse, weiterlesen, sondern sich eigentlich zuerst mit der nachstehenden »Wasp«-Klasse (LHD1-8) beschäftigen, die nur in Bezug auf die Klassifikation in einer separaten Kategorie steht, aber zeitlich zwischen der »Tarawa«- und der »America«-Klasse liegt.

Anders ausgedrückt basieren die LHA der »America«-Klasse sehr stark auf den LHD der »Wasp«-Klasse, konkret auf dem letzten Schiff, LHD-8 »Makin Island«, das einige starke Modifikationen und Besonderheiten zu den Schwesterschiffen aufweist.

LHA-6 »America« läuft am 31.1.204, nach Probefahrten, in Pascagoula ein.

LHA-6 »America« im neuen Heimatstützpunkt San Diego, Breitseite vom 15.9.2014.

Ab dem FY 2001 führte die Marine eine Analyse alternativer Studien durch, um zwischen einer Modifikation der bisherigen Designs der LHA/LHD-Konstruktion oder einer brandneuen Rumpfkonfiguration zu wählen, die in der Navy-Planung vorerst als LH(X) bezeichnet wurde. Im Juli 2001 wurde die Richtung vorgegeben, in die eines neuen Schiffes mit der alten Klassifikation LHA (wie bei der »Tarawa«-Klasse). Man darf nicht vergessen, dass damals der Bau des achten Schiffes der »Wasp«-Klasse, LHD-8 »Makin Island«, noch nicht einmal begonnen hatte, die Planungsarbeiten aber gerade voll am Laufen waren. Obwohl sich die neue Konstruktion stark an dieses Schiff anlehnte (inklusive des hybriden Gasturbinenantriebs), war aber deren Klassifikation LHD ungeeignet, da die neue Klasse plötzlich keine Dockkapazität mehr haben sollte. Ein viel größerer Wert wurde dagegen auf die fliegerische Komponente gelegt, in der die am Horizont sichtbaren, hochmodernen F-35 Tarnkappen-Mehrzweckkampfflugzeuge in einer entsprechend adaptierten Version zum Einsatz kommen würden. Während der Entwurf grundsätzlich stark auf LPH-8 basierte, wurde der Hangarbereich vergrößert, um mehr Platz für Flugzeuge/Hubschrauber, deren Ersatzteile, Waffen und Ausrüstung sowie Treibstoff zu schaffen. Auf ein Dock für Landungsfahrzeuge wurde gänzlich verzichtet und damit die Eigenschaft als amphibisches Mehr- oder Allzweckschiff dramatisch eingeschränkt. Dementsprechend kritisch (bis entsetzt!) waren auch viele fachliche Kommentare zum Design. Man war konstruktiv in die 1950er Jahre zurückgekehrt, wo die LPH als reine amphibische Hubschrauberträger konstruiert worden waren, und verfügte nun lediglich über mehr Flugzeuge. Die fliegerische Komponente stand plötzlich beim Design einzig und allein im Vordergrund, auch der Stauraum für Fahrzeuge wurde stark reduziert und sogar die Größe der Lazaretteinrichtungen im Vergleich zu Schiffen der »Wasp«-Klasse um zwei Drittel verringert. Umfangreiche Kommandoeinrichtungen sind aber weiterhin vorhanden. Es gibt Unterbringungsmöglichkeiten für regulär 1687 Marines.
Ein Mix von bis zu 45 Fluggeräten kann aufgenommen werden, wobei derzeit folgende Flugzeuge und Hubschraubertypen zur Verwendung an Bord vorgesehen sind: F-35B Lightning II, AV-8B Harrier II, MV-22B Osprey, CH-53E Super Stallion, CH-53K King Stallion, UH-1Y Venom, AH-1Z Viper und MH-60S Knighthawk.
Der Bau der Antriebsanlage orientierte sich stark an der Maschinenausstattung von LHD-8 »Makin Island«. Schon deren Gasturbinen waren auf JP-5-Treibstoff ausgelegt, den auch ihre Hubschrauber und Flugzeuge verwenden; diese Gemeinsamkeit vereinfacht Lagerung, Verteilung und Verwendung der Betriebsstoffe erheblich.
Die Bewaffnung besteht aus zwei RIM-116 Rolling Airframe Missile (RAM) Startsystemen und zwei RIM-162 Evolved Sea Sparrow Missile (ESSM)-Systemen.

LHA-6 »America« in einer Luftaufnahme vor Peru am 3.9.2014.

LHA-6 »America«, Deckaufnahme vom 19.11.2016. Im Überflug vier F-35B Lightning II während RIMPAC 2016.

LHA-6 »America« läuft am 10.1.2017 aus San Diego aus. Das Heck ist bei diesem Schiff ohne Dockkapazität.

LHA-6 »America« am 19.12.2018 im Pazifik, mit F-35B Lightning II Tarnkappen-Kampfflugzeugen und MV-22 Osprey Kipprotor-Flugzeugen ausgerüstet, dazu Helikopter.

Der Bau von LHA-6 »America« begann 2008, sie lief am 4.6.2012 vom Stapel und stellte am 11.10.2014 in Dienst. In den Größendimensionen liegt sie etwa 10% über der Vorgänger-Klasse, verdrängt maximal 45,693 ts und ist 257 m lang und 32 m breit; die Besatzung besteht aus 65 Offizieren und 994 Mannschaften.

Am 22.6.2014 wurde das Schwesterschiff LHA-2 »Tripoli« auf Kiel gelegt, der Stapellauf fand am 1.5.2017 statt, nach sehr umfangreichen Probefahrten die Indienststellung erst am 15.7.2020. Der Aufschrei in Teilen von Politik und Marine wegen der fehlenden Dockeinrichtungen und der damit deutlich beschränkten operativen Möglichkeiten blieb aber nicht ohne Folgen. Nach Genehmigung im FY 2017 begannen im Oktober 2018 die Arbeiten für das dritte Schiff der Klasse, das den Na-

LHA-7 »Tripoli« bei der Ausdockung am 1.5.2017.

men LHA-8 »Bougainville« erhalten wird (Kosten ca. 4,1 Mrd. Dollar). Die Kiellegung bei Huntington Ingalls Industries fand am 14.3.2019 statt. Wie die Navy bekanntgab, wird das Schiff wieder über Dockeinrichtungen verfügen, die zwei LCAC werden aufnehmen können. Der Hangarbereich wird dafür verkleinert, aber auch andere Einrichtungen wie der Lazarettbereich etc. weiter reduziert. Die Struktur der Insel wird modifiziert, um mehr Platz auf dem Flugdeck zu schaffen, wodurch ein Teil des verlorenen Platzes im Flugzeughangar ausgeglichen werden soll. LHA-8 »Bougainville« wird auch das erste Schiff seiner Klasse bzw. Sub-Klasse sein, das mit einem neu gestalteten und stärkeren Hauptdeck gebaut wird. Die beiden ersten Schiffe der »America«-Klasse mussten jeweils nachgerüstet werden, da die Hitze beim Betrieb der F-35B STOVL viel größer bzw. betriebsstörender als erwartet war.
Es stellt sich damit, in erster Linie wegen der Nachrüstung mit vollwertigen Dockeinrichtungen, sehr ernsthaft die Frage, ob man hier noch von einem Schiff der »America«-Klasse sprechen kann; wahrscheinlich wird sich früher oder später der Begriff »Bougainville«-Klasse für LHA-8 und die Folgeschiffe durchsetzen.
Die mögliche Gesamtzahl der »America«-Klasse wird immer wieder mit 11 beziffert, genau wissen kann das derzeit aber noch niemand.

Einsatz/Verbleib: Indienststellungen für die Navy: LHA-6 am 11.10.2014 und LHA-7 im Sommer 2020 vorgesehen (seit 2018 Probefahrten); LHA-8 »Bougainville«, das erste Schiff mit Dockeinrichtungen, soll 2024 in Dienst gestellt werden.

LHA-7 »Tripoli«, das zweite Schiff der Klasse, bei der Ausdockung in Pascagoula am 1.5.2017; man beachte den Wulstbug.

LHA-7 »Tripoli« bei Probefahrten im Golf von Mexiko, 15.7.2019. Die Abnahme durch die Navy erfolgte am 28.2.2020, Indienststellung im Juli 2020.

5.4.4. Amphibische Mehrzweckschiffe (LHD)

5.4.4.1. Wasp-Klasse (LHD-1–8)

LHD-1 Wasp LHD-2 Essex LHD-3 Kearsarge LHD-4 Boxer LHD-5 Bataan LHD-6 Bonhomme Richard LHD-7 Iwo Jima LHD-8 Makin Island	Bauwerft	Ingalls Shipbuilding in Pascagoula, Miss.
	Stapelläufe	4.8.1987 – 4.2.200 (LHD1-7), LHD-8: 22.9.2006
	Wasserverdrängung	25.800 ts (40.650 – 41.772 ts)
	Abmessungen (LxBxT)	257,3 33,5 x 8,2 m
	Antrieb (LHD-1–7)	Dampfturbinen (2 Kessel), 70.000 PS, 2 Wellen; nur LHA-8: Gasturbinen
	Geschwindigkeit	ca. 23 kn
	Bewaffnung	3 Phalanx CIWS, 2 RIM-162 RAM Evolved Sea Sparrow Missile

Schiffserkennung: Hubschrauberträger, voluminöser Gesamteindruck, langgezogener Knick im vorderen Bereich der Bordwand; große, recht glatte Inselaufbauten an Steuerbordseite mittschiffs, darauf zwei kurze Schornsteine und zwei Masten (nur LHD-8 zwei voluminösere und nach außen gebogene Schornsteine); durchgehendes Flugdeck, weitgehend rechteckig (achtern leicht abgeschrägt an den Kanten), ein Seitenaufzug an Backbord in Höhe knapp hinter der Insel und einer an Steuerbord weit hinter der Insel; Flugdeck reicht im Bugbereich (mit breitem Abschluss) über die Konstruktionswasserlinie, im Heckbereich bis zu dieser (oberer Heckbereich etwas vorstehend); scharfer Bug, flaches Heck mit ausklappbarer Rampe im Dockbereich.

LHD-2 »Essex«, aufgenommen im Pazifik am 19.3.2015.

Klassenbeschreibung: Die »Wasp«-Klasse stellt konstruktiv eine direkte Weiterentwicklung der »Tarawa«-Klasse dar. Weshalb trotzdem eine neue Klassifikation als LHD gewählt wurde, ist vorwiegend mit politischen Gründen und nicht mit veränderten Konstruktionsmerkmalen zu erklären, zumal beide Klassen auch über Dockeinrichtungen verfügen (weshalb für beide übrigens auch ein »D« in der Klassifikation durchaus gerechtfertigt wäre). Der wirkliche Grund für die neue Klassifikation liegt darin, dass sich die Navy bei einem ganz neuen Schiffstyp eine etwas unbefangenere Beschaffungsdiskussion im Kongress erhoffte. Nach Bewilligung der fünf Einheiten der »Tarawa«-Klasse von FY 1969–1971 war jahrelang versucht worden, eine weitere LHA-Einheit durchzubringen, zuletzt noch im FY 1983 (!), durch die mannigfaltigen Probleme beim Bau und der damit verbundenen Kostenexplosion war der Terminus »LHA« aber im Kongress bereits so belastet, dass die Navy glaubte, eine neue Klassifikation des nächsten amphibischen Mehrzweckschiffes als »LHD« würde die Diskussion vielleicht etwas vereinfachen.

Die ersten sieben Schiffe der »Wasp«-Klasse gingen offiziell als Ersatz für die »Iwo Jima«-Klasse in Bau. LHD-1 »Wasp« wurde im FY 1984 bewilligt, am 30.5.1985 auf Kiel gelegt, Stapellauf 4.8.1987, Indienststellung 29.7.1989. Zeitweise war in der Planung von bis zu 11 Schiffen ausgegangen worden, die Gesamtzahl lag schließlich bei acht Einheiten. Diese wurden wieder zur Gänze bei Ingalls Shipbuilding in Pascagoula, Miss., gebaut. Die Kiellegungen erfolgten bis Dezember 1997 für LPH-1 bis LPH-7 und erst am 14.2.2004 für den Nachzüg-

LHD-2 »Essex« mit geflutetem Dock, bei Aufnahme LCU-1631 am 9.6.2008 vor Thailand.

LHD-3 »Kearsarge« mit CH-53E Super Stallion Hubschrauber am 12.9.2008 vor Haiti.

ler LHD-8, der einige Besonderheiten aufweist. Die Indienststellungen erfolgten bis Juni 2001, LHD-8 stellte erst am 24.10.2009 in Dienst.

Was grundsätzlich schiffbaulich und vom Design her über die »Tarawa«-Klasse gesagt wurde, gilt weitgehend auch für die Schiffe der »Wasp«-Klasse, inklusive der Größendimension, Aufgaben, Verwendungsmöglichkeiten und auch bezüglich der grundsätzlichen Raumeinteilung: Die Schiffe haben ein durchgehendes Flugdeck, darunter das Hangardeck, darunter den Dockraum und darunter den Frachtraum. War die maximale Größe von USS »Tarawa« mit 39.400 ts angegeben worden, lag die von »Wasp« bei 40.530 ts, die Länge bei 254,2 zu 257,3 m, d.h. in Summe nur unwesentlich darüber. Natürlich war der Dockraum nun ganz auf die Verwendung von LCAC-Luftkissenbooten zugeschnitten, von denen drei statt nur eines mitgeführt werden können. Das Dock ist mit 82 m Länge von der Dimension her aber fast gleich lang wie das der »Tarawa«-Klasse und mit 15,2 m Breite sogar schmäler, aber

LHD-6 »Bonhomme Richard« am 27.1.2003 vor San Diego, ca. Mitte Juli 2020 durch Brand in San Diego schwerstens beschädigt.

eben ohne die Unterteilung in der Mitte, weshalb drei LCAC leicht hintereinander Platz finden (ein LCAC misst 26,4 x 14,3 m). Die erhöhte Dockkapazität, die immer wieder als Grund für die LHD-Klassifikation genannt wird, bezieht sich also nur auf die dreifache Aufnahmefähigkeit für LCAC, das Dock selbst ist sogar kleiner. Da die LCAC grundsätzlich in einer Entfernung von ca. 50 Seemeilen vom Anlandepunkt entfernt das Mutterschiff verlassen sollen, war auch die Eigenbewaffnung mit 12,7-cm-Geschützen zum Landbeschuss kein Thema mehr.

Die Zahl der Frachtaufzüge wurde erhöht, der Frachtraum umfasst nur 3087 Kubikmeter gegenüber 3311 auf »Tarawa«, die Parkfläche im Schiffsinneren nur 2127 Quadratmeter gegenüber 3143 auf »Tarawa«. Dafür gibt es aber zusätzliche Unterbringungsmöglichkeiten für Landungsboote in den Dockraum-Seitenwänden, da ja das Dock nicht über die gesamte Schiffsbreite geht.

Die Unterbringungsmöglichkeit für Truppen gibt die Navy mit ca. 1870 an, die Eigenbesatzung mit 66 Offizieren und 1004 Mann. Insgesamt stark erweitert wurde die Lazarettkapazität, nämlich von 300 auf 600 Betten als Grundausstattung, und diese verteilt auf drei Standorte.

Interessanterweise war die Installierung von Katapulten ernsthaft diskutiert worden, was die Schiffe zu einwandfreien Flugzeugträgern gemacht hätte. Die Navy war dabei in erster Linie am Einsatz von Grumman E-2 Hawkeye-Frühwarnflugzeugen interessiert gewesen. Im Sinne der Priorität für die Maximierung von Hubschrauberkapazität am Flugdeck wurde der Plan aber schließlich verworfen.

Die maximale Aufnahmekapazität für Hubschrauber ist auf 42 CH-46 Sea Knight ausgelegt, in Verwendung als leichter Flugzeugträger waren planmäßig 20 AV-8B Harrier II, sechs U-Jagdhubschrauber SH-60B Seahawk plus Kuriermaschinen und Hilfsdienst-Hubschrauber vorgesehen. Natürlich hat es die technische Entwicklung im Flugwesen mit sich gebracht, dass nun auch die F-35B Stealth-Mehrzweckkampfflugzeuge verwendet werden können. Und selbstverständlich war darüber hinaus die Verwendung der MV-22B-Kipprotorflugzeuge von Anfang an vorgesehen. Bis zu 22 solcher Maschinen können aufgenommen werden, sie sind viel schneller und können auch mehr Fracht tragen als Helikopter. Die mitgeführte Flugbenzinkapazität wird mit 1232 t JP-5 angegeben.

Die Eigenbewaffnung bestand bei Indienststellung aus drei 20-mm-Phalanx CIWS und zwei Sea Sparrow-Startern. Dazu gekommen sind inzwischen zwei RIM-116 Rolling Airframe Missile-Starter sowie einige einfache Maschinenkanonen; die genaue Zusammensetzung ist mitunter leicht unterschiedlich, wie grundsätzlich in der Navy üblich.

Eine interessante schiffbauliche Abweichung ist die Verwendung eines ausgeprägten Wulstbuges unter Wasser (der dann übrigens auf der »Tarawa«-Klasse nachträglich ebenfalls eingebaut wurde und ebenso auf der »America«-Klasse verwendet wird).

Der Nachzügler USS »Makin Island« (LHD-8) ist das achte und letzte Schiff seiner Klasse und könnte auch ohne weiteres als Typschiff einer neuen Klasse bezeichnet werden. Es wurde mit großem zeitlichem Abstand zu den sieben Schwesterschiffen in Auftrag gegeben und erst 2009 fertiggestellt, über acht Jahre nach LHD-7. Das Schiff weist konstruktiv einige substanzielle Neuerungen auf, darunter insbesondere die Umstellung auf einen Gasturbinenantrieb; die voluminösen Zu- und Abluftschäfte der beiden Gasturbinen haben dabei umfangreiche Änderungen an der Platzaufteilung der Insel erforderlich gemacht. Konkret handelt es sich um einen Hybridantrieb, teils Gasturbine, teils Diesel-Elektrik. Etwa 70% der Zeit läuft

LHD-8 »Makin Island« im Indischen Ozean am 8.5.2012 mit 25 Flugzeugen und Hubschraubern an Deck.

LHD-8 »Makin Island« am 17.7.2009 in der Karibik, ohne Flugzeuge und Hubschrauber, noch bei Probefahrten.

das Schiff in der Praxis kraftstoffsparend mit dieselelektrischem Antrieb, erst bei über 12 Knoten werden die Gasturbinen eingesetzt. Die »Makin Island« verfügt über ein wesentlich moderneres Maschinensteuerungssystem (komplett steuerbar mit einer Art Joystick direkt von der Brücke aus), bessere Brandschutzsysteme und eine fortschrittlichere Ausrüstung der Kommando-, Kommunikations- und Kontrolleinrichtungen (CCC). Es heißt daher auch immer wieder zurecht, die neuen LHA der »America«-Klasse würden auf dem Design von LHD-8 »Makin Island« beruhen, die auch über einen ähnlichen Gasturbinenantrieb verfügt, und nicht auf dem von LHD-1, dem Typschiff der Klasse.

Auf LHD-6 »Bonnehomme Richard« entstand am 12.7.2020 bei Wartungsarbeiten in San Diego ein schwerer Brand; es ist derzeit nicht sicher, ob das Schiff noch gerettet werden kann.

Einsatz/Verbleib: Indienststellungen für die Navy als LHD von Juli 1989 bis Juni 2001 für die ersten sieben Schiffe, nur der Nachzügler LHD-8 stellte erst am 24.10.2009 in Dienst. Alle acht Schiffe der »Wasp«-Klasse befinden sich 2020 noch im Dienst. Ab 2027 sollen sie sukzessive durch die LHA der »America«-Klasse ersetzt werden, von denen das Typschiff 2014 in Dienst gestellt wurde. Es ist aber 2020 noch nicht abschließend absehbar, wie viele Schiffe die »America«-Klasse tatsächlich umfassen wird bzw. ob der Ersatz 1:1 erfolgen wird.

5.5. Amphibische Unterseeboote

Unterseeboote wurden schon im Ersten Weltkrieg zur Anlandung von Spezialkommandos und zur Versorgung abgeschnittener Truppenteile eingesetzt. Viele der 140 japanischen U-Boote im Zweiten Weltkrieg fanden sich ebenfalls in dieser Rolle, sie dienten quasi als tauchfähige Frachtschiffe zur Versorgung abgeschnittener Inseln; und auch einige amerikanische U-Boote wurden dafür verwendet. Sie landeten Aufklärungskommandos, Spezialtruppen, Kampfschwimmer, Spione und Saboteure etc. In der amerikanischen Marine waren dies meist Einheiten von UDTs (Underwater Deolition Teams) oder SEALs (Sea Air and Land Teams). Diese operierten auch häufig von schnellen amphibischen Schiffen des Typs APD aus, ehemaligen Zerstörern, besonders zur Vorbereitung großer amphibischer Operationen.
Für besondere Einsätze kleineren Stils wurden U-Boote außerdem zum Absetzen von Kommandoeinheiten verwendet. Das waren in der Regel aber ganz reguläre U-Boote, nur eben in einer Sondermission unterwegs. Fünf amerikanische U-Boote erhielten jedoch später Klassifikationen, welche die schiffsbauliche Adaptierung für diese Aufgabe explizit ausdrücken sollten. Da auf diesem Gebiet durchweg experimentiert wurde, war sich die Navy mit der Klassifikation dementsprechend unsicher und wechselte diese ständig: APS, SSP, ASSP, APSS und schließlich LPSS. Diese Klassifikationen stehen alle für die gleiche Aufgabenstellung. Trotzdem hat es nie ein eigenes Bauprogramm für amphibische U-Boote gegeben, stets handelte es sich nur um recht individuelle Umbauten alter Boote. Trotzdem wurden zahlreiche weitere U-Boote für diverse Transportaufgaben umgebaut, auch mit amphibischen Elementen, aber ohne deswegen umklassifiziert zu werden. In den 1980er Jahren wurden sogar nukleare U-Boote dafür herangezogen (SSN-609 »Sam Houston« und SSN-611 »John Marschall«). Das waren ehemals strategische U-Boote (SSBN), bei denen nach Verlust ihrer Polaris-Interkontinentalraketen, bedingt durch den SALT II-Abrüstungsvertrag, der frei gewordene Raum zu Transportzwecken für Spezialaufgaben adaptiert wurde. Sie waren aber dadurch keine amphibischen Schiffe mit entsprechender Klassifikation und weil sich dieses Buch strikt an der amtlichen Klassifikation der U.S. Navy orientiert, werden nachstehend nur jene fünf Boote behandelt, die durch ihre Kennung als amphibische Unterseeboote ausgewiesen wurden.
Mit Ausnahme von APS-1 wurden die Laufnummern der ursprünglichen U-Boot-Klassifikationen beibehalten, wie auch die Namen, die sie schon als U-Boote geführt hatten.

5.5.1. Amphibische Unterseeboote (APS)

5.5.1.1. Argonaut (APS-1)

APS-1 Argonaut, ex V-4 (Klassifikationen: SF-7/ SM-1/A-1/APS-1/SS-166); Kriegsverlust im Zweiten Weltkrieg	Bauwerft	Portsmouth Naval Shipyard in Kittery, Maine
	Stapellauf	10.11.1927
	Wasserverdrängung	2710 ts (getaucht 4080 ts)
	Abmessungen (LxBxT)	116,1 x 10,3 x 4,7 m
	Antrieb	2 Dieselmotoren/Elektroantrieb, 3175/2400 PS, 2 Wellen
	Geschwindigkeit	15 kn (unter Wasser 8 kn)
	Bewaffnung	2 x 15,2-cm-Geschütze, 6 x 533-mm-Torpedorohre

Schiffserkennung: Unterseeboot mit relativ langgezogenem Turm, an der Vorderseite leicht abgestuft durch kleinen Vorbau, scharfer Bug und sehr flaches, breites Heck; je ein Decksgeschütz (mit Ausbuchtungen im Rumpf) vor und hinter dem Turm.

Klassenbeschreibung: Es handelt sich um ein mit 2710 ts (Standard) sehr großes und sehr ungewöhnliches Unterseeboot, das in der Zwischenkriegszeit zur Minenlegung in entfernten Gewässern konstruiert wurde. Die Kiellegung erfolgte am 1.5.1925. In den Konstruktionsanforderungen war vor allem Wert auf Reichweite und Ausdauer gelegt worden. Ungewöhnlich auch die Bewaffnung, ursprünglich besaß es zwei 15,2-cm-Geschütze und vier Torpedorohre.

Außerordentlich komplex war jedoch auch die Abfolge verschiedener Bezeichnungen bzw. Namensgebungen für das U-Boot: die schlichte Planbezeichnung »No. 166« wurde bereits 1920, noch vor Baubeginn, auf »SF-7« geändert, wobei »SF« für »Fleet Submarine«, also Flotten-U-Boot, stand. Obwohl sie nie offiziell die übliche U-Boot-Klassifizierung als SS-166 geführt hatte (»SS« steht für Flotten-U-Boot in der U.S. Navy), war diese Bezeichnung zeitweise am Turm aufgemalt. Am 18.10.1920 wurde die Buchstaben-Zahlenkombination »V-4« als Name für das Boot vergeben. 1928 als »V-4« in Dienst gestellt, erhielt das Boot am 19.2.1931 den Namen USS »Argonaut« und am 1.7.1931 die Klassifikation SM-1, wobei das »S« für »Submarine« und das »M« für »Mine« stand. Zumindest intern wurde das Boot zeitweise offenbar unter der Bezeichnung »A-1« geführt.

Als amphibisches Schiff ist es erst ab dem Jahr 1942 von Interesse. Von Januar bis August 1942 wurde USS »Argonaut« auf der Mare Island Naval Shipyard in Vallejo, Ca., als Transport-Unterseeboot umgebaut; die Minenlegeeinrichtungen wurden dafür in Truppenunterkünfte verwandelt, neue Dieselmotoren eingebaut und das Boot insgesamt überholt. Noch im August verlegte es nach Kiribati (Gilbert-Inseln) und brachte in Makin Island Kommandoeinheiten der Marines an Land. Erst am 22.9.1942 erhielt »Argonaut«, im Einklang mit ihrer neuen Aufgabenstellung, die neu geschaffene Klassifikation APS-1. Das »A« stand für »Auxiliary« (Kategorie Hilfsschiff), das »P« für »Transport« (im Sinne von Truppentransportern) und das »S« für »Submarine« (Unterseeboot). Es sollte aber die einzige Umklassifizierung dieser Art im Zweiten Weltkrieg bleiben.

Einsatz/Verbleib: Indienststellungen für die Navy am 2.4.1928. Am 22.9.1942 auf APS-1 umklassifiziert. Das U-Boot versenkte im Januar 1943 ein japanisches Kanonenboot, knapp vier Monate später wurde es beim Angriff auf einen japanischen Konvoy im Bereich des Bismarck-Archipels am 10.1.1943, mit 102 Mann an Bord, durch Wasserbomben versenkt; das war der größte Personalverlust bei der Versenkung eines amerikanischen U-Bootes im Zweiten Weltkrieg.

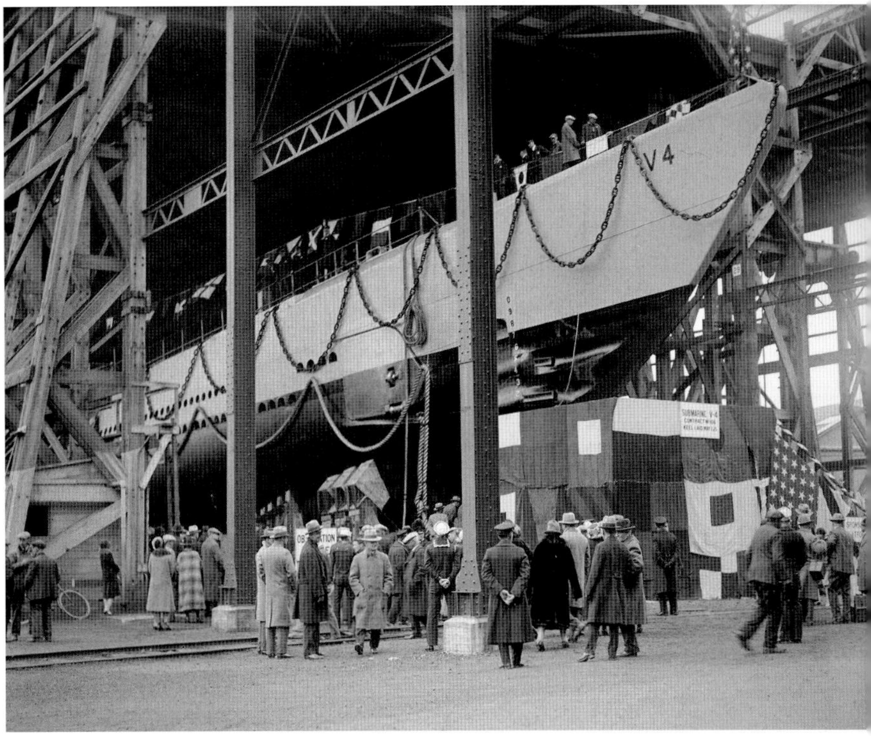

Stapellauf von »V-4« am 10.11.1927 in der Portsmouth NY (später APS-1).

Die spätere APS-1 »Argonaut« am 20.11.1928 in der Washington Navy Yard als »V-4«.

5.5.2. Amphibische Unterseeboote (SSP, APSS)

Alle später als LPSS umklassifiziert; siehe dort.

5.5.3. Amphibische Unterseeboote (LPSS)

5.5.3.1. Tunny (LPSS-282)

LPSS-282 Tunny (Klassifikationen: SS/SSG/APSS/ LPSS-282)	Bauwerft	Mare Island Naval Shipyard in Vallejo, Ca.
	Stapellauf	30.6.1942
	Wasserverdrängung	1526 ts (getaucht 2424 ts)
	Abmessungen (LxBxT)	95 x 8,3 x 5,1 m
	Antrieb	2 Dieselmotoren, 5400/2740 PS, 2 Wellen
	Geschwindigkeit	20 kn (unter Wasser 9 kn)
	Bewaffnung	10 x 533-mm-Torpedorohre

Schiffserkennung: Unterseeboot, langgezogener Turm, im vorderen und unteren Bereich abgestuft; ein markanter, ballon- bzw. kesselartiger Decksaufbau hinter dem Turm, mit an dieser Stelle verbreitertem Rumpf; scharfer Bug; flach auslaufendes Heck.

Klassenbeschreibung: U-Boot der »Gato«-Klasse, von dem 77 Einheiten ab 1940 gebaut wurden. Nach Kriegseinsatz und Außerdienststellung 1945 wurde es 1953 aus der Reserve geholt und zur Aufnahme von Regulus-I-Flugkörpern ausgerüstet, unter Umklassifizierung auf SSG-282 (das »G« steht für »Guided Missile«). Nach Achterkante Turm wurde ein großer zylinderförmiger Hangar aufgesetzt, in dem die startbereiten Flugkörper lagerten. 1965 wurde das Regulus-Programm in der Navy beendet und SSG-282 wieder auf SS-282 rückklassifiziert.
Nun erst begann, quasi im dritten Leben, die amphibische Geschichte von USS »Tunny«. Die durch den Wegfall der voluminösen Regulus-Flugkörper sinnlos gewordenen Räume wurden 1966 zur Aufnahme von Truppen und amphibischem Gerät umgebaut. Am 1.10.1966 erfolgte die Umklassifizierung auf APSS-282. Im Zuge der Aufwertung der amphibischen Schiffe durch die SECNAVINST 5030.1E wurde USS »Tunny« am 1.1.1969 durch Wegfall des »A«, das für die Kategorie der Hilfsschiffe stand, auf ein Landungsschiff umklassifiziert, konkret mit der Kennung LPSS-282 versehen.

Einsatz/Verbleib: Indienststellungen für die Navy am 1.9.1942 als SS-282 »Tunny«, ab Dezember 1942 Feindfahrten im Westpazifik. Das Boot operierte sehr erfolgreich gegen japanische Schiffsziele im weiteren Kriegsverlauf und erhielt dafür neun sogenannte »Battle Stars« sowie zwei Ehrungen durch den Präsidenten. Am 13.12.1945 wurde es außer Dienst gestellt und in der Reserveflotte in Mare Island aufgelegt. Im Koreakrieg kurz reaktiviert (Indienststellung Februar 1952, Außerdienststellung April 1952).
Erst am 6.3.1953 neuerliche Wiederindienststellung im Rahmen des Regulus-Programms und Umklassifizierung auf SSG-282. Vier Jahre lang operierte SSG-282 vom Pacific Missile Test Center in Point Mugu aus, wurde für die Aufnahme von Regulus-II modifiziert und fuhr strategische Patrouillenfahrten zur nuklearen Abschreckung im Pazifik.
1966 wurde das Schiff für amphibische Zwecke umgebaut und am 1.10.1966 auf APSS-282 umklassifiziert. Es folgten Übungen zur Anlandung von Spezialtruppen und ab Anfang 1967 Übersee-Einsätze, mit Spezialmissionen vor der Küste Vietnams, bei denen es sich vorwiegend um Aufklärungseinsätze handelte. Ab 1.1.1969 LPSS-282. Bereits am 28.6.1969 endete die amphibische Karriere, USS »Tunny« wurde außer Dienst gestellt, zwei Tage später aus dem Naval Vessel Register gestrichen und 1970 als Zielschiff versenkt.

SSG-282 »Tunny« am 8.6.1959, ab 1966 APSS-282 (LPSS-282 ab 1969).

5.5.3.2. Perch-Klasse (LPSS-313, 315)

ASSP-313 Perch (Klassifikationen: SS/SSP/ASSP/APSS; später LPSS/IXSS-313) **ASSP-315 Sealion (Klassifikationen: SS/SSP/ASSP/APSS; später LPSS-315)**	Bauwerft	Electric Boat Corp. in Groton, Conn.
	Stapelläufe	12.9.1943 und 31.10.1943
	Wasserverdrängung	1526 ts (getaucht 2145 ts)
	Abmessungen (LxBxT)	95,0 x 8,3 x 5,5 m
	Antrieb	Dieselmotoren/Elektroantrieb, 5400/3740 PS, 2 Wellen
	Geschwindigkeit	14 kn (unter Wasser 8,5 kn)
	Bewaffnung	1 x 127 mm, 10 x 533-mm-Torpedorohre

Schiffserkennung: Unterseeboot, langgezogener Turm mit großem »Wintergarten«, an der Vorderseite abgestuft durch Vorbau; ein markanter, ballon- bzw. kesselartiger Decksaufbau hinter dem Turm, mit an dieser Stelle verbreitertem Rumpf; scharfer Bug; flach auslaufendes Heck mit gitterartiger Verkleidung.

Klassenbeschreibung: Es handelt sich um zwei U-Boote der »Balao«-Klasse, von der zwischen 1942 und 1945 über 120 Boote gebaut wurden. Nach Kiellegungen und Stapelläufen 1943 stellten SS-313 »Perch« am 7.1.1944 und SS-315 »Sealion« am 8.3.1944 in Dienst. Nach erfolgreichem Kriegseinsatz mit mehreren Feindfahrten im Pazifik stellten beide 1946 bzw. 1947 außer Dienst.
Im Jahr 1948 wurden USS »Perch« in der Mare Island Naval Shipyard und USS »Sealion« in der San Francisco Naval Shipyard einem mehrmonatigen Umbau zur weiteren Verwendung als Transportboote mit Truppen-Unterkünften unterzogen. Die beiden Einheiten wurden im gleichen Jahr auf SSP-313 und SSP-315 umklassifiziert.
Am 31.1.1950 wurden sie auf ASSP-313 und ASSP-315 umklassifiziert, wobei man eigentlich erst ab jetzt von einer amphibischen Klassifikation sprechen kann.

APSS-315 »Sealion« im Oktober 1964 vor Norfolk.

ASSP-313 »Perch« in einer Breitseit-Aufnahme vor der Mare Island NY am 6.5.1954

Einsatz/Verbleib: Indienststellungen für die Navy als Flotten-U-Boote (SS) Anfang 1944 und nachfolgend 1946 bzw. 1947 außer Dienst gestellt.
1948 wurden sie für Transportaufgaben umgebaut und im Mai bzw. November des Jahres waren sie im Dienst als SSP; diese Klassifikation wurde 1950 auf ASSP geändert.
USS »Perch« operierte anschließend jahrelang im Pazifik (inklusive der Zeitspanne des Korea- und Vietnamkriegs), USS »Sealion« im Atlantik (auch zur Zeit der Kuba-Blockade). Sie wurden für viele Spezialmissionen verwendet, setzten Marines, Special Forces und andere Eliteeinheiten an fremden Küsten ab und waren insgesamt die am längsten dienenden amphibischen U-Boote der U.S. Navy.
Dass die Marineführung nicht wusste, wie sie die Schiffe klassifikationstechnisch bezeichnen sollte, zeigt die relativ unverständliche Umklassifizierung beider Boote am 24.10.1956 von ASSP auf APSS-313 und APSS-315, unter Beibehaltung der Nummern, Namen und ohne konzeptionelle oder bauliche Veränderungen.
Die U-Boote erlebten noch eine letzte Umklassifizierung im Zuge der überfälligen und sinnvollen Vereinheitlichung der Klassifikationen mit SECNAVINST 5030.1E; am 1.1.1969 wurden sie zu LPSS-313 »Perch« und LPSS-315 »Sealion«.
LPS-313 wurde am 30.6.1971 für Erprobungszwecke noch zum Spezialschiff IXSS-313 (Unclassified Miscellaneous Submarine) umklassifiziert, aber kurz darauf außer Dienst gestellt und am 1.12.1971 aus dem Naval Vessel Register gestrichen, dann 1973 abgebrochen. LPSS-315 wurde am 20.2.1970 außer Dienst gestellt, ging in Reserve, wurde am 15.3.1977 aus der Schiffsliste gestrichen und 1978 als Zielschiff versenkt.

USS »Perch« bei einer Übung im Eis vor Alaska 1950.

ASSP-313 »Perch«, aufgenommen am 6.5.1954 vor der Mare Island NY bei Vallejo in Kalifornien. Im voluminösen Frachthangar hinter dem Turm konnte sogar ein Fahrzeug vom Typ LVT (Landing vehicle Tracked) mitgeführt werden.

5.5.3.3. Grayback (LPSS-574)

LPSS-584 Grayback (Klassifikationen: SSG-574/ APSS/LPSS/SS-574)	Bauwerft	Mare Island Naval Shipyard in Vallejo, Ca.
	Stapellauf	2.7.1957
	Wasserverdrängung	2240 ts (360 getaucht ts)
	Abmessungen (LxBxT)	94,9 x 9,1 x 5,8 m
	Antrieb	3 Dieselmotoren/Elektroantrieb, 2 Wellen
	Geschwindigkeit	15 kn (unter Wasser 12 kn)
	Bewaffnung	8 x 533-mm-Torpedorohre

Schiffserkennung: Unterseeboot mit deutlich erhöhtem Vorschiff; dieser Aufbau endet achtern mit zwei runden, kuppelartigen Verschlüssen; hoher glatter Turm mittschiffs, drei flossenartige Erhebungen an Deck (am Vorschiff, hinter dem Turm und am Heck); halbrunder, gerundeter Bug; flach auslaufendes Heck.

Klassenbeschreibung: USS »Grayback« verdankt, ebenso wie die USS »Tunny«, die Zugehörigkeit zur amphibischen Schiffskategorie dem strategischen Regulus-Flugkörperprogramm, das in den 1960er Jahren vom Modell Polaris abgelöst wurde. Als Typschiff der »Grayback«-Klasse wurde es 1951 als SS-574 in Auftrag gegeben und am 1.7.1954 auf der Mare Island Naval Shipyard auf Kiel gelegt; es war als Jagd-U-Boot konzipiert. 1956 entschied die Navy, das U-Boot für strategische Missionen mit Regulus-Flugkörpern auszurüsten. Dafür wurde der Bugbereich um 15,2 Meter verlängert, um dort die Regulus-Behälter unterzubringen. Noch vor dem Stapellauf wurde die Klassifikation auf SSG-574 abgeändert, die Indienststellung erfolgte am 7.3.1958. In den folgenden Jahren unternahm das Boot mehrere strategische Patrouillenfahrten im Rahmen der nuklearen Abschreckung im Pazifik.
Mit dem Auslaufen des Regulus-Programms wurde »Grayback« am 25.5.1964 außer Dienst gestellt und am 29.12.1964 ein Bauvertrag für den Umbau zum amphibischen Transport-U-Boot unterzeichnet. Erst in der Zeit vom November 1967 bis Mai 1969 wurde es auf der Mare Island Shipyard für amphibische Aufgaben umgerüstet und dabei um 3,5 m verlängert. Die zylinderförmigen Vorschiffaufbauten zur Unterbringung der Regulus wurden als Truppenunterkünfte ausgestaltet, plangemäß für 10 Offiziere und 75 Mannschaften. Raum für die Aufnahme von sechs SDV (Swimmer Delivery Vehicles) für die SEALs wurde geschaffen, Kampfschwimmer konnten auch im getauchten Zustand ausgesetzt werden. Die Aufbauten im Bereich des Achterschiffes wurden ebenfalls vergrößert. Torpedorohre blieben an Bord, auch die Sonarausrüstung. Mit 30 Millionen Dollar kostete der Umbau etwa das Doppelte der dafür veranschlagten Kosten. Der in gleicher Weise geplante Umbau des Schwesterschiffs SSG-577 »Growler« wurde aufgrund der hohen Kosten des Umbaus von »Grayback« schließlich verworfen. Die Klassifikation APSS-574 erhielt »Grayback« nur auf dem Papier, sie wurde bereits im August 1968 mit SECNAVINST 5030.1E als LPSS-574 designiert, die Verordnung trat am 1.1.1969 in Kraft. USS »Grayback« war das einzige erst nach dem Krieg gebaute U-Boot, das eine amphibische Klassifikation erhielt.

Einsatz/Verbleib: Indienststellungen für die Navy im März 1958 als SSG-283 für strategische Aufgaben im Rahmen des Regulus-Programms und außer Dienst gestellt im Mai 1964.
Ab 1967 Umbau zum amphibischen Transport-U-Boot, am 9.5.1969 erfolgte die Wiederindienststellung, nun als LPSS-574. Im Einsatz war sie bei der 7. Flotte mit Heimathafen Subic Bay, Philippinen. Am 30.6.1975 wurde sie als einfaches U-Boot SS-574 rückklassifiziert, ohne bauliche Veränderungen. Sie blieb noch bis ca. 1980 im aktiven Einsatz, wurde 1984 außer Dienst gestellt, am 15.1.1984 aus der Schiffsliste gestrichen und schließlich 1986 als Zielschiff versenkt.

LPSS-574 »Grayback« vor Mare Island NY nach ihrer Wiederindienststellung, aufgenommen am 24.7.1969.

5.6. Amphibische Kommandoschiffe

5.6.1. Amphibische Kommandoschiffe (AGC/LCC)

Der Bau von Spezialschiffen zur Führung amphibischer Operationen ergab sich im Laufe des Zweiten Weltkriegs aus der Notwendigkeit, immer umfangreichere und komplexere Landeoperationen effizient zu koordinieren und zu leiten. Die dafür nötigen Nachrichten-, Informations- und Kommandoeinrichtungen sowie das dazugehörige Personal erforderten immer mehr Raum und Spezialausrüstungen am Schiff selbst, sodass die Führung durch ein als Flaggschiff bestimmtes amphibisches Schiff konventioneller Bauart nicht mehr ausreichend erschien. Beginnend mit 1943 forderte die U.S. Navy deshalb Frachtschiffe aus dem MC-Standardprogramm an, die zu Kommandoschiffen umgebaut und mit »AGC« klassifiziert wurden; das »A« steht hier wie üblich für Hilfsschiff (Auxiliary), das »G« für Allgemein (General) und das »C« für Kommando (Command). Es waren dies vier Schiffe des Typs C2-S-B1, die spätere »Appalachian«-Klasse (AGC-1–3, 5) sowie elf Schiffe des Typs C2-S-AJ1, die »Mount McKinley«-Klasse (AGC-7–17), von der man die drei Schiffe AGC-15–17 als eigene Klasse führen kann (»Adirondack«-Klasse). Dazu kommt noch der Einzelgänger AGC-4 »Ancon«, ein ehemaliger Truppentransporter, der zuvor bei der U.S. Army in Dienst war.

Einige weitere Kommandoschiffe des Typs AGC aus dem Zweiten Weltkrieg sind dagegen wesentlich kleiner und basierten auf Schiffen in Fregattengröße. Das Konzept der separaten Kommandoschiffe war auch in anderen Bereichen so erfolgreich, dass u.a. sechs Einheiten der »Bipp«- bzw. »Treasury«-Klasse der U.S. Coast Guard für diese Aufgabenstellung umgebaut wurden. Sie kamen aber als Konvoy-Flaggschiffe im Atlantik zum Einsatz und werden hier nicht näher behandelt. 1944 wurde jedoch USCGC »Duane« (WPG-33) zur Übernahme durch die Navy als amphibisches Kommandoschiff bestimmt und auf AGC-6 umklassifiziert, blieb aber schließlich bei der Coast Guard; die Laufnummer »6« wurde von der Navy für AGC danach nicht mehr neu vergeben. Bei AGC-18 handelte es sich um den ehemaligen kleineren Seeflugzeugtender AVP-11 »Biscayne«, der seit 1943 Aufgaben als amphibisches Kommandoschiff erfüllte und im Oktober 1944 entsprechend umklassifiziert wurde. Und noch ein sonderbares Schiff muss hier Aufnahme finden: AGC-369 »Williamsburg«, eine ehemalige Jacht, die 1945 als amphibisches Kommandoschiff klassifiziert wurde und eine sehr eigenwillige Karriere in der U.S. Navy erlebte.

Die U.S. Navy hatte während des Zweiten Weltkrieges keine Kriegsverluste unter den amphibischen Kommandoschiffen zu verzeichnen.

Mit der »Blue Ridge«-Klasse (AGC-19, 20) wurde schließlich in den 1960er Jahren die erste Klasse von Kommandoschiffen gebaut, die vom Kiel auf für diese Aufgaben konstruiert waren. Mit ihren starken Maschinenanlagen waren sie auf die moderne amphibische »20-Knoten-Flotte« abgestimmt.

Am 1.1.1969, wenige Tage vor Indienststellung von »Blue Ridge«, wurden alle AGC der Navy auf die neue amphibische Kategorie LCC umklassifiziert, das »L« stand für »Landing Ship«, das »CC« für »Command and Control«. Aus den alten Kriegsbeständen waren davon noch fünf Schiffe betroffen, AGC-7, 11, 12, 16 und 17. Ihre geringe Geschwindigkeit genügte aber nicht mehr den modernen Anforderungen für die amphibische Flotte, die letzten Einheiten gingen schon Anfang der 1970er Jahre außer Dienst.

Gerade die beiden einzigen Schiffe, die von Grund auf als amphibische Kommandoschiffe gebaut wurden (LCC-19 und 20 der »Blue Ridge«-Klasse), wurden später de facto nicht mehr als solche verwendet. Aufgrund des akuten Mangels an Flottenflaggschiffen, insbesondere nach dem Ausscheiden großer, betagter Kreuzer mit dieser Aufgabenstellung, wurden LCC-19 und 20 in dieser Funktion verwendet: LCC-19 »Blue Ridge« löste CG-5 »Oklahoma City« als Flaggschiff der 7. Flotte im Westpazifik, LCC-20 »Mount McKinley« den Kreuzer CG-10 »Albany« als Flaggschiff der 2. Flotte im Atlantik ab. Beide Schiffe sind 2020 noch immer mit Flaggschiff-Aufgaben im aktiven Dienst und werden es nach derzeitiger Planung auch noch sehr lange sein. Warum sie immer noch mit einem »L« am Anfang klassifiziert sind, erscheint dabei nicht wirklich logisch, obwohl sie neben einem Flottenstab der Navy auch amphibische Stäbe des USMC an Bord haben. Amphibische Aufgaben spielen jedenfalls nur mehr eine Nebenrolle in ihrer Gesamtverwendung.

Die amphibische Flotte musste bald weitere Abgänge von Schiffen hinnehmen, die für allgemeine Aufgaben als Flottenflaggschiffe gebraucht wurden, da sie sich aufgrund ihrer voluminösen Bauweise grundsätzlich sehr gut dafür eigneten: LPD-3 »La Salle« der »Raleigh«-Klasse schied 1973 aus der amphibischen Flotte aus und wurde als Kommandoschiff AGF-3 klassifiziert und im Nahen Osten als Kommandoplattform des Oberbefehlshabers der dortigen US-Streitkräfte verwendet, zeitweise diente sie auch als Flaggschiff der 6. US-Flotte im Mittelmeer; USS »La Salle« erfüllte bis zur ihrer Außerdienststellung 2005 Flaggschiffaufgaben. LPD-11 »Coronado« der »Austin«-Klasse wurde 1980 zur vorübergehenden Verwendung als Flaggschiff im Golf umgebaut und als AGF-11 klassifiziert. Sie bewährte sich in dieser Funktion so sehr, dass die geplante Rückkehr zur amphibischen Flotte nicht mehr

stattfand. Sie diente zeitweise als Flaggschiff der 6., 3. und der 7. Flotte, bevor sie 2006 außer Dienst gestellt wurde (siehe Kapitel LPD). Darüber hinaus wird die ganze Kategorie AGF in diesem Buch nicht näher beschrieben, da es sich bei ihr ja nicht grundsätzlich um amphibische Kommandoschiffe, sondern um allgemeine Flottenflaggschiffe handelt.
Heute unterhält die U.S. Navy keine separaten amphibischen Kommandoschiffe mehr, weil diese Aufgabe (besonders seit der in den 1970er Jahren gebauten »Tarawa«-Klasse) weitgehend von den amphibischen Hubschrauberträgern bzw. Mehrzweckschiffen (LHA und LHD) mit übernommen wird (siehe dort).
Die Namensgebung der amphibischen Kommandoschiffe erfolgte durchgehend nach amerikanischen Bergen und Gebirgen, ausgenommen die beiden Umbauten der drei eher skurrilen Einzelgänger AGC-6, 18 und 369, die ihre Namen behielten.

5.6.1.1. Appalachian-Klasse (AGC-1–3, 5)

AGC-1 Appalachian **AGC-2 Blue Ridge** **AGC-3 Rocky Mount** **AGC-5 Catoctin**	Bauwerften (2)	- Federal Shipbuilding in Kearny, N.J.: AGC-1–3 - Moore Dry Dock in Oakland, Ca.: AGC-5
	Stapelläufe	23.1.1943 – 27.3.1943
	Wasserverdrängung	12.800 ts (fl.)
	Abmessungen (LxBxT)	140,0 (133,7) x 19,2 x 7,8 m
	Antrieb	Dampfturbinen (2 Kessel), 6000 PS, 1 Welle
	Geschwindigkeit	15,5 kn
	Geschwindigkeit	8 x 533-mm-Torpedorohre

Schiffserkennung: MC-Standardschiff/Frachter C2; ein Schornstein im hinteren Aufbautenbereich, Aufbauten beginnend etwa ab der Schiffsmitte, darüber ein Gittermast; je eine Doppelreihe Masten am Vorschiff und am Achterschiff; gerader, leicht geneigter Vorsteven und leicht geschwungenes Heck.

Klassenbeschreibung: Dem Typ C2-S-B1 angehörig, wurden diese vier Schiffe des Standardprogramms der MC als Frachter im Jahr 1942 bei Federal (bzw. die spätere AGC-5 bei Moore) auf Kiel gelegt, jedoch 1943 zum Weiterbau als amphibische Kommandoschiffe bestimmt. Der Typ C2-S-B1 wurde bereits im Zusammenhang mit der AKA-15 »Andromeda«- und der APA-49 »Ormsby«-Klasse beschrieben.
Beim Umbau zu »Amphibious Force Flagships« wurden in den voluminösen Aufbauten und im Schiffsinneren Einrichtungen für die umfangreichen Stäbe installiert; der Platzbedarf war entsprechend groß, der gesamte Rumpfbereich wurde zwischen den Masten nochmals um ein Deck erhöht. Es gab, wie auch auf vergleichbaren nachfolgenden Klassen, umfangreiche Einrichtungen zur Funkübermittlung, Funk- und Radioüberwachung, Sprechfunkanlagen zur Führung der eigenen Flugzeuge und der Landungsboote, personalstarke Übersetzungs- und Abhördienste, Abteilungen für die Gestaltung von Land- und Lagekarten und deren Reproduktion, einen »Joint Operation Room« zur Verfolgung des aktuellen Lagebildes an Land und in der Luft und einen »War Command Room«, in dem Stabsoffiziere aller beteiligten Waffengattungen die vielen Informationen analysierten und entsprechende Befehle an die Truppen verfassten. Das äußerlich signifikanteste Merkmal des Umbaus war ein sehr großer Gittermast direkt hinter der Brücke, mit einem großen und reichweitenstarken SK-Luftüberwachungsradar (gegen Kriegsende durch das neuere Modell SK-2 ersetzt). Die Bewaffnung entsprach in etwa amphibischen Frachtschiffen bzw. Truppentransportern.

Einsatz/Verbleib: Indienststellungen für die Navy als AGC September und Oktober 1943. AGC-1 bis 3 verbrachten ihre Dienstzeit im Pazifik, AGC-5 bis 1945 vorwiegend in Europa, im Mittelmeer und wurde sogar im Schwarzen Meer eingesetzt (zur Vorbereitung der Jalta-Konferenz Anfang 1945).
Alle vier Schiffe wurden 1947 außer Dienst gestellt, verbrachten noch einige Jahre in der Reserveflotte und wurden, ohne je wieder reaktiviert worden zu sein, Anfang der 1960er Jahre abgebrochen.

AGC-3 »Rocky Mount«, Luftaufnahme am 23.10.1943, wenige Tage nach Indienststellung.

AGC-3 »Rocky Mount« nach Umbau bei Bethlehem Steel, vor Hoboken, am 23.10.1943.

AGC-1 »Appalachian« (AGC-1) Anfang 1946 auf einer Backbord-Aufnahme.

AGC-1 »Appalachian« im Februar 1944 im Bereich der Marshall-Inseln.

AGC-2 »Blue Ridge« auf einer Aufnahme vom 6.10.1943.

5.6.1.2. Ancon (AGC-4)

AGC-4 Ancon, ex AP-66; ab 1946 SS Ancon	Bauwerft	Bethlehem Shipbuilding in Quincy, Mass.
	Stapellauf	4.9.1938
	Wasserverdrängung	14.150 ts (fl.)
	Abmessungen (LxBxT)	150,6 (144,8) x 19,5 7,9 m
	Antrieb	Dampfturbinen (2 Kessel), 9000 PS, 2 Wellen
	Geschwindigkeit	17 kn
	Bewaffnung	2 x 127 mm, 8 x 40 mm

Schiffserkennung: MC-Standardschiff/Frachter C3; langgezogener Aufbautenbereich, darüber ein Gittermast vor einem breiten Schornstein; zwei Doppelreihen Masten am Vorschiff und eine am Achterschiff; gerader, leicht geneigter Vorsteven und leicht nach achtern auslaufendes Heck.

Klassenbeschreibung: Dieses ehemalige Frachtschiff der Panama Railroad Co. wurde 1938 gebaut. Gemeinsam mit den Schwesterschiffen »Panama« und »Christobal« gilt die Klasse grundsätzlich als Vorläufer des Standardtyps C-3. Im Januar 1942 wurde das Schiff von der U.S. Army übernommen und als Truppentransporter USAT »Ancon« ausgerüstet. Im August 1942 von der Navy angefordert und am 12.8.1942 als USS »Ancon« in Dienst gestellt. Anfang 1943 wurde es in Norfolk zum amphibischen Kommandoschiff umgebaut und am 26.2.1943 auf AGC umklassifiziert.

Einsatz/Verbleib: Indienststellung für die Navy als AP-66 im August 1942 und danach u.a. Teilnahme an der Invasion in Nordafrika 1942. Im Februar 1943 auf AGC-4 umklassifiziert. Nach Einsätzen in Europa (Sizilien, Salerno, Normandie) und im Pazifik (Okinawa) wurde es im Februar 1946 außer Dienst gestellt, an die Panama Railroad Co. retourniert und als ziviler Frachter in Fahrt genommen. Ab 1962 war es als »State of Maine« Schulschiff der Maine Maritime Academy, 1973 wurde es abgebrochen.

AGC-4 »Ancon« in der Norfolk NY am 21.3.1943, kurz nach dem Umbau als Kommandoschiff.

AGC-4 »Ancon« in der Bucht von Manila im August 1945 mit Tarnanstrich.

5.6.1.3. Duane (AGC-6)

AGC-6 Duane (ex WPG-33; ab 1944 WAGC-6, ab 1945 wieder WPG-33, ab 1965 WHEC-33)	Bauwerft	Philadelphia Naval Shipyard in Philadelphia, Pa.
	Stapellauf	3.6.1936
	Wasserverdrängung	2350 ts (2656 ts)
	Abmessungen (LxBxT)	100,0 x 12 x 3,8 m
	Antrieb	Dampfturbinen (2 Kessel), 66.200 PS, 2 Wellen
	Geschwindigkeit	20,5 kn
	Bewaffnung	7 x 40 mm

USCGC »Duane« (WPG-33) am 6.4.1953.

USCGC »Duane« W-33, ex AGC-6 in der Norfolk NY am 6.3.1944, Ansicht Breitseite, über Steuerbord.

Schiffserkennung: Häufig wechselnde Umbauten, nie als AGC der Navy in Dienst.

Klassenbeschreibung: Die 1935 auf Kiel gelegte WGP-33 »Duane« (ursprüngliche Schreibweise z.T. auch »William J. Duane«) der U.S. Coast Guard gehörte zu den sechs Schiffen der »Bibb«-Klasse (benannt nach dem ehemaligen Finanzminister George M. Bibb), z.T. auch als »Treasury-Klasse« bezeichnet, weil alle Schiffe nach ehemaligen Finanzministern benannt waren. Wie schon erwähnt, führen Coast Guard-Schiffe ein »W« vor der Kennung.

USCGC »Duane« wurde Anfang 1944 in Norfolk als amphibisches Kommandoschiff umgebaut und sollte als AGC-6 von der Navy übernommen werden; die Navy-Kennung wurde nur an dieses Schiff der Klasse vergeben. Die Übernahme durch die Navy ist nie erfolgt.

Die Schwesterschiffe WPG-31 »Bibb« (WAGC-31), WPG-32 »Campbell« (WAGC-32), WPG-35 »Ingham« (WAGC-35), WPG-36 »Spencer« (WAGC-36) und WPG-37 »Taney« (WAGC-37) wurden ebenfalls 1944 als Kommandoschiffe umgebaut, blieben aber schließlich auch bei der Coast Guard (mit WAGC-Klassifikationen) und erfüllten Aufgaben als Konvoy-Flaggschiffe; von der Navy wurden auch sie nie übernommen. In der Coast Guard wurden sie nach Kriegsende wieder auf WPG rückklassifiziert.

Einsatz/Verbleib: Eine Indienststellung für die Navy (als AGC-6) kam nie zustande. Das Schiff blieb (fortan als WAGC-6) bei der Coast Guard und diente mit Coast Guard-Besatzung vorwiegend im Mittelmeer, u. a bei der Invasion in Südfrankreich. 1945 wurde es wieder auf WGP-33 »Duane« rückklassifiziert, 1965 zu WHEC-33, als die Coast Guard in diesem Jahr ein eigenes Klassifikationssystem einführte. Das Schiff war bis 1985 in der USCG aktiv.

5.6.1.4. Mount McKinley-Klasse (AGC-7–14)

AGC / LCC-7 Mount McKinley, ex SS Cyclone AGC-8 Mount Olympus, ex SS Eclypse AGC-9 Wasatch, ex SS Fleetwing AGC-10 Auburn, ex SS Kathay AGC / LCC-11 Eldorado, ex SS Monsoon AGC / LCC-12 Estes, ex SS Morning Star AGC-13 Panamint, ex SS Northern Light AGC-14 Teton, ex SS Witch of the Wave	Bauwerft	North Carolina Shipbuilding in Wilmington, N.C.
	Stapelläufe	21.9.1943 – 5.2.1944
	Wasserverdrängung	12.750 ts (fl.)
	Abmessungen (LxBxT)	140,0 (134,4) x 19,2 x 8,3 m
	Antrieb	Dampfturbinen (2 Kessel), 6600 PS, 2 Wellen
	Geschwindigkeit	16 kn
	Bewaffnung	2 x 127 mm, 8 x 40 mm

Schiffserkennung: MC-Standardschiff/Frachter C2; ein recht kleiner Schornstein im hinteren Aufbautenbereich; Aufbauten beginnend etwa ab Schiffsmitte, darüber ein Gittermast im vorderen Bereich; ein Zwillingsmast vor den Aufbauten und ein einzelner Mast achtern; leicht geneigter Vorsteven, gerundetes Heck.

Klassenbeschreibung: Diese Klasse umfasst acht amphibische Kommandoschiffe, die alle 1943 bei North Carolina Shipbuilding in Wilmington auf Kiel gelegt wurden und dem MC-Standardtyp C2-S-AJ1 angehörten. Auch die nachfolgende »Adirondack«-Klasse (AGC-15–17) ist diesem zuzurechnen. Er ähnelt sehr dem Typ C2-S-AJ3, der bereits im Rahmen der AKA der »Tolland«-Klasse beschrieben wurde. Der Typ C2-S-AJ1 wurde aus dem Grundtyp C2 entwickelt, ausgestattet mit umfangreichen Kühleinrichtungen; 64 Einheiten wurden gebaut, alle 1943 bei North Carolina Shipbuilding.
Die acht Schiffe wurden von Dezember 1943 bis Februar 1944 von der Navy angefordert und auf verschiedenen Werften an der Ostküste zu amphibischen Kommandoschiffen umgebaut. Die

AGC-13 »Panamint« vor der Mare Island NY, San Francisco Bay am 28.12.1944.

AGC-11 »Eldorado« nach zweimonatigem Umbau in der Mare Island NY, am 22.11.1944.

AGC-7 »Mount McKinley«, San Francisco Bay am 25.8.1945, mit rückkehrenden Soldaten.

AGC-11 »Eldorado« beim Auslaufen aus San Francisco Bay im August 1952.

AGC-7 »Mount McKinley« als Flaggschiff Amphibious Force der 7. Flotte Westpazifik 1964.

Schiffe hatten bereits Namen als Frachtschiffe, welche die Navy aber nicht übernahm.

Einsatz/Verbleib: Indienststellungen für die Navy als AGC von Mai bis Oktober 1944. Alle waren auf dem pazifischen Kriegsschauplatz im Einsatz und nahmen dort an mehreren großen Invasionen teil. AGC-9, 10, 13 und 14 wurden bereits 1946/47 außer Dienst gestellt, blieben aber noch einige Jahre in der Reserveflotte, bevor sie aus der Schiffsliste gestrichen wurden; AGC-8 kam 1956 außer Dienst, wurde 1961 gestrichen und nachfolgend abgebrochen.
Drei Schiffe blieben sehr lange in Dienst: AGC-7 erlebte noch den Koreakrieg (Incheon-Landung mit General McArthur an Bord), den Vietnamkrieg, war u.a. Kommandoschiff bei der Invasion im Libanon 1958 und wurde erst 1970 außer Dienst gestellt; AGC-11 erlebte ebenfalls den Korea- und Vietnamkrieg und kam 1972 außer Dienst, ähnlich AGC-12, die 1970 außer Dienst gestellt wurde. Zumindest AGC-7 und 11 wurden noch mit FRAM-Mitteln modernisiert, möglicherweise auch AGC-12 (das ist nicht klar belegt).
AGC-7, 11 und 12 wurden noch am 1.1.1969 auf LCC-7, 11 und 12 umklassifiziert, alle in den 1970er Jahren aus der Schiffsliste gestrichen und auf Abbruch verkauft.

5.6.1.5. Adirondack-Klasse (AGC-15–17)

AGC-15 Adirondack AGC-16 / LCC-16 Pocono AGC-17 / LCC-17 Taconic	Bauwerft	North Carolina Shipbuilding in Wilmington, N.C.
	Stapelläufe	13.1.1945 – 10.2.1945
	Wasserverdrängung	12.750 ts (fl.)
	Abmessungen (LxBxT)	140,0 (134,4) x 19,2 x 8,3 m
	Antrieb	Dampfturbinen (2 Kessel), 6600 PS, 2 Wellen
	Geschwindigkeit	16 kn
	Bewaffnung	2 x 127 mm, 8 x 40 mm

Schiffserkennung: MC-Standardschiff/Frachter C2; ein recht kleiner Schornstein im hinteren Aufbautenbereich; Aufbauten beginnend etwa ab Schiffsmitte, darüber ein Gittermast im vorderen Bereich; ein Zwillingsmast vor den Aufbauten und ein einzelner Mast achtern; leicht geneigter Vorsteven, gerundetes Heck.

Klassenbeschreibung: Wie bereits bei der Beschreibung der »Mount McKinley«-Klasse erwähnt, gehören auch diese drei Einheiten der »Adirondack«-Klasse dem MC-Standardtyp C2-S-AJ1 an und weisen baulich dementsprechende Ähnlichkeiten auf; sie werden in der Literatur auch oft einer gemeinsamen Klasse zugerechnet.
Die Schiffe wurden 1944 bei North Carolina Shipbuilding in Wilmington auf Kiel gelegt, jedoch erst im Februar und März 1945 von der Navy angefordert; ex-Namen als Frachtschiffe hatten sie nicht mehr bekommen. Der etwa ein Jahr später durchgeführte Umbau zu amphibischen Kommandoschiffen konnte gegenüber der »Mount McKinley«-Klasse auf den gemachten Erfahrungen aufbauen und weist einige Modifikationen im Schiffsinneren auf; es wäre aber völlig legitim, sie nicht als eigene Klasse zu führen, was die Navy jedoch getan hat. Erkennungstechnischer Hauptunterschied ist ein einzelner Mast achtern gegenüber den beiden Masten auf der »Mount McKinley«-Klasse, die noch ein Relikt der Ladebäume der Frachtschiffversion gewesen waren.

Einsatz/Verbleib: Indienststellungen für die Navy als AGC zwischen September 1945 und Januar 1946, d.h. erst nach Kriegsende. AGC-15 wurde schon 1955 außer Dienst gestellt und 1961 von der Schiffsliste gestrichen (1972 abgebrochen). AGC-16 und 17 wurden am 1.1.1969 noch auf LCC-16 bzw.

AGC-17 »Taconic« in einer Luftaufnahme im Juli 1968.

AGC-16 »Pocono«, in den späten 1940er Jahren aufgenommen.

LCC-17 umklassifiziert. LCC-16 stellte dann im September 1971 außer Dienst, LCC-17 im Dezember 1969, beide wurden 1976 aus dem Naval Vessel Register gestrichen und Anfang der 1980er Jahre abgebrochen. Ein wichtiger Grund für ihr Ausscheiden war, dass ihre Geschwindigkeit im Rahmen der amphibischen »20-Knoten-Flotte« nicht mehr als ausreichend betrachtet wurde.

AGC-16 »Pocono« auf einer Luftaufnahme der 1960er Jahre.

5.6.1.6. Biscayne (AGC-18)

AGC-18 Biscayne, ex AVP-11, ab 1946 USCGC Dexter (WAGC-385), 1946 WAVP-385 und 1996 WHEC-385	Bauwerft	Pudget Sound Naval Shipyard in Bremerton, Wa.
	Stapellauf	23.5.1941
	Wasserverdrängung	1766 ts (2800 ts)
	Abmessungen (LxBxT)	94,7 x 12,5 x 3, 7 m
	Antrieb	Dieselmotoren, 6400 PS, 2 Wellen
	Geschwindigkeit	18,6 kn
	Bewaffnung	2 x 127 mm, 3 x 40 mm

Schiffserkennung: Ehemaliger Tender; als AGC zwei 12,7-cm-L/38-Geschütztürme am Vorschiff (überhöht), kleine, bullige Brückenaufbauten, unmittelbar dahinter ein Schornstein mit flacher, wulstartiger Kappe; ein Mast, ein Kran am Achterschiff, leicht geneigter, nach oben zu überhöhter Vorsteven, gerundetes Heck.

Klassenbeschreibung: Im Vergleich zu den davor beschriebenen Standard-Schiffstypen ein sehr kleines Schiff, ein ehemaliger Seeflugzeugtender, der 1939 auf Kiel gelegt wurde und 1941 als AVP-11 »Biscayne« in Dienst gestellt wurde. Das 1766 ts verdrängende Schiff gehörte der »Barnegat«-Klasse an, von der 35 Einheiten gebaut wurden.

Einsatz/Verbleib: Indienststellung für die Navy als AVP am 3.7.1941 und Einsatz im Atlantik. Das Schiff wurde im Mai 1943 in Oran in Algerien (vom Werkstattschiff AR-9 »Delta«) durch einfache Umbaumaßnahmen für amphibische Flaggschiffaufgaben adaptiert und nahm später an der Invasion von Sizilien, Salerno, Anzio und Südfrankreich teil. Sie führte dabei weiterhin zwei 12,7-cm-Geschütztürme am Vorschiff. Erst am 10.10.1944 wurde es auf AGC-18 umklassifiziert, hatte aber, wie erwähnt, auch davor mehrfach amphibische Flaggschiffaufgaben innegehabt.
Erst im Juli 1946 wurde es diesem Aufgabenbereich entzogen und an die U.S Coast Guard übergeben, wo mehrere ehemalige AVP dieser Klasse Dienst taten (dort auch »Casco«-Klasse genannt). Das Schiff wurde in USCGC »Dexter« (WAVP-385) umbenannt. 1966 als WHEC-385 umklassifiziert. 1968 an die Navy zurückgegeben und noch im gleichen Jahr als Zielschiff versenkt.

USS »Biscayne«, noch als AVP-11 zur Zeit der Anzio-Landung Januar 1944.

5.6.1.7. Blue Ridge-Klasse (LCC-19, 20)

LCC-19 Blue Ridge (ex AGC-19 LCC-20 Mount Whitney (ex AGC-20)	Bauwerften (2)	- Philadelphia Naval Shipyard in Philadelphia, Pa.: LCC-19 - Newport News Shipbuilding in Newport News, Va.: LCC-20
	Stapelläufe	4.1.1969 und 8.1.1970
	Wasserverdrängung	19.290 ts
	Abmessungen (LxBxT)	194,0 x 32,9 x 8,2 m
	Antrieb	Dampfturbinen (2 Kessel), 22.000 PS, 1 Welle
	Geschwindigkeit	23 kn
	Bewaffnung	4 x 76 mm, 2 Sea Sparrow BPDMS, später 2 Phalanx CIWS

Schiffserkennung: Der Gesamteindruck ist voluminös, ähnlich Hubschrauberträgern (siehe »Iwo Jima«-Klasse), mit ausgeprägtem Glattdeck, dieses aber ist unterbrochen durch massive Brückenaufbauten in der Schiffsmitte und einem (verkleideten) mastähnlichen Turm achtern sowie einigen vom Deck abstehenden Radarkuppeln etc. Der kleine Schornstein ist unauffällig in die Aufbauten integriert, davor befindet sich ein Mast. Der Rumpf ist über mehr als die halbe Schiffslänge mittschiffs geschwungen bzw. ausgebuchtet. Die Bordwand ist an dieser Ausbuchtung großteils geöffnet; leicht geneigter, überhöhter Vorsteven, leicht abgestuftes Spiegelheck in breiter V-Form, aber mit einer massiven erkerförmigen Ausbuchtung, nach unten hin spitz zulaufend.

LCC-19 »Blue Ridge«, aufgenommen im Pazifik am 17.11.2009.

Klassenbeschreibung: Genehmigt wurden diese zwei sehr interessanten Schiffe im FY 1965 bzw. 1966. Sie waren die ersten Nachkriegsbauten amphibischer Kommandoschiffe und die ersten Schiffe, die von Beginn an für diesen Zweck entworfen wurden.

In der Konstruktion des Schiffsrumpfes sind sie den Hubschrauberträgern der »Iwo Jima«-Klasse recht ähnlich, sie besitzen auch eine sehr ähnliche Maschinenanlage, mit ebenfalls nur einer Welle. Die großen freien Räume an Deck erinnern an ein Flugdeck, nur der querstehende Aufbautenbereich mittschiffs

LCC-20 »Mount Whitney« bei der 6. Flotte im Mittelmeer, vor Gaeta am 20.3.2019.

LCC-19 »Blue Ridge« Bugansicht, vor Hawaii am 3.9.1977, noch mit 76-mm-Mk 33-Flak.

LCC-19 »Blue Ridge« von achtern gesehen, vor dem Fujisan in Japan am 30.5.2008.

und ein voluminös verkleideter Mast in zentraler Lage achtern zerstören das Bild sofort; erst hinter diesem Mast-Turm ist eine Hubschrauberlandefläche zu finden, es sind aber keine Hangareinrichtungen vorhanden. Das breite und glatte Deck verjüngt sich nach vorne hin, wodurch das Schiff viel schnittiger wirkt als ein Hubschrauberträger der »Iwo Jima«-Klasse.
In der Bauphase noch als AGC-19 und 20 designiert, stellten sie nach der am 1.1.1969 in Kraft getretenen SECNAVINST 5030.1E bereits als LCC-19 und 20 in Dienst.
Die Eigenbewaffnung ist, wie auf amphibischen Kommandoschiffen üblich, eher bescheiden: nach ursprünglich zwei 76-mm-Doppellafetten Mk 33 erhielten sie 1974 zwei Sea Sparrow-Staranlagen zur Nahverteidigung. In den 1980er Jahren wurden zwei CIWS des Typs Phalanx installiert.
Zur ca. 780 Mann starken Besatzung kommen Einrichtungen für Stäbe von bis zu 200 Offizieren und 500 Mannschaften. Sie sind sowohl zur Führung eines amphibischen Verbandes auf See durch einen Commander Amphibious Task Group (CATG) als auch zur Führung durch einen Landing Force Commander (LFC) des Marine Corps ausgerüstet, ebenso zur Luftraumkontrolle durch einen Air Control Group Commander.
Die Praxis sieht aber so aus, dass beide Schiffe schon sehr lange Dienst als Flottenflaggschiffe versehen und nur nominell als amphibische Schiffe firmieren. Allerdings führen sie neben dem Flottenstab meist auch die Stäbe amphibischer Großverbände an Bord, dazu Nachrichtenabteilungen der Marines, d.h. sie erfüllen auch amphibische Aufgaben.
Der ursprünglich geplante Bau eines dritten Schiffes der Klasse (AGC-21) wurde ein Opfer der ausufernden Kosten des Vietnamkrieges, der Bau wurde vom Kongress nie genehmigt.

Einsatz/Verbleib: Indienststellungen für die Navy als LCC-19 am 14.11.1970 und LCC-20 am 16.1.1971. Mit der Außer-

LCC-19 »Blue Ridge« am 23.7.2007 beim Einlaufen in die Yokosuka Naval Base in Japan.

dienststellung des hochbetagten Kreuzers CG-5 »Oklahoma City« 1979 wurde LCC-19 »Blue Ridge« das neue Flaggschiff der 7. Flotte und ist seitdem in der Yokosuka Naval Base in Japan stationiert. Die Navy denkt vorerst an keine Außerdienststellung und will das Schiff bis 2039 in dieser Funktion behalten. LCC-20 »Mount Whitney« löste 1999 AGF-3 »La Salle« (bzw. den Kreuzer CG-10 »Albany«) als Flaggschiff der 6. Flotte im Mittelmeer ab, seit 2005 übt sie diese Funktion permanent aus und wurde dafür in Gaeta stationiert. Seit 2004 fährt das Schiff mit einer Besatzung des Military Sealift Command und erhielt 2005 die sehr spezielle Klassifikation bzw. Bezeichnung LCC/JCC-20, wobei das »JCC« für »Joint Command Ship« steht und bedeutet, dass sie als Kommandoschiff nicht nur für die Navy und die Marines, sondern für die Streitkräfte in der Region fungiert. Auch in diesem Fall ist bis auf weiteres an keine Außerdienststellung gedacht.

LCC-20 »Mount Whitney« in der Souda-Bucht auf Kreta am 18.9.2007, Steuerbordansicht.

5.6.1.8. Williamsburg (AGC-369)

AGC-369 Williamsburg, ex PG-56, ex Motorjacht Aras; ab 1962 Anton Brunn (National Science Foundation)	Bauwerft	Bath Iron Works, Maine
	Stapellauf	8.12.1930
	Wasserverdrängung	1870 ts (fl.)
	Abmessungen (LxBxT)	74,3 x 11,0 x 4,9 m
	Antrieb	2 Dieselmotoren, 220 PS, 2 Wellen
	Geschwindigkeit	14 kn
	Bewaffnung	2 x 76 mm

Schiffserkennung: Luxusjacht im Stil der 1930er Jahre, mäßig hohe Aufbauten, ein ovaler Schornstein, zwei Masten; Vorschiff ein Deck höher als Hauptdeck; leicht geneigter Vorsteven, Heck von der Wasserlinie aus flach ausladend.

Klassenbeschreibung: Eine der wohl kuriosesten Einheiten, die aufgrund des Fehlens passender Klassifikationen in die amphibische Kategorie »rutschte«, ohne je ein wirklich amphibisches Schiff gewesen zu sein: Als private Jacht (1870 ts) mit Namen »Aras« für einen Multimillionär namens Hugh J. Chisholm Jr. 1931 fertiggestellt; am 24.4.1941 von der Navy angefordert und nachfolgend bei Bewer and Repair Co. in Brooklyn als Kanonenboot umgebaut und in »Williamsburg« umbenannt.

Einsatz/Verbleib: Indienststellungen für die Navy als PG-56 am 7.10.1941. Ab Ende 1941 meist als Stabs- und Wohnschiff in Island und dann ab 1943 in Norfolk im Einsatz, wurde das Schiff am 10.11.1945 als AGC-369 umklassifiziert. In Verwendung als Jacht für die Präsidenten Truman und Eisenhower unternahm USS »Williamsburg« zahlreiche Kreuzfahrten für Staatsgäste und Diplomaten. Am 30.6. 1953 wurde sie in der Washington Navy Yard außer Dienst gestellt, dem Potomac River Naval Command mit »Special Status« übergeben und am 1.4.1962 aus der Navy-Liste gestrichen. Danach kam sie noch als ozeanographisches Forschungsschiff mit Namen »Anton Brunn« für die National Science Foundation in Fahrt und wurde nach wechselvollem weiteren Schicksal erst 2016 abgebrochen.

AGC-369 »Williamsburg« am 13.11.1945 in Charleston, S.C. unmittelbar nach der Umklassifizierung von PG auf AGC.

5.7. Amphibische Feuerschutzschiffe

5.7.1. Amphibische Feuerschutzschiffe (LFR/IFS)

Amphibische Operationen erfordern traditionell umfassende Feuerunterstützung von See her, die dafür eingesetzten Einheiten, vom Schlachtschiff bis Kreuzer und Zerstörer abwärts, galten aber auch bei Landeoperationen natürlich nie als Teil der amphibischen Flotte. Die U.S. Navy begann aber im Zweiten Weltkrieg auch amphibische Schiffe speziell für diese Aufgaben umzurüsten, wobei hier die LSM zu nennen sind, die für die neue Verwendung mit Geschützen und vor allem Raketenwerfern ausgestattet wurden und als »Landing Ship Medium (Rocket)« bzw. »LSMR« klassifiziert wurden. Sie werden hier nicht in einem separaten Kapitel aufgelistet, da LSM (und auch LST) in zahlreichen weiteren Spezialvarianten zum Einsatz kamen, auch mit amphibischen Unterstützungsaufgaben, sei es als Lazarettschiffe, Werkstattschiffe, Tender etc. und dabei oft auch dementsprechende Klassifikationen erhielten.

Im Fall der amphibischen Feuerschutzschiffe bzw. Küstenbeschussschiffe baute die U.S. Navy aber Anfang der 1950er Jahre ein völlig neues Schiff für diese Aufgabenstellung, das als »Inshore Fire Support Ship« bezeichnet und mit IFS klassifiziert wurde. Selbst das würde noch nicht zwingend die Behandlung in diesem Buch verlangen, da man den Typ einfach als einen der Artillerieträger für Spezialaufgaben sehen könnte. Mit Verordnung 5030.1E des Marineministers wurde der Typ IFS aber mit Wirksamkeit 1.1.1969 ausdrücklich als der eines Landungsschiffes determiniert und dafür die neue Klassifikation LFR eingeführt, wobei die Buchstaben für »Landing Ship/ Fire Support/Rocket« stehen. Neben dem einzigen Neubau dieses Typs, USS »Carronade« (LFR-1), waren davon noch ein Dutzend LSMR betroffen, die auf LFR umklassifiziert wurden. Auch diese sind bereits im Kapitel LSM aufgelistet und werden hier nur zusammenfassend erwähnt.

Es gab nach USS »Carronade« keine weiteren Neubauten dieses Typs, in den 1970er Jahren verschwand die Klassifikation LFR daher wieder aus der U.S. Navy. Benannt war das Schiff nach der Karronade, einer leichten Kanone kurzer Reichweite, die Ende des 18. Jahrhunderts z.T. als Zusatzbewaffnung auf Linienschiffen eingeführt wurde.

5.7.1.1. Carronade (LFR-1/IFS-1)

LFR-1/IFS-1 Carronade	Bauwerft	Pudget Sound Naval Shipyard in Bremerton, Wa.
	Stapellauf	26.5.1953
	Wasserverdrängung	1500 ts
	Abmessungen (LxBxT)	75,0 x 11,7 x 3,4 m
	Antrieb	Dieselmotoren, 3100 PS, 2 Wellen
	Geschwindigkeit	15 kn
	Bewaffnung	1 x 127 mm, 4 x 40 mm, 8 Raketenwerfer 12,7 cm RK 105

Schiffserkennung: Glattdecker mit hohen Aufbauten achtern, davor ein 12,7-cm-Geschützturm und davor kleine Gestelle für Raketenwerfer, ein leicht nach achtern geneigter Schornstein am Ende der Aufbauten, unmittelbar davor der einzige Mast; Vorschiff spitz nach oben zulaufend, gerundeter Vorsteven, flaches nach unten hin zulaufendes Heck. Die Silhouette erinnert an das Design eines Panzer-Landungsschiffes.

Klassenbeschreibung: Das erste Inshore Fire Support Ship (Feuerschutzschiff) der U.S. Navy mit der neuen Klassifikation IFS war ein Neubau, USS »Carronade« (IFS-1), der im November 1952 auf Kiel gelegt und im Mai 1955 in Dienst gestellt wurde. Die Aufgabenstellung des 1500 ts großen Schiffes bestand darin, amphibische Landungen oder Operationen in Küstennähe direkt mit Raketenwerfern und Geschützen artilleristisch zu unterstützen. Das Schiff ähnelte äußerlich einem LST bzw. LSM, da sich die kleinen (und einzigen) Aufbauten ganz achtern befanden. Die Bewaffnung bestand aus einem 12,7-cm-L/38-Geschütz, acht Doppel-Raketenwerfern vom Typ Mk 105 sowie zwei 40-mm-Luftabwehrgeschützen. Jeder

IFS-1 »Carronade« vor Danang in Vietnam am 11.11.1967, dahinter LSM(R)-536.

Rechte Seite: IFS-1 »Carronade« im Puget Sound, Wa., am 25.5.1955.

Werfer war in der Lage, 30 Raketen pro Minute abzufeuern. Sie wurden von einem modernen, elektronischen Feuerleitsystem gesteuert (Mk 52), welches die Treffsicherheit gegenüber dem in dieser Rolle verwendeten Typ Landing Ship Medium (Rocket) deutlich erhöhte. Ausgestattet mit zwei verstellbaren Propellern war das Schiff sehr manövrierfähig und wendig, aber mit einer Höchstgeschwindigkeit von nur bis zu 17 Knoten recht langsam. Die Besatzung bestand aus 162 Mann. USS »Carronade« erregte schon in der Bauphase international erhebliches Interesse und Aufsehen in der Fachwelt, da es von der U.S. Navy zeitweise als Leitschiff einer möglicherweise großen Serie eines neuen Schiffstyps gesehen wurde. Der Typ des Inshore Fire Support Ships bzw. LFR erlebte aber keinen Siegeszug als Schiffstyp, USS »Carronade« blieb dann der einzige Neubau ihrer Art. Für das FY 1966 war zeitweise der Bau einer neuen, als IFS-2 designierten Einheit geplant, ein Bauauftrag erfolgte aber nicht. Der vielfach erwartete Navy-Großauftrag für diese Klasse blieb jedenfalls aus.

Neben LFR-1 »Carronade« wurden am 1.1.1969 auch 12 ehemalige LSM in Verwendung als Landing Ship Medium (Rocket) auf LFR umklassifiziert, die vorher als LSM(R) geführt worden waren.

Einsatz/Verbleib: Indienststellung für die Navy als IFS-1 am 25.5.1955. Nach umfassenden Erprobungen des Schiffes erfolgten zwei Einsatzfahrten in den Westpazifik. Danach wurde es schon am 31.5.1960 außer Dienst gestellt und in die Reserve überführt. Auch für die bald als Maßstab geltende »20-Knoten-Flotte« war sie als amphibisches Schiff zu langsam.

Am 2.10.1965 wurde sie für den Vietnamkrieg wieder in Dienst gestellt und diente dort als Flaggschiff der Inshore Fire Support Division 93. Mit 1.1.1969 erhielt sie die mit SECNAVINST 5030.1E neu geschaffene Klassifikation LFR-1. Die Buchstabenfolge stand für »Landing Ship/Fire Support/Rocket«.

LFR-1 »Carronade« wurde am 24.7.1970 wieder außer Dienst gestellt, am 1.5.1973 aus dem Schiffsregister gestrichen und im September 1974 zur Verschrottung verkauft.

5.7.1.2. LSM-Umbauten (LSMR/LFR)

Im Zweiten Weltkrieg wurden auch 59 Landing Ship Medium (LSM) als Artillerie- und Raketenträger zum Feuerschutz für amphibische Operationen umgebaut, die erste Gruppe war LSM-188–199, die auch als LSMR-188-Klasse bezeichnet wird. Die LSM-Klassifikation wurde auf LSM(R) für »Landing Ship Medium (Rocket)« ergänzt, die Schiffe erhielten ein 12,7-cm-Geschütz und vor allem eine große Anzahl von Gestellen für Raketenwerfer vom Typ Mk 36 und Mk 30, die Aufbauten verblieben an der Steuerbordseite mittschiffs. Die Feuertaufe erlebten die so umgebauten Schiffe bei der Landung auf Okinawa. Aufgrund des großen Bedarfs wurden weitere Einheiten ab LSM-401 für diese Aufgabe umgerüstet, nun bereits auf der Bauwerft, sie werden z.T. auch als eigene LSMR-401-Klasse geführt. Grundsätzlich sind alle Umklassifizierungen der LSM für eine Spezialverwendung der Navy in der Auflistung aller LSM-Laufnummern von LSM-1 bis LSM-558 angeführt, nämlich als:

- LSM(R)-188–199
- LSM(R)-40–412
- LSM(R)-501–535

Neben dem Neubau und Einzelgänger »Carronade« wurden am 1.1.1969 auch 12 ehemalige LSM, die noch in Verwendung als Landing Ship Medium (Rocket) waren, auf LFR umklassifiziert. Nur diese werden zum Überblick nachfolgend zusammenfassend aufgelistet, zudem sind sie aber auch in der Auflistung der LSM zu finden und werden hier nur erwähnt:

LFR-401 Big Black River, ex LSM(R)-401
LFR-404 Black Warrior River, ex LSM(R)-404
LFR-405 Broadkill River, ex LSM(R)-405
LFR-409 Clarion River, ex LSM(R)-409
LFR-412 Desplaines River, ex LSM(R)-412
LFR-512 Lamiolle River, ex LSM(R)-512
LFR-513 Laramie River, ex LSM(R)-513
LFR-515 Owyhee River, ex LSM(R)-515
LFR-522 Red River, ex LSM(R)-522
LFR-525 St Francis River, ex LSM(R)-525
LFR-531 Smoky Hill River, ex LSM(R)-531
LFR-536 White River, ex LSM(R)-536

Das Design und Aussehen der Schiffe ähnelt aufgrund des recht substantiellen Umbaus auf den ersten Blick viel mehr der USS »Carronade« als den klassischen LSM, u.a. wegen eines ebenfalls vorhandenen 12,7-cm-Geschützturms, das gilt ganz besonders für die Schiffe ab LSM(R)-401, wo die Aufbauten beim Umbau ganz auf das Achterschiff verlegt wurden.

6. Die Landungsschiffe der U.S. Navy zur direkten Anlandung nach Typen und Klassen

6.1. Große und mittelgroße Panzer-Landungsschiffe

6.1.1. Die Schiffstypen LST und LSM

Das Thema LST und LSM könnte (und sollte eigentlich) ein eigenes Buch füllen. Der Typ »Tank Landing Ship« bzw. »Landing Ship Tank« (LST) oder zu Deutsch »Panzer-Landungsschiff« bzw. auch »Kampfwagen-Landungsschiff« ist zur direkten Anlandung von Panzern, Fahrzeugen, Gefechtsfracht und Landungstruppen vorgesehen.
Der Schiffstyp LST ist der größte, der zur direkten Landung an einem Strand- oder Küstenabschnitt bestimmt ist, es wurden in der U.S. Navy insgesamt 1198 Laufnummern vergeben. Der nächstgrößte Typ an Panzer-Landungsschiffen, der ebenfalls noch die Bezeichnung »Ship« im Namen führt, ist der Typ LSM (Landing Ship Medium), von dem insgesamt 558 Laufnummern vergeben wurden.
Die nachstehenden Auflistungen aller LST und LSM beinhalten nur die weitere militärische Verwendung der Schiffe für die USA und andere Staaten, nicht aber die allfällige Verwendung im zivilen Bereich. Auch alle Umklassifizierungen und Namensänderungen im Bereich der U.S. Navy sind erfasst, ebenso alle Transfers an fremde Marinen und Streitkräfte. Allfällige spätere zivile Verwendungen und Namen sind dagegen nicht angeführt.

6.1.1.1. LST-1-Klasse (LST-1-1152)

LST-1	LST-10, umklassifiziert als ARL-1 Achelous	LST/LST(H)-19
LST-2; an England im Zweiten Weltkrieg	LST-11; an England im Zweiten Weltkrieg	LST-20
LST-3; an England im Zweiten Weltkrieg	LST-12; an England im Zweiten Weltkrieg	LST-21
LST-4; an England im Zweiten Weltkrieg	LST-13; an England im Zweiten Weltkrieg	LST-22
LST-5; an England im Zweiten Weltkrieg	LST-14, umklassifiziert als AGP-5 Varuna	LST/LST(H)-23
LST-6; an England im Zweiten Weltkrieg; Kriegsverlust	LST-15, umklassifiziert als ARB-3 Phaon	LST-24
LST-7	LST-16	LST-25
LST-8; an England im Zweiten Weltkrieg	LST-17	LST-26
LST-9; an England im Zweiten Weltkrieg	LST-18	LST-27
		LST-28

LST-29
LST-30
LST-31; 1955 USS Addison County
LST-32; 1955 USS Alameda County, umklassifiziert als AVB-1
LST-33; an griechische Exilmarine 1943
LST-34
LST-35; an griechische Exilmarine 1943
LST-36; an griechische Exilmarine 1943
LST-37; an griechische Exilmarine 1943
LST/LST(H)-38
LST-39, umklassifiziert als YF-1079 (Ersatzteilversorger)
LST-40; 1946 an Südkorea
LST/LST(H)-41
LST/LST(H)-42
LST-43; Kriegsverlust im Zweiten Weltkrieg
LST-44
LST-45; 1958 an Griechenland
LST-46
LST-47; MSTS, 1972 an Philippinen
LST-48
LST-49
LST-50, umklassifiziert als ARB-13; 1953 an Norwegen, 1960 an Griechenland
LST-51
LST-52
LST-53, umklassifiziert als APL-59; 1954 an Südkorea
LST-54
LST-55
LST-56
LST-57; 1955 USS Armstrong County
LST-58
LST-59
LST-60; 1955 USS Atchison County
LST-61
LST-62; an England im Zweiten Weltkrieg
LST-63; an England im Zweiten Weltkrieg
LST-64; an England im Zweiten Weltkrieg
LST-65; an England im Zweiten Weltkrieg
LST-66
LST-67
LST-68
LST-69; Kriegsverlust im Zweiten Weltkrieg
LST-70
LST-71
LST-72; 1946 an Philippinen
LST-73
LST-74
LST-75; 1947 an Philippinen
LST-76; an England im Zweiten Weltkrieg
LST-77; an England im Zweiten Weltkrieg
LST-78
LST-79; an England im Zweiten Weltkrieg
LST-80; an England im Zweiten Weltkrieg
LST-81, 1943 umklassifiziert als ARL-5; dann an England; 1947 an Argentinien
LST-82, 1943 umklassifiziert als ARL-6; dann an England; 1947 an Argentinien
LST-83, 1943 umklassifiziert als ARL-4 Adonis
LST/LST(H)-84
LST-85 - LST-116, Bau storniert September 1942
LST/LST(H)-117; MSTS
LST/LST(H)-118
LST-119
LST-120; 1947 an Südkorea
LST/LST(H)-121
LST-122
LST/LST(H)-123
LST-124
LST-125
LST-126
LST-127
LST-128
LST-129, umklassifiziert als IX-198 Cohasset
LST-130
LST-131
LST-132, umklassifiziert als ARB-4 Zeus
LST-133
LST-134
LST-135, umklassifiziert als AGP-10 Orestes
LST-136, umklassifiziert als ARL-8 Egeria
LST-137; 1948 an Venezuela (Shell)
LST-138
LST-139
LST-140
LST-141
LST-142 bis LST-156, Bau storniert September 1942
LST-157; an England im Zweiten Weltkrieg
LST-158; Kriegsverlust im Zweiten Weltkrieg
LST-159; an England im Zweiten Weltkrieg
LST-160; an England im Zweiten Weltkrieg
LST-161; an England im Zweiten Weltkrieg
LST-162; an England im Zweiten Weltkrieg
LST-163; an England im Zweiten Weltkrieg
LST-164; an England im Zweiten Weltkrieg
LST-165; an England im Zweiten Weltkrieg
LST-166
LST-167; Kriegsverlust im Zweiten Weltkrieg
LST-168
LST-169
LST-170
LST-171
LST-172
LST-173 an England im Zweiten Weltkrieg
LST-174
LST-175
LST-176; MSTS
LST-177; 1947 an Frankreich
LST-178; an England im Zweiten Weltkrieg; an Ägypten 1946 (Kriegsverlust 1956)
LST-179; Kriegsverlust im Zweiten Weltkrieg
LST-180; an England im Zweiten Weltkrieg
LST-181
LST-182 bis LST-196, Bau storniert September 1942
LST-197
LST-198; an England im Zweiten Weltkrieg; 1948 an Venezuela (Shell)
LST-199; an England im Zweiten Weltkrieg
LST-200; an England im Zweiten Weltkrieg; 1948 an Venezuela (Shell)
LST-201, umklassifiziert als AGP-20 Pontus
LST-202
LST-203; Kriegsverlust im Zweiten Weltkrieg
LST-204
LST/LST(H)-205
LST-206
LST-207
LST-208
LST-209; 1955 USS Bamberg County
LST-210
LST-211
LST-212
LST/LST(H)-213; 1955 an Südkorea
LST-214; an England im Zweiten Weltkrieg
LST-215; an England im Zweiten Weltkrieg
LST-216; an England im Zweiten Weltkrieg; Kriegsverlust
LST-217; an England im Zweiten Weltkrieg
LST-218; 1955 an Südkorea
LST-219
LST-220
LST-221

LST/LST(H)-222; 1972 an Philippinen
LST/LST(H)-223
LST-224
LST-225
LST-226
LST-227; 1955 an Südkorea
LST-228; Kriegsverlust im Zweiten Weltkrieg
LST-229
LST-230; 1976 an Philippinen
LST-231, umklassifiziert als ARL-7 Atlas
LST-232 - LST-236, storniert September 1942
LST-237; an England im Zweiten Weltkrieg
LST-238; an England im Zweiten Weltkrieg
LST-239; an England im Zweiten Weltkrieg
LST-240
LST-241
LST/LST(H)-242
LST/LST(H)-243
LST-244
LST-245
LST-246; U.S. Army
LST/LST(H)-247
LST-248 - LST-260, Bau storniert September 1942
LST-261
LST-262
LST-263; 1955 USS Benton County
LST-264
LST-265
LST-266; 1955 USS Benzie County
LST-267
LST/LST(H)-268
LST-269
LST-270
LST-271
LST-272
LST-273
LST-274
LST-275
LST/LST(H)-276; MSTS: 1974 an Singapur
LST-277; MSTS; 1973 an Chile
LST-278, umklassifiziert als IX-209 Seaward
LST-279; 1955 USS Berkeley County; 1955 an Taiwan
LST-280; an England im Zweiten Weltkrieg
LST-281; MSTS
LST-282; Kriegsverlust im Zweiten Weltkrieg
LST-283; 1951 an Peru
LST-284
LST-285
LST-286
LST-287; MSTS; 1976 an Philippinen
LST-288; 1955 USS Berkshire County; 1956 an Südkorea
LST-289; an England im Zweiten Weltkrieg; 1947 an Niederlande
LST-290
LST-291
LST-292
LST-293
LST-294; 1950 an Thailand
LST-295
LST-296 - LST-300, storniert September 1942
LST-301; an England im Zweiten Weltkrieg
LST-302; an England im Zweiten Weltkrieg
LST-303; an England im Zweiten Weltkrieg
LST-304; an England im Zweiten Weltkrieg
LST-305; an England im Zweiten Weltkrieg
LST-306; 1955 USS Bernalillo County; an Taiwan
LST-307
LST-308
LST-309
LST-310, umklassifiziert als ARL-42 Aeolus
LST-311; an England im Zweiten Weltkrieg
LST-312
LST-313; Kriegsverlust im Zweiten Weltkrieg
LST-314; Kriegsverlust im Zweiten Weltkrieg
LST-315; an England im Zweiten Weltkrieg
LST-316, umklassifiziert als ARL-43 Cerberus
LST-317, umklassifiziert als ARL-44 Conus
LST-318; Kriegsverlust im Zweiten Weltkrieg; 1948 an Venezuela (Shell)
LST-319; an England im Zweiten Weltkrieg
LST-320; an England im Zweiten Weltkrieg
LST-321; an England im Zweiten Weltkrieg
LST-322; an England im Zweiten Weltkrieg; 1947 an Griechenland
LST-323; an England im Zweiten Weltkrieg
LST-324; an England im Zweiten Weltkrieg
LST-325
LST-326; an England im Zweiten Weltkrieg; 1946 an Frankreich
LST-327 1964 an Griechenland
LST-328, umklassifiziert als ARB-2 Oceanus
LST-329, umklassifiziert als ARB-1 Aristaeus
LST-330, umklassifiziert als AGP-4 Portunus
LST-331; an England im Zweiten Weltkrieg
LST-332, umklassifiziert als ARL-45 Feronia
LST-333; Kriegsverlust im Zweiten Weltkrieg
LST-334
LST-335
LST-336; an England im Zweiten Weltkrieg
LST-337; an England im Zweiten Weltkrieg
LST-338
LST-339
LST-340, umklassifiziert als IX-196 Spark
LST-341
LST-342; Kriegsverlust im Zweiten Weltkrieg
LST-343; 1947 an Südkorea
LST-344; 1955 USS Blanco County
LST-345; 1948 an Venezuela (Shell)
LST-346; an England im Zweiten Weltkrieg
LST-347; an England im Zweiten Weltkrieg
LST-348; Kriegsverlust im Zweiten Weltkrieg; an Frankreich 1948
LST-349; Kriegsverlust im Zweiten Weltkrieg
LST-350, umklassifiziert als ARL-46 Chandra
LST-351; an England im Zweiten Weltkrieg; 1947 an Niederlande
LST-352; an England im Zweiten Weltkrieg; 1947 an Griechenland
LST-353; Kriegsverlust im Zweiten Weltkrieg
LST-354
LST-355
LST-356; 1955 USS Bledsoe County; 1970 an Indonesien
LST-357
LST-358; an England im Zweiten Weltkrieg
LST-359; Kriegsverlust im Zweiten Weltkrieg
LST-360; an England im Zweiten Weltkrieg
LST-361; an England im Zweiten Weltkrieg; 1946 an Nationalchina
LST-362; an England im Zweiten Weltkrieg
LST-363; an England im Zweiten Weltkrieg
LST-364; an England im Zweiten Weltkrieg; Kriegsverlust
LST-365; an England im Zweiten Weltkrieg
LST-366; an England im Zweiten Weltkrieg
LST-367; an England im Zweiten Weltkrieg
LST-368; an England im Zweiten Weltkrieg
LST-369; an England im Zweiten Weltkrieg

LST-370
LST-371; an England im Zweiten Weltkrieg
LST-372
LST-373; an England im Zweiten Weltkrieg
LST-374, umklassifiziert als ARL-47 Minerva
LST-375
LST-376; Kriegsverlust im Zweiten Weltkrieg
LST-377
LST-378
LST-379
LST-380; an England im Zweiten Weltkrieg; 1946 an Südkorea, 1955 Taiwan
LST-381; an England im Zweiten Weltkrieg
LST-382; an England im Zweiten Weltkrieg
LST-383; an England im Zweiten Weltkrieg; 1948 an Frankreich
LST-384
LST-385; an England im Zweiten Weltkrieg
LST-386; an England im Zweiten Weltkrieg
LST-387
LST-388; 1947 an Südkorea
LST-389; 1955 USS Boone County; 1960 an Griechenland
LST-390
LST-391; 1955 USS Bowman County 1960 an Griechenland
LST-392
LST-393; Museumsschiff in Muskegon, Michigan
LST-394; an England im Zweiten Weltkrieg
LST-395
LST-396; Kriegsverlust im Zweiten Weltkrieg
LST-397
LST-398
LST-399, umklassifiziert als IX-511
LST-400; 1955 USS Bradley County; 1958 an Taiwan
LST-401; an England im Zweiten Weltkrieg
LST-402; an England im Zweiten Weltkrieg
LST-403; an England im Zweiten Weltkrieg
LST-404; an England im Zweiten Weltkrieg; Kriegsverlust
LST-405; an England im Zweiten Weltkrieg; Kriegsverlust
LST-406; an England im Zweiten Weltkrieg; 1949 an Nationalchina
LST-407; an England im Zweiten Weltkrieg; Kriegsverlust
LST-408; an England im Zweiten Weltkrieg
LST-409; an England im Zweiten Weltkrieg; 1946 a Griechenland
LST-410; an England im Zweiten Weltkrieg
LST-411; an England im Zweiten Weltkrieg; Kriegsverlust
LST-412; an England im Zweiten Weltkrieg
LST-413; an England im Zweiten Weltkrieg
LST-414; an England im Zweiten Weltkrieg; Kriegsverlust
LST-415; an England im Zweiten Weltkrieg; Kriegsverlust
LST-416; an England im Zweiten Weltkrieg
LST-417; an England im Zweiten Weltkrieg
LST-418; an England im Zweiten Weltkrieg; Kriegsverlust
LST-419; an England im Zweiten Weltkrieg
LST-420; an England im Zweiten Weltkrieg; Kriegsverlust
LST-421; an England im Zweiten Weltkrieg
LST-422; an England im Zweiten Weltkrieg; Kriegsverlust
LST-423; an England im Zweiten Weltkrieg
LST-424; an England im Zweiten Weltkrieg
LST-425; an England im Zweiten Weltkrieg
LST-426; an England im Zweiten Weltkrieg
LST-427; an England im Zweiten Weltkrieg
LST-428; an England im Zweiten Weltkrieg
LST-429; an England im Zweiten Weltkrieg; Kriegsverlust
LST-430; an England im Zweiten Weltkrieg
LST-431 - LST-445, Bau storniert September 1942
LST-446
LST-447; Kriegsverlust im Zweiten Weltkrieg
LST-448; Kriegsverlust im Zweiten Weltkrieg
LST-449
LST/LST(H)-450
LST-451
LST-452
LST-453, umklassifiziert als ARL-40 Remus
LST-454
LST-455. umklassifiziert als ARL-41 Achilles; 1947 an Nationalchina
LST-456; MSTS
LST-457
LST-458
LST-459
LST-460; Kriegsverlust im Zweiten Weltkrieg
LST-461
LST-462
LST-463
LST/LST(H)-464
LST-465
LST-466
LST-467
LST-468
LST-469
LST-470
LST-471
LST-472; Kriegsverlust im Zweiten Weltkrieg
LST-473
LST-474
LST-475
LST-476
LST/LST(H)-477
LST-478
LST-479
LST-480; Kriegsverlust im Zweiten Weltkrieg
LST-481
LST-482; 1955 USS Branch County
LST-483; 1955 USS Brewster County
LST-484
LST-485
LST/LST(H)-486
LST-487
LST/LST(H)-488; 1972 an die Philippinen
LST-489, umklassifiziert als ARL-2 Amycus
LST-490, umklassifiziert als ARL-3 Agenor
LST-491; MSTS; 1958 an Südkorea
LST-492
LST-493; Kriegsverlust im Zweiten Weltkrieg
LST-494
LST-495
LST-496; Kriegsverlust im Zweiten Weltkrieg
LST-497
LST-498
LST-499
LST-500
LST-501
LST-502
LST-503; 1953 an Taiwan
LST-504; 1955 USS Buchanan County
LST-505
LST-506
LST-507; Kriegsverlust im Zweiten Weltkrieg
LST-508; 1947 an Frankreich
LST-509; 1955 USS Bulloch County; 1970 an Südvietnam (1975 Nordvietnam)
LST-510; 1955 USS Buncombe County

LST-511
LST-512; 1955 USS Burnett County; 1955 an Peru
LST-513, umklassifiziert als ARL-9 Endymion
LST-514, umklassifiziert als ARB-5 Midas
LST-515; 1955 USS Caddo Parish; 1955 an die Philippinen
LST-516; 1955 USS Calaveras County
LST-517
LST-518, umklassifiziert als ARB-6 Nestor
LST-519; 1955 USS Calhoun County
LST-520; 1958 an Taiwan
LST-521; 1955 USS Cape May County
LST-522
LST-523; Kriegsverlust im Zweiten Weltkrieg
LST-524
LST-525; 1955 USS Caroline County
LST-526
LST-527; 1955 USS Cassia County
LST-528; 1955 USS Catahoula Parish
LST-529; 1955 USS Cayuga County
LST-530; MSTS
LST-531; Kriegsverlust im Zweiten Weltkrieg
LST-532; 1955 USS Chase County; 1974 an Singapur
LST-533; 1955 USS Cheboygan County
LST-534; de facto Kriegsverlust
LST-535; 1958 an Taiwan
LST-536: 1947 an Südkorea
LST-537; 1946 an Nationalchina/Taiwan
LST-538; an England im Zweiten Weltkrieg
LST-539
LST-540
LST-541
LST-542; 1955 USS Chelan County
LST-543
LST-544
LST-545
LST-546; MSTS; 1972 an Philippinen
LST-547
LST-548; MSTS
LST-549
LST-550
LST-551; 1955 USS Chesterfield County
LST-552
LST-553; an U.S. Army
LST-554
LST-555
LST-556
LST-557; 1946 an Nationalchina/Taiwan
LST-558
LST-559
LST-560
LST-561; 1955 USS Chittenden County
LST-562; 1970 an Indonesien
LST-563; Kriegsverlust im Zweiten Weltkrieg
LST-564
LST-565
LST-566; MSTS; 1972 an Philippinen
LST-567
LST-568
LST-569
LST-570
LST-571
LST-572; MSTS
LST-573
LST-574; 1946 an Philippinen; 1947 an Nationalchina/Taiwan
LST-575, umklassifiziert als APB-41 Wythe
LST-576
LST-577; Kriegsverlust im Zweiten Weltkrieg
LST-578; MSTS; 1954 an Taiwan
LST-579; MSTS; 1975 an Singapur
LST-580
LST-581; MSTS
LST-582
LST-583; 1955 USS Churchill County
LST-584
LST-585
LST-586; 1946 an Niederländisch Ostindien (weiteres Schicksal unbekannt)
LST-587; MSTS
LST-588
LST-589
LST-590; MSTS
LST-591
LST-592
LST-593
LST-594; 1947 an Südkorea
LST-595; 1947 an Südkorea
LST-596
LST-597
LST-598
LST-599
LST-600; MSTS
LST-601; 1955 USS Clarke County; 1961 an Indonesien
LST-602; 1955 USS Clearwater County; 1957 U.S. Air Force; 1972 an Mexiko
LST-603; 1955 USS Coconino County; 1969 an Südvietnam (1975 Nordvietnam)
LST-604, umklassifiziert als AGP-11 Silenus
LST-605
LST-606
LST-607; 1976 an Philippinen
LST-608; 1946 an Südkorea
LST-609
LST-610
LST-611; 1955 USS Crook County
LST-612
LST-613; MSTS; 1971 an Singapur
LST-614
LST-615
LST-616; 1961 an Indonesien
LST-617
LST-618; U.S. Army
LST-619
LST-620
LST-621
LST-622
LST-623; MSTS; 1971 an Philippinen
LST-624; 1947 an Korea
LST-625; MSTS
LST-626; MSTS
LST-627; 1946 an Niederländisch Ostindien (weiteres Schicksal unbekannt)
LST-628
LST-629; MSTS; 1971 an Singapur
LST-630; MSTS
LST-631
LST-632
LST-633
LST-634
LST-635
LST-636
LST-637
LST-638
LST-639
LST-640; 1946 an Nationalchina/Taiwan
LST-641
LST-642
LST-643; MSTS
LST-644, umklassifiziert als ARL-14 Minos
LST-645, umklassifiziert als ARL-15 Minotaur
LST-646
LST-647
LST-648
LST-649; MSTS; 1975 an Singapur
LST-650, umklassifiziert als ARL-18 Pandemus
LST-651
LST/LST(H)-652; MSTS; 1961 an Indonesien

LST-653; 1947 an Südkorea
LST-654
LST-655
LST-656
LST-657: MSTS; 1961 an Indonesien
LST-658
LST-659; 1947 an Korea
LST-660
LST-661
LST-662
LST-663
LST-664; MSTS
LST-665
LST-666
LST-667
LST-668
LST-669
LST-670
LST-671
LST-672
LST-673
LST-674
LST-675; Kriegsverlust im Zweiten Weltkrieg
LST-676, umklassifiziert als APB-42 Yavapai
LST-677, umklassifiziert als APB-43 Yolo
LST-678, umklassifiziert als APB-44 Presque Isle; 1961 an Indonesien
LST-679
LST-680
LST-681
LST-682
LST-683
LST-684
LST-685; 1955 USS Curry County
LST-686
LST-687
LST-688
LST-689; 1955 USS Daggett County; 1961 an Japan; 1976 an Philippinen
LST-690
LST-691
LST-692; 1955 USS Daviess County; MSTS; 1976 an Philippinen
LST-693
LST-694; MSTS
LST-695
LST-696
LST-697
LST-698
LST-699
LST-700
LST-701
LST-702
LST-703
LST-704
LST-705
LST-706
LST-707
LST-708
LST-709
LST-710, umklassifiziert als APB-49 Accomac
LST-711; U.S. Army
LST-712
LST-713
LST-714
LST-715; 1955 USS De Kalb County; U.S. Army; MSTS
LST-716; 1948 an Nationalchina/Taiwan
LST-717; 1948 an Nationalchina/Taiwan
LST-718
LST-719
LST-720
LST-721
LST-722; 1955 USS Dodge County; 1975 an Thailand
LST-723
LST-724
LST-725
LST-726
LST-727
LST-728
LST-729
LST-730
LST/LST(H)-731; 1955 USS Douglas County
LST-732; an Nationalchina 1946/Taiwan
LST-733
LST-734; 1946 an Argentinien
LST-735 ; 1955 USS Dukes County; 1956 an Taiwan
LST-736
LST-737; U.S. Army
LST-738; Kriegsverlust im Zweiten Weltkrieg
LST-739
LST-740
LST-741
LST-742; 1955 USS Dunn County; U.S. Army
LST-743
LST-744
LST-745
LST-746
LST-747
LST-748
LST-749; Kriegsverlust im Zweiten Weltkrieg
LST-750; Kriegsverlust im Zweiten Weltkrieg
LST-751
LST-752
LST-753
LST-754
LST-755; 1946 an Nationalchina/Taiwan
LST-756
LST-757
LST-758; 1955 USS Duval County
LST-759; 1955 USS Eddy County; 1971 an Singapur
LST-760
LST-761; 1955 USS Esmeraldo County
LST-762; 1955 USS Floyd County
LST-763
LST-764
LST-765
LST-766
LST-767
LST-768
LST-769
LST-770
LST-771
LST-772; 1955 USS Ford County
LST-773, umklassifiziert als AGP-16 Antigone
LST-774
LST-775
LST-776
LST-777
LST-778
LST-779
LST-780
LST-781
LST-782
LST-783
LST-784; 1955 USS Garfield County
LST-785
LST-786; 1955 USS Garrett County, umklassifiziert als AGP-786; 1971 an Südvietnam; 1975 an Philippinen
LST-787
LST-788
LST-789
LST/LST(H)-790
LST-791
LST-792
LST-793
LST-794; 1955 USS Gibson County
LST-795
LST-796

LST-797
LST-798
LST-799; 1955 USS Greer County; 1960 an BRD (A-1403 Bamberg)
LST-800
LST-801; 1947 an Argentinien
LST-802; 1955 USS Hamilton County
LST-803; 1955 USS Hampden County
LST-804; 1946 an Nationalchina
LST-805; 1947 an Südkorea
LST-806
LST-807
LST-808
LST-809
LST-810
LST-811
LST-812
LST-813
LST-814; Kriegsverlust im Zweiten Weltkrieg
LST-815; 1948 an Frankreich
LST-816
LST-817
LST-818
LST-819; 1955 USS Hampshire County
LST-820
LST-821; 1955 USS Harnett County, umklassifiziert als AGP-821; 1970 an Südvietnam; 1975 an Philippinen
LST-822; ab 1955 USS Harris County; MSTS; 1976 an Philippinen
LST-823
LST-824; 1955 USS Henry County; 1976 an Malaysien
LST-825; 1955 USS Hickman County; 1969 an Philippinen
LST-826
LST-827; 1955 USS Hillsborough County
LST-828
LST-829; 1948 an USMC
LST-830
LST-831; 1948 an USMC
LST-832
LST-833
LST-834
LST-835; 1955 USS Hillsdale County; 1961 an Japan; 1976 an Philippinen
LST-836; 1955 USS Holmes County; 1971 an Singapur
LST-837
LST-838; 1955 USS Hunterdon County, umklassifiziert als AGP-838; 1971 an Malaysien
LST-839; 1955 USS Iredell County; 1955 an Indonesien
LST-840; 1955 USS Iron County; 1958 an Taiwan
LST-841
LST-842; 1947 an Philippinen
LST-843; 1947 an Philippinen
LST-844
LST-845; 1955 USS Jefferson County
LST-846; 1955 USS Jennings County
LST-847
LST-848; 1955 USS Jerome County; 1970 an Südvietnam; 1975 an Philippinen
LST-849; 1955 USS Johnson County; 1959 an Südkorea (Museumsschiff in Gunsam)
LST-850; 1955 USS Juniata County
LST-851; 1946 an Argentinien
LST-852, umklassifiziert als ARL-23 Satyr 1971 an Südvietnam; 1975 an Philippinen
LST-853; 1955 USS; 1955 USS Kane County; 1958 an Südkorea
LST-854; 1955 USS Kemper County; 1975 an Barbados
LST-855; 1955 USS Kent County
LST-856
LST-857; 1955 USS King County, umklassifiziert als AG-157
LST-858, umklassifiziert als ARL-26 Stentor
LST-859; 1955 USS Lafayette County; 1946 an Nationalchina/Taiwan
LST-860; 1949 an Frankreich
LST-861
LST-862
LST-863
LST-864
LST-865, 1947 an Philippinen
LST-866
LST-867
LST-868
LST-869; 1947 an Argentinien
LST-870
LST/LST(H)-871
LST-872; 1947 an Argentinien
LST-873
LST-874; 1948 an Frankreich
LST-875; 1948 an Philippinen
LST-876
LST-877
LST-878
LST-879
LST-880; 1955 USS Lake County
LST-881
LST-882
LST-883; 1955 USS La Moure County
LST-884; Kriegsverlust im Zweiten Weltkrieg
LST-885
LST-886
LST-887; 1955 USS Lawrence County; 1970 an Indonesien
LST-888; 1955 USS Lee County
LST-889
LST-890
LST-891
LST-892
LST-893
LST-894
LST-895
LST-896
LST-897
LST-898; U.S. Army; 1955 USS Lincoln County; 1962 an Thailand
LST-899
LST-900; 1955 USS Linn County; 1958 an Südkorea
LST-901; 1955 USS Litchfield County; 1946 an Nationalchina
LST-902; 1955 USS Luzerne County; 1946 an Nationalchina
LST-903; 1955 USS Lyman County; 1946 an Nationalchina
LST-904; 1955 USS Lyon County; 1946 an Nationalchina
LST-905; 1955 USS Madera County
LST-906; Kriegsverlust im Zweiten Weltkrieg
LST-907; 1969 an Philippinen
LST-908
LST-909
LST-910
LST-911
LST-912; 1955 USS Mahnomen County
LST-913
LST-914; U.S. Army, 1955 USS Mahoning County
LST-915
LST-916; U.S. Army
LST-917
LST-918
LST-919; 1948 an Argentinien
LST-920
LST-921; Kriegsverlust im Zweiten Weltkrieg
LST-922
LST-923
LST-924; 1947 an Thailand

LST-925
LST-926
LST-927
LST-928, umklassifiziert als APB-50 Cameron
LST/LST(H)-929; 1946 an Nationalchina
LST/LST(H)-930
LST/LST(H)-931
LST-932
LST-933
LST-934
LST-935
LST-936
LST-937
LST-938; 1955 USS Maricopa County; 1962 an Südvietnam (1975 Nordvietnam)
LST-939
LST-940
LST-941
LST-942
LST-943
LST-944
LST-945; 1946 an Nationalchina
LST-946
LST-947
LST-948, umklassifiziert als ARL-16 Myrmidon
LST/LST(H)-949 (Hospital)
LST/LST(H)-950 (Hospital)
LST/LST(H)-951 (Hospital)
LST/LST(H)-952 (Hospital)
LST-953; 1955 USS Marinette County
LST-954, umklassifiziert als ARL-17 Numitor
LST-955, umklassifiziert als ARL-19 Patroclus
LST-956, umklassifiziert als ARB-7 Sarpedon
LST-957
LST-958
LST-959
LST-960
LST-961
LST-962, umklassifiziert als ARL-22 Romulus; 1961 an Philippinen
LST-963, umklassifiziert als ARL-24 Sphinx; 1985 reaktiviert (Spionageschiff); war ab 2002 zeitweise als Museumsschiff vorgesehen
LST-964
LST-965
LST-966, umklassifiziert als AGP-15 Callisto
LST-967, umklassifiziert als ARB-9 Ulysses; 1960 an BRD (A-512 Odin)
LST-968
LST-969
LST-970
LST-971, umklassifiziert als ARL-13 Menelaus
LST-972
LST-973; U.S. Army; 1951 an Frankreich
LST-974
LST-975; 1955 USS Marion County; 1955 an Südvietnam; 1975 an Philippinen
LST-976, umklassifiziert als ARB-8 Telamon
LST-977, umklassifiziert als AGP-14 Alecto; 1948 an Türkei
LST-978
LST-979
LST-980; 1955 USS Meeker County
LST-981
LST-982
LST-983; 1955 USS Middlesex County
LST-984
LST-985
LST-986
LST-987; 1955 USS Millard County; 1961 an BRD (nicht in Dienst gestellt)
LST-988; 1955 USS Mineral County
LST-989
LST-990
LST-991
LST-992
LST-993; 1948 an Nationalchina
LST-994; 1947 an Argentinien
LST-995; 1947 an Argentinien
LST-996
LST-997
LST-998; 1947 an Argentinien
LST-999
LST-1000
LST-1001
LST-1002
LST-1003, umklassifiziert als ARL-10 Coronis
LST-1004; 1947 an Argentinien
LST-1005
LST-1006
LST-1007
LST-1008; 1946 an Argentinien
LST-1009; U.S. Army
LST-1010; U.S. Army; 1955 an Südkorea
LST-1011
LST-1012
LST-1013
LST-1014
LST-1015
LST-1016
LST-1017; 1946 an Nationalchina/Taiwan
LST-1018
LST-1019
LST-1020
LST-1021; 1944 in Dienst für U.S. Navy, kurz darauf an England (1947 retourniert)
LST-1022
LST-1023
LST-1024
LST-1025
LST-1026
LST-1027
LST-1028
LST-1029
LST-1030; 1948 an Nationalchina/Taiwan
LST-1031
LST-1032; 1955 USS Monmouth County
LST/LST(H)-1033; 1948 an Nationalchina/Taiwan
LST-1034
LST-1035
LST-1036, umklassifiziert als ARL-11 Creon
LST-1037, umklassifiziert als ARL-12 Poseidon
LST-1038 Monroe County
LST-1039
LST-1040; 1946 an Südkorea
LST-1041; 1955 USS Montgomery County; 1961 an BRD (nicht in Dienst gestellt)
LST-1042
LST-1043
LST-1044; 1948 an Argentinien
LST-1045
LST-1046
LST-1047; U.S. Army
LST-1048; U.S. Army, 1955 USS Morgan County; MSTS
LST-1049
LST-1050; 1947 an Nationalchina
LST-1051
LST-1052
LST-1053
LST-1054
LST-1055
LST-1056; 1947 an Nationalchina
LST-1057; 1948 an Argentinien
LST-1058
LST-1059
LST-1060
LST-1061

LST-1062
LST-1063
LST-1064; 1955 USS Nansemond County; 1961 an Japan; 1976 an Philippinen
LST-1065
LST-1066; 1955 USS New London County
LST-1067; 1955 USS Nye County; 1973 an Chile
LST-1068; 1955 USS Orange County
LST-1069; 1955 USS Orleans Parish; MSC; 1976 Philippinen
LST-1070; umklassifiziert 1949 als AG-146 Electron , 1951 als AKS-22
LST-1071; 1955 USS Ouachita County
LST-1072; MSC; 1976 an Philippinen
LST-1073; 1955 USS Outagamie County; 1971 an Brasilien
LST-1074; 1955 USS Overton County
LST-1075; 1947 an Nationalchina/Taiwan
LST-1076; 1955 USS Page County; 1971 an Griechenland
LST-1077; 1955 USS Park County; 1972 an Mexiko
LST-1078; umklassifiziert 1944 als AG-147 Proton; 1951 als AKS-28
LST-1079; 1955 USS Payette County
LST-1080; 1955 USS Pender County; 1958 an Südkorea
LST-1081; 1955 USS Pima County
LST-1082; 1955 USS Pitkin County; 1971 an Brasilien
LST-1083; 1955 USS Plumas County; MSTS
LST-1084; 1955 USS Polk County
LST-1085 umklassifiziert 1949 als AG-148 Colington; 1951 AKS-29
LST-1086; 1955 USS Potter County; 1960 an Griechenland
LST-1087
LST-1088; 1955 USS Pulaski County; MSTS
LST-1089; 1955 USS Rice County; 1960 an BRD (N-120 Bochum): 1972 an Türkei
LST-1090; 1955 USS Russell County; 1960 a Indonesien
LST-1091; 1955 USS Sagadahoc County; 1958 an Taiwan
LST-1092 umklassifiziert 1944 als AR-V(E)-3 Aventinus; 1963 an Chile
LST-1093 umklassifiziert 1944 als AR-V(A)-5 Fabius
LST-1094 umklassifiziert 1944 als AR-V(E)-4 Chloris
LST-1095 umklassifiziert 1944 als AR-V(A)-6 Megara; 1973 an Mexiko
LST-1096; 1955 USS St Clair County
LST-1097 umklassifiziert als AG-149 League Island
LST-1098 umklassifiziert als ARST-1 Laysan Island
LST-1099 umklassifiziert als ARST-2 Okala
LST-1100 umklassifiziert als ARST-3 Palmyra
LST-1101; 1955 USS Saline County; 1960 an BRD (N-121 Bottrop); 1976 an Türkei
LST-1102 umklassifiziert 1949 als AG-150 Chimon; 1951 AKS-31
LST-1103
LST-1104; 1947 an Argentinien
LST-1105
LST-1106
LST-1107
LST-1108; 1948 an Argentinien
LST-1109
LST-1110; 1955 USS San Bernardino County; 1946 an Nationalchina
LST-1111 umklassifiziert 1944 als AKS-16 Blackford, 1945 APB 45
LST-1112 umklassifiziert 1944 als AKS-17 Dorchester, 1945 APB 46
LST-1113 umklassifiziert 1944 als AKS-18 Kingman, 1945 APB 47
LST-1114 umklassifiziert 1944 als AKS-19 Presque Isle, 1945 APB 485
LST-1115 umklassifiziert 1945 als ARL-20 Pentheus
LST-1116 umklassifiziert 1945 als ARL-21 Proserpine
LST-1117 umklassifiziert 1945 als ARL-27 Tantalus
LST-1118 umklassifiziert 1945 als ARL-28 Typhon
LST-1119 umklassifiziert 1945 als ARB-11 Diomedes; 1960 an BRD (A-513 Wotan)
LST-1120
LST-1121 umklassifiziert als ARB-10 Demeter
LST-1122; 1955 USS San Joaquin County
LST-1123 Sedgwick County; 1976 an Malaysien
LST-1124 umklassifiziert als ARL-29 Amphitrite
LST-1125 umklassifiziert als AGP-17 Brontes
LST-1126 Snohomish County
LST-1127 umklassifiziert als ARB-12 Helios; 1962 an Brasilien
LST-1128; 1955 USS Solano County; 1958 an Indonesien
LST-1129; 1955 USS Somervell County
LST-1130
LST-1131 umklassifiziert als ARL-30 Askari; 1971 an Indonesien
LST-1132 umklassifiziert als ARL-31 Bellerophon
LST-1133 umklassifiziert als AGP-18 Chiron
LST-1134; 1955 USS Stark County; 1962 an Thailand
LST-1135
LST-1136 umklassifiziert als ARL-32 Bellona
LST-1137 umklassifiziert als ARL-33 Chimaera
LST-1138; 1955 USS Steuben County
LST-1139
LST-1140
LST-1141; 1955 USS Stone County; 1973 an Thailand
LST-1142; 1955 USS Strafford County
LST-1143 umklassifiziert als ARL-35 Daelalus
LST-1144; 1955 USS Sublette County; 1946 an Nationalchina/Taiwan
LST-1145 umklassifiziert als ARL-36 Gordius
LST-1146; 1955 USS Summit County; 1947 an Ecuador
LST-1147 umklassifiziert als ARL-37 Indra
LST-1148; 1955 USS Sumner County
LST-1149 umklassifiziert als ARL-38 Krishna; 1971 an Philippinen
LST-1150; 1955 USS Sutter County
LST-1151 umklassifiziert als ARL-39 Quirinus; 1962 an Venezuela
LST-1152; 1955 USS Sweetwater County; 1946 an Nationalchina/Taiwan

Bauwerften (19)	- Dravo Corp. in Pittsburgh, Pa.: LST-1–5, 7–15, 17–20, 22–24, 26–60, 730–771, 775–796, 884–905, 1038–1059, 1081–1095 - Dravo Corp. in Wilmington, Del.: LST-6, 16, 21, 25 - JeffBoat Co. in Jeffersonville, Indiana.: LST-61–121, 181, 182, 501–510, 523–530, 682–729, 797–805, 861–873, 1096–1100 - Missouri Valley Bridge and Iron Co. in Evansville, Indiana: LST-122–131, 237–260, 491–500, 531–599, 806–828, 874–883, 1101–1114 - Chicago Bridge in Seneca, Illinois: LST-132–136, 197–236, 511–522, 600–652, 771–774, 850–860, 1115–1152 - American Bridge in Pittsburgh, Pa.: LST-137–180, 653–681, 829–849 - American Bridge in Ambridge, Pa.: LST-261–300 - Boston Naval Shipyard in Boston, Mass.: LST-301–310, 980–1003, 1028–1037 - New York Naval Shipyard in Brooklyn, N.Y: LST-311–318 - Philadelphia Naval Shipyard Philadelphia, Pa: LST-319–332 - Norfolk Naval Shipyard in Portsmouth, Va.: LST-333–352 - Charleston Naval Shipyard in Charleston, S.C.: LST-353–360 - General Dynamics in Quincy, Mass.: LST-361–382 - Newport News Shipbuilding in Newport News, Va.: LST-383–400 - Beth-Fairfield in Baltimore, Md.: LST-401–445 - Kaiser Shipbuilding in Vancouver, Wa.: LST-446–475 - Kaiser Shipbuilding in Richmond, Ca.: LST-47–490 - Bethlehem Steel in Hingham, Mass.: LST-906–978, 1060–1080 - Bethlehem Steel in Quincy, Mass.: LST-1004–1027
Stapelläufe	1942–1945
Wasserverdrängung	1625–1800 ts (fl: 4080–4145)
Abmessungen (LxBxT)	100,0 x 15,0 x 4,3 m
Antrieb	2 Dieselmotoren, 1800 PS, 2 Wellen
Geschwindigkeit	12 kn
Bewaffnung	8 x 40 mm (und viele weitere Varianten)

LST-818 nach Anlandung mit geöffneten Bugtoren, 1945/46 im Pazifik.

LST-660, Luftaufnahme am 19.5.1944 im Golf von Mexico, mit einem LCT(6) an Deck.

LST-1 nach Fertigstellung im Dezember 1942 im Raum Pittsburgh, Pennsylvania.

Schiffserkennung: Glattdecker mit flachen Aufbauten ausschließlich am Achterschiff, darauf ein kleiner Mast und kaum wahrnehmbare Rauchgasabzüge; Vorschiff etwas spitz nach oben zulaufend, breiter Bug mit zweiflügeligem Tor, kleines Spiegelheck.

Klassenbeschreibung: Von der U.S. Navy wurden allein im Zweiten Weltkrieg 1152 LST-Laufnummern vergeben, 1051 Einheiten wurden fertiggestellt. Es ist die mit Abstand umfangreichste amphibische Schiffsklasse der U.S. Navy.
Die ersten Panzer-Landungsschiffe wurden durch Umbau bestehender Schiffe von der Royal Navy entwickelt, konkret zuerst von Tankern (mit flachem Kiel). Im Verlauf des Krieges arbeiteten Großbritannien und die USA an einem gemeinsamen Entwurf für ein ca. 300 ft (über 90 m) großes, hochseegängiges Landungsschiff, das in der Lage sein sollte, eigenständig den Atlantik zu überqueren und im Konzeptentwurf ursprünglich als »Atlantic Tank Landing Craft« bezeichnet wurde. Die Geschwindigkeit war recht gering angesetzt (im Bereich von nur etwa 10 Knoten). Die Schiffe sollten in den USA für England gebaut werden, geplant waren etwa 200 Einheiten.
1941 wurde beschlossen, dass in den USA das neu geschaffene Bureau of Ships einen Entwurf für einen solchen Schiffstyp zur Massenproduktion ausarbeiten würde. Der amerikanische Schiffsbauingenieur John C. Niedermair konzipierte dort im Herbst 1941, in nur wenigen Tagen, das grundsätzliche Design für einen Prototyp des LST, von dem schließlich mehr als 1000 Einheiten während des Zweiten Weltkriegs gebaut wurden, in später nur moderat abgeänderten Versionen und vorwiegend für die U.S. Navy. Das Wort »Atlantic« war nun weggefallen, man sprach nur mehr von einem »Tank Landing Ship« oder LST.
Bis Januar 1942 wurde ein erstes Modell gebaut und getestet. Um den widersprüchlichen Anforderungen des Tiefgangs für den Hochseeeinsatz und des geringen Tiefgangs für die Anlandungen gerecht zu werden, wurde das Schiff mit einem umfangreichen Ballastsystem ausgestattet, das für die Atlantiküberquerung bzw. Leerfahrt gefüllt und für den Einsatz am Strand abgepumpt werden konnte. Starke Anker und ein mechanisches Winschen-System sollten dem LST helfen, sich nach der Anlandung wieder vom Strand zu lösen. Auffälligstes Merkmal und zugleich zentrales schiffbauliches Element der gesamten Konstruktion war ein großes, zweiflügeliges Tor am Bug, das in Verbindung mit einer Rampe zum Entladen der Fahrzeuge aus dem Schiffsinneren direkt an den Strand dienen sollte. Die LST hatte dafür einen besonders flachen Kiel, die beiden Propeller und die Ruder hatten eine Art Schutzverbau zur Abstützung des Schiffes, der eine Beschädigung bei der kontrollierten Strandung möglichst hintanhalten sollte.
Die ursprünglichen Pläne des Bureau of Ships hatten zunächst

LST-325, Normandie am 12.6.1944; man beachte den Schutz für Ruder und Propeller.

nur eine Länge von 85 m vorgesehen, im Januar 1942 verwarf man diese Entwürfe jedoch zugunsten der Spezifikationen für ein 88 m langes und in der Endversion für ein 100 m langes Schiff; bei einer Breite von 15 m. Ein Grund waren die Größenanforderungen der zu transportierenden Fahrzeuge, denn aufgrund der größeren Abmessungen konnte man auch die Dimension der Bugtüröffnung und der Rampe entsprechend erweitern, von ursprünglich 3,7 auf 4,3 m, womit die meisten der gängigen US-Fahrzeugtypen aufgenommen werden konnten. Ein LST konnte als Zuladung bis zu 1900 t amphibische Fracht transportieren.

Die Wasserverdrängung lag leer bei ca. 1625 ts, in späteren Versionen bis ca. 1800 ts. Der Tiefgang betrug entladen 0,71 m im vorderen Bereich und 2,29 m achtern; bei voller Ladung 2,49 m und 4,29 m achtern, natürlich variierend nach genauer Zuladung.

Es mussten auch Vorkehrungen für eine Belüftung des Laderaums getroffen werden, d.h. während vor der Landung die Motoren der Panzer und Fahrzeuge liefen. Um Fahrzeuge vom oberen Deck auf das Ausfahrtsdeck zu bringen, wurde ein Aufzug eingebaut. Als durchschnittliche Zuladung galten etwa 10 Panzer und 15 weitere Fahrzeuge bzw. eine entsprechende Mischung.

Die Antriebsanlage war relativ schwach und bestand aus zwei 900-PS-Dieselmotoren, die auf zwei Wellen wirkten und eine Geschwindigkeit von 12 Knoten erlaubten. Die durch die Flügel der beiden Bugtore notwendige starke Wölbung war einer höheren Geschwindigkeit zusätzlich sehr hinderlich. Die Reichweite betrug ca. 24.000 Seemeilen bei 9 Knoten. Die Bewaffnung variierte, wobei z.B. acht 40-mm- und zwölf 20-mm-Flakgeschütze als durchschnittliche Bewaffnungsvariante genannt werden können.

Die Bauaufträge erfolgten durch mehrere separate Bundesgesetze: am 6.2.1942, 26.5.1943 und 17.12.1943 erteilte der US-Kongress die Genehmigung für den Bau von LST, im Paket mit einer Vielzahl weiterer Schiffe. Der Kiel des ersten LST wurde am 10.6.1942 in Newport News, Virginia, gelegt, die ersten LST kamen im Oktober im Baudock zu Wasser. Immerhin noch 23 Einheiten wurden bis Ende 1942 in Dienst gestellt.

Das Typschiff LST-1 wurde am 20.7.1942 in Pittsburgh, Penn.,

LST-731 mit LCT(6)-971 als Decksladung, San Francisco Bay, etwa 1946.

von der Dravo Corporation auf Kiel gelegt, am 7.9.1942 zu Wasser gelassen und stellte am 14.12.1942 in Dienst. Der Bedarf an LSTs war hoch und dringend, das Programm genoss während des gesamten Krieges eine besondere Priorität innerhalb des gesamten US-Rüstungsapparates.
Da die meisten Werften an der Ost- und Westküste durch den massiven Kriegsschiffbau überlastet waren, wurden entlang der Binnenwasserstraßen neue Bauanlagen für die LST gesucht und ausgebaut. Zahlreiche Brücken und andere Hindernisse tief im Binnenland wurden auf Druck der Navy entfernt oder adaptiert, um die Durchfahrt der LST zu ermöglichen. Eine eigene Kommission wurde dafür eingerichtet.
Von den über 1000 während des Krieges gebauten LST wurden etwa 670 von Werften tief im Binnenland gebaut, viele im Mittleren Westen (Illinois, Indiana etc.). 1943 betrug die Bauzeit für eine LST ca. vier Monate, bei Kriegsende waren es nur noch zwei Monate. Auf 19 amerikanischen Werften wurde der Bau der über tausend Schiffe abgewickelt.
Die Landing Ship Tank erwiesen sich als bemerkenswert vielseitige Schiffe. Die Konstruktion wird zwar gemeinhin als plump und sogar hässlich, aber durchwegs auch als sehr zweckmäßig beschrieben. Amerikanische Seeleute gaben dem LST den bekannten Spitznamen »Large Slow Target«, der sich eigentlich als unzutreffend erwies, wenn man die geringen US-Verluste dieses ab 1942 so umfangreich eingesetzten Schiffstyps betrachtet. Sie bewiesen auch oft genug, dass sie selbst schwere Treffer (inklusive Kamikazeangriffe) recht gut absorbieren konnten, ohne sofort zu sinken.
Insgesamt 76 LST fuhren im Krieg mit Besatzungen der U.S. Coast Guard.

LST-844 am 3.12.1944, beim Stapellauf in Ambridge, Pa. am Ohio. Die Werften tief im Binnenland nannte man »Cornfield shipyards«.

Sub-Klasse ab LST-491: Ab 1943 ersetzte man den in der ursprünglichen LST-1-Klasse installierten Aufzug durch eine Rampe, die bis aufs Hauptdeck reichte. Dadurch konnten Fahrzeuge nun direkt vom Hauptdeck auf das Fahrzeugdeck und dann über die Bugrampe zum Strand gefahren werden, was den Ausschiffungsprozess erheblich beschleunigte. Als erstes Schiff wurde die am 23.9.1943 in Evansville, Indiana, vom Stapel gelaufene LST-491 mit einer solchen Rampe ausgestattet, weshalb man in der Fachliteratur teilweise von einer eigenen LTS-491-Klasse spricht.

Sub-Klasse ab LST-542: Spätere Änderungen beinhalteten u.a. das Hinzufügen einer größeren, separaten Brückenanlage zur Navigation, die Installation einer eigenen Wasserdestillati-

LST-178, LST-74, ein weiteres LST und LST-656, voll beladen in Bagnoli in Italien in Vorbereitung für die Invasion in Südfrankreich am 8.8.1944.

onsanlage und die Entfernung bzw. Versetzung der Ventilationsrohre des Fahrzeugdecks (vom Mittelteil des Hauptdecks), die Verstärkung des Hauptdecks selbst, zur Aufnahme von zwei LCTs (Landing Craft Tank) sowie eine etwas verstärkte (leichte) Panzerung und bessere Eigenbewaffnung, insgesamt zulasten einer dadurch etwas verminderten Ladekapazität. Erstes Schiff mit diesen Spezifikationen war die am 28.1.1944 ebenfalls in Evansville vom Stapel gelaufene LST-542, weshalb man auch nochmals von der LST-542-Klasse sprechen kann.

In sehr vielen Quellen werden aber LST-1 bis LST-1152 nur einer Klasse zugerechnet, die Unterschiede verlangen keine zwingende Unterteilung in Sub-Klassen.

Umbauten zu Lazarettschiffen: Zahlreiche LST wurden mehr oder weniger umfassend als kleine Lazarettschiffe umgebaut, nur 36 davon erhielten dafür die Kennung LST(H). Weitere Einheiten wurden ohne Umklassifizierung als eine Art provisorische Lazarettschiffe zur Evakuierung von Verwundeten ausgestattet, ebenfalls mit der Aufgabe, diese zu vollwertigen Lazarettschiffen zu transportieren; der Bedarf ergab sich nicht zuletzt durch die Kamikaze-Angriffe mit den damit verbundenen hohen Personalverlusten.

Die 36 als LST(H) umklassifizierten Schiffe behielten die Buchstabenkombination LST und auch ihre Laufnummern; es waren dies: LST(H)-19, 23, 38, 41, 42, 84, 117, 118, 121, 123, 205, 213, 222, 242, 243, 247, 268, 276, 450, 464, 477, 482,

486, 488, 652, 731, 790, 871, 929, 930, 931, 949, 950, 951, 952 und 1033.

Umbauten zu weiteren Spezialschiffen: Alle anderen Umbauten, die zu Umklassifizierungen führten, waren mit dem Wegfall des »L« und der LST-Laufnummer verbunden, d.h. sie wurden nicht mehr den Landungsschiffen zugerechnet.
45 LST wurden zu Reparatur- und Werkstattschiffen für Landungsboote (ARL) umgebaut. Bei diesem Umbau wurden die Bugrampe sowie die beiden Torflügel entfernt und der Bug versiegelt. Davits, Krane, Ausleger und Winschen wurden hinzugefügt, um beschädigte Landungsboote für Reparaturen an Bord zu bringen, und Schmiede-, Maschinen- und Elektrowerkstätten wurden auf dem Hauptdeck und den beiden Fahrzeugdecks bereitgestellt.
Zehn Schiffe wurden als Tender für Schnellboote adaptiert.
Andere LST, die mit zusätzlichen Kranen und anderem Ladegeschirr ausgestattet waren, dienten als Munitionsversorger; sie wurden (quasi als Sub-Verteiler) ausschließlich zum Nachschub von Munition für andere Landungsschiffe verwendet, da dies meist schneller und effizienter als über die großen Munitionstransporter geschehen konnte.
Einige weitere wurden für besondere Spezialaufgaben adaptiert und auch entsprechend umklassifiziert, wie in der Auflistung aller LST im Detail angeführt, als Werkstattschiffe für unmittelbare Gefechtsschäden und andere Spezialaufgaben, Bergungsschiffe, Flugzeugreparaturschiffe (in einer Version für Flieger selbst oder als Spezialfahrzeuge für Flugzeugmotoren) etc. Interessant ist eine Variante als Artilleriebeobachter mit Flugzeugen; sie waren dafür mit einer Startrampe für Piper-Kleinflugzeuge ausgestattet. Viele kleinere Spezialumbauten haben sich allerdings nicht in der Klassifikation niedergeschlagen.
Eine weitere Variante war die der Wohnschiffe, sie dienten als eine Art Mutterschiffe bzw. Tender für Landungsschiffe und waren mit Kombüsen, Bäckereien, Frischwassertanks sowie Wohn- und Schlafstätten für 200 Mann ausgerüstet.
Teilweise werden die Spezialschiffe in der Fachliteratur auch als separate Klassen geführt, meist aufgehängt an den Namen der jeweils ersten Umbauten.

Einsatz/Verbleib: Die Indienststellungen für die Navy als LST erfolgten ab Dezember 1942. Sie dienten danach während des Zweiten Weltkriegs auf der ganzen Welt. Der erste amphibische Kampfeinsatz der LST erfolgte im Juni 1943 auf den Salomonen. Nachfolgend waren sie von praktisch allen amphibischen Operationen der Alliierten nicht mehr wegzudenken, in Europa bei den Invasionen Siziliens, Italiens, der Normandie und Südfrankreichs, beim Inselspringen im Pazifik, der Landung auf den Philippinen, Iwo Jima und Okinawa etc.
113 LST wurden an die Briten abgegeben (auf Basis des Lend-Lease-Abkommens), es gab darunter 12 Kriegsverluste. (Die Royal Navy baute dazu auch eigene LST, etwa 80). Vier amerikanische LST erhielt die griechische Exil-Marine.
Nur 42 LST im Dienst der U.S. Navy gingen im Zweiten Weltkrieg verloren, eine unglaublich geringe Zahl bei der immensen Gesamtzahl der Einheiten. Von diesen Kriegsverlusten waren nur ca. 30 auf direkte Feindeinwirkung zurückzuführen, der Rest auf Unfälle. Diese 42 Kriegsverluste waren: LST-6 (Mine), 43 (Explosion), 69 (Explosion), 158 (deutsche Flugzeu-

LST-995 vor San Francisco im Jahr 1946.

ge), 167 (japanische Flugzeuge), 179 (Explosion), 203 (Grundberührung), 228 (Grundberührung), 282 (deutsche Flugzeuge), 313 (deutsche/italienische Flugzeuge), 314 (deutsche Schnellboote), 318 (deutsche/italienische Flugzeuge), 333 (deutsches U-Boot U 593), 342 (japanisches U-Boot Ro 106), 348 (deutsches U-Boot U 410), 349 (Grundberührung), 353 (Explosion), 359 (deutsches U-Boot U 870), 376 (deutsche Schnellboote), 396 (Explosion), 447 (Kamikazeangriff), 448 (japanische Flugzeuge), 460 (Kamikazeangriff), 472 (Kamikazeangriff), 480 (Explosion), 493 (Grundberührung), 496 (Mine), 499 (Mine), 507 (deutsche Schnellboote), 523 (Mine), 531 (deutsche Schnellboote), 534 (Kamikazeangriff; nicht mehr repariert) 563 (Grundberührung, 577 (japanisches U-Boot Ro 50), 675 (Grundberührung), 738 (Kamikazeangriff), 749 (Kamikazeangriff), 750 (japanische Flugzeuge), 814 (Grundberührung), 884 (Kamikazeangriff), 906 (Grundberührung) und 921 (deutsches U-Boot U 764).

Dazu kamen noch 12 Kriegsverluste von in Amerika gebauten LST, die an England übertragen worden waren und als Schiffe unter der Flagge der Royal Navy verloren gingen (LST-216, 364, 404, 405, 407, 411, 414, 415, 418, 420, 422, 429).

Die restlichen britischen LST wurden in den späten 1940er Jahren an die USA zurückgegeben und meist bald danach auf Abbruch verkauft.

Der Großteil der LST wurde nach dem Krieg in den USA eingemottet und in riesigen Liegenreihen an verschiedenen Standorten der Reserveflotte nebeneinander aufgereiht. Manche wurden auch sofort verschrottet oder versenkt und viele auch als Zielschiffe für Atombombenversuche im Bikini-Atoll verwendet. Darüber hinaus wurden viele LST vom MSTS übernommen und mit Zivilbesatzungen in Fahrt gesetzt, viele aber auch an den Privatsektor verkauft; sie haben dabei eine Vielzahl kommerzieller Verwendungen gefunden, darunter Einsätze als Autofähren, kleine Frachter, Baggerschiffe und vielerlei mehr. Allfällige zivile Namen und Verwendungen nach der Veräußerung an private Firmen werden in der Auflistung aber nicht berücksichtigt.

Die LST fanden aber auch große Verbreitung im Ausland als Kriegsschiffe befreundeter (und auf Umwegen z.T. sogar feindlicher) Seestreitkräfte. Neben den 113 an Großbritannien und vier an Griechenlands Exilmarine im Krieg übergebenen Einheiten wurden über 160 weitere LST nach dem Krieg an fremde Kriegsmarinen transferiert. Die größte Zahl ging an Nationalchina, d.h. die Streitkräfte von Tschiang Kai Schek, über 30 Schiffe. Das Schicksal von bis zu 10 Einheiten ist dabei nicht geklärt: sie wurden entweder im Bürgerkrieg versenkt oder spätestens 1949 von der Volksrepublik China übernommen. Taiwans Marine besaß insgesamt 28 LST, viele davon wurden aber erst nach 1949 dorthin überstellt, zum Teil von den USA direkt, zum Teil über Drittstaaten.

Die zweitgrößte Gruppe ging in Summe an die Philippinen, insgesamt 33 Einheiten, wobei hier aber besonders viele über Drittstaaten kamen, zum Teil auf abenteuerlichen Wegen. An Südkorea gingen insgesamt 21 Einheiten, 17 an Argentinien, 12 an Indonesien, acht an Südvietnam, acht an Singapur, sieben an die BR Deutschland, sechs (nach dem Krieg) an Griechenland, sechs an Thailand, vier an Japan, vier an die Niederlande (davon zwei eigentlich an Niederländisch-Ostindien), drei an Brasilien, drei an Chile, drei an Malaysien, drei an die Türkei (davon zwei über Deutschland), zwei an Peru, eine an die Marine von Venezuela (aber sieben weitere über staatliche Schienen an Shell-Venezuela) und je eine an Barbados, Ecuador, Norwegen und Venezuela.

Diese Auflistung enthält wie gesagt viele Doppelnennungen, d.h. Schiffe, die über dritte Staaten an fremde Marinen weitergegeben wurden, aber keine Verkäufe an private Firmen oder zum Abbruch ins Ausland, wo die Schiffe z.T. aber auch weiterverwendet wurden. Von den an Südvietnam übergebenen Schiffen wurden nach dem Zusammenbruch 1975 insgesamt drei von Nordvietnam übernommen, fünf weitere südvietnamesische LST flüchteten auf die Philippinen und wurden später von der philippinischen Marine übernommen. Exemplarisch das vielleicht interessanteste Schicksal, nämlich jenes von LST-509: Das Schiff nahm an der Invasion in der Normandie 1944 teil, wurde 1970 von den USA an Südvietnam übergeben, 1975 von Nordvietnam erbeutet und in die dortigen Seestreitkräfte übernommen und 1988 von einer Fregatte der Volksrepublik China im Südchinesischen Meer gerammt und versenkt.

Im Koreakrieg kam es wieder zur Aktivierung einer größeren Zahl von LST aus der US-Reserveflotte für die amerikanische Marine.

Ab dem 1. Juli 1955 besann man sich in den USA darauf, dass LST, die bisher ausschließlich mit Buchstaben und Laufnummern identifiziert waren, eigentlich doch richtige Hochseeschiffe und US-Kriegsschiffe waren, die auch einen Namen haben sollten. Am 1.7.1955 erhielten alle noch in der U.S. Navy vorhandenen LST deshalb zusätzlich Namen, nämlich von Counties und vergleichbaren Bezirksgliederungen der USA (Parish). Danach wurde es eher still um die riesige Flotte der Weltkriegs-LST. Zwölf Einheiten erfuhren noch spezielle Umbauten im Rahmen des FRAM-Modernisierungsprogramms der U.S. Navy. Ein Schiff, ARL-24 Sphinx (ex-LST-963), erlebte noch eine sehr späte Navy-Karriere, wurde 1985 recht überraschend reaktiviert und als Überwachungs- und Spionageschiff gegen kommunistische Guerilla-Bewegungen in Mittelamerika (insbesondere Nicaragua) ausgerüstet, 1989 außer Dienst gestellt und erneut in der NDRF am James River in Lee Hall, Va., aufgelegt. Das Schiff wurde dann 2002 an das Dunkirk Historical Lighthouse- und Veterans Park-Museum in Dunkirk, N.Y., als Museumsschiff übergeben; das Museumsprojekt scheiterte aber schließlich an der Finanzierung.

6.1.1.2. LST-1153-Klasse (Talbot County-Klasse; LST-1153-1155)

LST-1153 Talbot County **LST-1154 Tallahatchie County, umklassifiziert als AVB-2** **LST-1155, Bau storniert Januar 1946**	Bauwerft	Boston Naval Shipyard in Boston, Mass.
	Stapelläufe	24.4.1947 (LST-1154) und 19.7.1946 (LST-1153)
	Wasserverdrängung	6000 ts (fl)
	Abmessungen (LxBxT)	117 x 16 x 4,4 m
	Antrieb	Dampfturbinen (2 Kessel), 2 Wellen
	Geschwindigkeit	14 kn
	Bewaffnung	2 x 127 mm, 4 x 40 mm

Schiffserkennung: Glattdecker mit markant hohen Aufbauten, ausschließlich am Achterschiff, darauf ein Mast bzw. Gittermast und ein schmaler, hoher Schornstein; Vorschiff recht spitz nach oben zulaufend, geneigter breiter Bug mit zweiflügeligem Tor, kleines Spiegelheck.

Klassenbeschreibung: Beginnend mit LST-1153 wurde 1945 eine neue Klasse vom Typ LST gebaut. Die Kiellegung des Typschiffes erfolgte bei der Boston Naval Shipyard am 11.7.1945, d.h. noch vor der Kapitulation Japans, man kann also bezüglich des Entwurfs und der Konstruktion noch von einem Kriegsbau sprechen. Nur LST-1153 und LST-1154 wurden 1946 bzw. 1947 in Dienst gestellt, der Bau einer dritten Einheit, LST-1155 wurde dagegen 1946 storniert.
Die beiden Schiffe hatten eine Verdrängung von 6000 ts und waren mit 117 m deutlich größer und länger als die LST der Kriegsperiode. Der wesentlichste Unterschied lag aber im Antriebssystem: sie waren als erste (und bis heute einzige) LST der U.S. Navy mit zwei Dampfkesseln ausgestattet, die an zwei Getriebeturbinen angeschlossen waren. Aufgrund ihres Antriebs galten sie eher als experimentell. Die Höchstgeschwindigkeit sollte bei 14 Knoten liegen, in der Praxis wurden aber meist nur 12 Knoten erreicht. Die Schiffe waren für drei LCVPs und ein LCPL ausgelegt, Unterkünfte für 150 Mann (bzw. kurzfristige Unterbringungsmöglichkeit für ca. 500) waren vorhanden. Die Bewaffnung umfasste u.a. zwei einzelne 12,7-cm-L/38-Geschütze und leichte Flak.

Einsatz/Verbleib: Indienststellungen für die Navy am 3.9.1947 und 24.5.1949. Erst 1955 erhielten die beiden fertiggebauten Schiffe Namen, nämlich »Talbot County« und »Tallahatchie County«. Beide wurden 1970 außer Dienst gestellt.

LST-1154 »Tallahatchie County« auf einer Luftaufnahme.

AVB-2 »Tallahatchie County« (ex LST-1154) in Suda Bay, Kreta im November 1968; längsseits ein LCM.

6.1.1.3. LST-1156-Klasse (Terrebonne Parish-Klasse; LST-1156-1170)

LST-1156 Terrebonne Parish; 1971 an Spanien (Velasco) LST-1157 Terrell County; 1977 an Griechenland (Oinoussai) LST-1158 Tioga County LST-1159 Tom Green County; 1972 an Spanien (Conde de Venadito) LST-1160 Traverse County; 1984 an Peru (Eten) LST-1161 Vernon County; 1973 an Venezuela (Amazonas) LST-1162 Wahkiakum County LST-1163 Waldo County; 1984 an Peru (Pisco) LST-1164 Walworth County.; 1984 an Peru (Paita) LST-1165 Washoe County; 1984 an Peru (Callao) LST-1166 Washtenaw County, umklassifiziert als MSS-2; ziviler Frachter Al Manhal 1 LST-1167 Westchester County; 1974 an Türkei (Serdar) LST-1168 Wexford County; 1971 an Spanien (Martin Alvarez) LST-1169 Whitfield County; 1977 an Griechenland (Kos) LST-1170 Windham County; 1973 an Türkei (Ertugrul)	Bauwerften (3)	- Bath Iron Works in Bath, Maine: LST-1156–1160 - Ingalls Shipbuilding in Pascagoula, Miss: LST-1166–1165 - Christy Corp. Sturgeon Bay, Wisc.: LST-1166–1170
	Stapelläufe	14.4.1952 – 26.11.1952
	Wasserverdrängung	2590 ts (fl: 5800)
	Abmessungen (LxBxT)	117 x 17 x 5,2 m
	Antrieb	4 Dieselmotoren, 6000 PS, 2 Wellen
	Geschwindigkeit	14 kn
	Bewaffnung	6 x 76 mm

Schiffserkennung: Glattdecker mit markant hohen Aufbauten achtern, dazu ein kleiner Aufbautenbereich mit Flakgeschützen am Vorschiff; ein Schornstein und ein Mast auf den Aufbauten achtern, davor zwei kleine Masten für Ladebäume, erhöhtes Vorschiff in Form einer Back; geneigter breiter Bug mit zweiflügeligem Tor; Spiegelheck.

Klassenbeschreibung: Nach 1945 erfolgte ein neuer LST-Bauschub erst mit dem Koreakrieg, für den ja auch zahlreiche LST der Kriegszeit aus der Reserve geholt wurden. Vor allem hatte dieser Krieg klar gezeigt, dass auch künftige amphibische Operationen nicht ohne massive Direktlandungen am Strand auskommen würden.
Die 15 Schiffe der »Terrebonne Parish«-Klasse wurden alle im FY 1952 in Auftrag gegeben. Das Typschiff LST-1156 wurde am 2.1.1952 bei Bath Iron Works in Bath, Maine, auf Kiel gelegt und alle bis Ende 1954 in Dienst gestellt. Auch diese 15 Schiffe waren etwa gleich groß wie jene der LST-1153-Klasse

LST-1170 »Windham County« vor Südvietnam um 1966, Seitenansicht Steuerbord.

LST-1170 »Windham County« mit amphibischer Fracht vor Südvietnam im März 1967.

LST-1168 »Wexford County« bei amphibischen Manövern vor San Diego 1969, dahinter LST-848 und LST-1084.

und damit wesentlich größer (und schneller) als die LST aus dem Zweiten Weltkrieg. Der Antrieb bestand aber nun wieder aus Dieselmotoren (vier Motoren mit zwei verstellbaren Propellern), ausgelegt für eine Geschwindigkeit von 14 Knoten. Als Landungsboote wurden drei LCVP und ein LCPL mitgeführt sowie etwa 400 Mann an Truppen. Die Eigenbewaffnung war recht umfangreich, drei 76-mm-L/50-Doppellafetten.

Einsatz/Verbleib: Indienststellungen für die Navy als LST von November 1952 bis Dezember 1954. Im Jahr 1955 erhielten die fünfzehn Schiffe Namen von Counties.
Zwei Schiffe gingen schon in den 1970er Jahren in Reserve, nämlich LST-1158 und 1162; sie wurden beide 1973 außer Dienst gestellt, aus der Schiffsliste gestrichen und 2005 abgebrochen. LST-1166 wurde 1973 zum Minensucher für Sonderaufgaben (Special Device Minesweeper) umgebaut, auf MSS-2 umklassifiziert und kurz in Vietnam in dieser Funktion eingesetzt. Noch im gleichen Jahr wurde er außer Dienst gestellt und aus der Schiffsliste gestrichen, kam danach als ziviler Frachter in Fahrt. Seit 2003 ist das Schiff am Columbia River nahe Rainier, Oregon, aufgelegt; es gab und gibt Versuche der Umfunktionierung zum Museumsschiff durch freiwillige Initiatoren und Mitarbeiter, aber die Zukunft als solches ist mehr als unsicher.
Die anderen zwölf Schiffe der Klasse wurden zwischen 1971 und 1984 an fünf fremde Marinen abgegeben, nämlich an Peru (4), Spanien (3), Griechenland (2), Türkei (2) und Venezuela (1).

LST-1158 »Tioga County« läuft am 30.4.1965 in Pearl Harbor ein.

6.1.1.4. De Soto County-Klasse (LST-1171-1178)

<table>
<tr><td rowspan="7">LST-1171 De Soto County; 1972 an Italien (Grado)
LST-1172, Bau storniert 1955
LST-1173 Suffolk County
LST-1174 Grant County; 1973 an Brasilien (Duque de Caxias)
LST-1175 York County; 1972 an Italien (Caorle)
LST-1176 Graham County, 1972 umklassifiziert als AGP-1176
LST-1177 Lorain County
LST-1178 Wood County, umklassifiziert als AG-146 Electron</td><td>Bauwerften (4)</td><td>- Avondale Marine Ways in New Orleans, Louisiana: LST-1171, 1174
- Boston Naval Shipyard in Boston, Mass.: LST-1172, 1173
- Newport News Shipbuilding in Newport News, Va.: LST-1175, 1176
- American Ship Building Co. in Lorain, Ohio: LST-1177, 1178</td></tr>
<tr><td>Stapelläufe</td><td>5.9.1956 – 14.12.1957</td></tr>
<tr><td>Wasserverdrängung</td><td>3560 ts (fl: 7823)</td></tr>
<tr><td>Abmessungen (LxBxT)</td><td>136,0 x 19,0 x 5,1 m</td></tr>
<tr><td>Antrieb</td><td>6 Dieselmotoren, 2 Wellen</td></tr>
<tr><td>Geschwindigkeit</td><td>17,5 kn</td></tr>
<tr><td>Bewaffnung</td><td>6 x 76 mm</td></tr>
</table>

Schiffserkennung: Glattdecker mit markant hohen Aufbauten achtern, dazu eine ausgeprägte Back; im Aufbautenbereich ein hoher, schmaler Schornstein und ein kleiner Mast, zwei kleine Masten für Ladebäume, erhöhtes Vorschiff in Form einer Back; geneigter breiter Bug mit zweiflügeligem Tor; ausgeprägtes Spiegelheck.

Klassenbeschreibung: USS »De Soto County« hatte als erstes LST der U.S. Navy von Baubeginn an einen Namen in seinem Lebenslauf. LST-1171, das Typschiff der Klasse wurde im September 1956 bei Avondale Marine Ways, Inc. in Avondale, Louisiana, auf Kiel gelegt, Stapellauf am 28.2.1957; die Klasse umfasste acht Einheiten (bis LST-1178), gebaut wurden sie bis 1959; ein geplanter Bauauftrag davon wurde aber storniert (LST-1172).
Nochmals etwas größer und deutlich schneller als die Vorgänger-Klasse, hatte sie eine maximale Verdrängung von 7823 ts und eine Länge von 136 m. Der Antrieb erfolgte durch sechs Dieselmotoren (»Graham County« nur vier), zwei Wellen (Festpropeller), Geschwindigkeit 17,5 Knoten. An Landungsbooten war sie für drei LCVP ausgelegt. Die Ladekapazität umfasste 28 mittlere Panzer oder einen entsprechenden Mix an Fahrzeugen, 700 Mann Landungstruppen und über 400.000 Liter diverser Treibstoffe. Die Besatzung wurde mit 10 Offizieren und 162 Mannschaften angegeben, die Bewaffnung mit drei einzelnen 76-mm-L/50-Geschützen.

Einsatz/Verbleib: Indienststellungen für die Navy als LST von September 1957 bis Juli 1959. Die Aussonderung aus dem aktiven Dienst der amphibischen US-Flotte erfolgte in den 1970er Jahren: LSD-1176 wurde 1972 zum Tender für Kanonenboote (PG) der »Asheville«-Klasse umgebaut und kam am 1.3.1977 außer Dienst (1978 abgebrochen). Drei Schiffe (LST-1173, 1177, 1178) wurden 1972 außer Dienst gestellt, aus dem NVR gestrichen und 1999 bzw. 2005 abgebrochen. Drei Schiffe gingen 1972/73 an fremde Marinen, nämlich zwei an Italien (LST-1171, 1175) und eines an Brasilien (LST-1174).
Die argentinische Marine baute zudem selbst ein Schiff auf Basis des Entwurfs der »De Soto County«-Klasse in Argentinien, es erhielt den Namen »San Antonio« (Stapellauf 1968).

LST-1175 »York County«, Seitenansicht Backbord, vor Virginia Beach, 1968.

LST-1175 »York County«, vor Hampton Roads, Va., am 27.3.1969.

LST-1177 »Lorain County« auf einer Luftaufnahme, über Backbord.

6.1.1.5. Newport-Klasse (LST-1179-1198)

LST-1179 Newport; 2001 an Mexiko (Papaloapan)
LST-1180 Manitowoc; 2000 an Taiwan (Chung Ho)
LST-1181 Sumter; 2000 an Taiwan (Chung Ping)
LST-1182 Fresno
LST-1183 Peoria
LST-1184 Frederick; 2002 an Mexiko (Usumacinta)
LST-1185 Schenectady
LST-1186 Cayuga; 2001 an Brasilien (Mattoso Maia)
LST-1187 Tuscaloosa
LST-1188 Saginaw; 1994 an Australien (Kanimbla)
LST-1189 San Bernardino; 1995 an Chile (Valdivia)
LST-1190 Boulder
LST-1191 Racine
LST-1192 Spartanburg County; 1995 an Malaysien (Sri Inderapura)
LST-1193 Fairfax County; 1994 an Australien (Manoora)
LST-1194 La Moure County
LST-1195 Barbour County
LST-1196 Harlan County; 2000 an Spanien (Pizarro)
LST-1197 Barnstable County; 1994 an Spanien (Hernán Cortés)
LST-1198 Bristol County; 1994 am Marokko (Sidi Mohammed Ben Abdellah)

Bauwerften (4)	- Philadelphia Naval Shipyard in Philadelphia, Pa: LST-1179–1181 - National Steel and Shipbuilding Co. in San Diego, Ca: LST-1182–1198
Stapelläufe	3.2.1968 – 4.12.1971
Wasserverdrängung	4793 ts (fl: 8500)
Abmessungen (LxBxT)	159,0 x 21,0 x 5,3 m
Antrieb	6 Dieselmotoren, 16.000 PS, 2 Wellen
Geschwindigkeit	+20 kn
Bewaffnung	ursprünglich 4 x 76 mm, später zwei Phalanx CIWS

LST-1182 »Fresno« in einer Breitseit-Luftaufnahme von Steuerbord vom 1.11.1983.

Schiffserkennung: Glattdecker, mit massivem kastenförmigen Aufbautenblock vor der Schiffsmitte, bis zur Bordwand reichend; darüber ein Mast, dahinter zwei große Schornsteine an den Seiten, diagonal versetzt, wobei jener an Steuerbord wesentlich breiter ist; zwei kleine Masten mit Ladebäumen dahinter; langer und vorwärts markant nach oben gerichteter, zweiarmiger (querverbundener) Ausleger; geneigter, ausklappbarer Bug mit Knick, ausgeprägtes Spiegelheck mit Rampenöffnung.

Klassenbeschreibung: Mit den 20 Schiffen der großen und schnellen »Newport«-Klasse wurde in den späten 1960er und frühen 1970er Jahren eine völlig neue Generation moderner Panzer-Landungsschiffe vom Typ LST gebaut. Sie verdrängten 8500 ts maximal und waren 159 m lang. Sowohl in Bezug auf Größendimension als auch Geschwindigkeit (als Teil der amphibischen »20-Knoten-Flotte«) waren sie den LST des Zweiten Weltkriegs haushoch überlegen, dazu aber auch den wenigen nach dem Krieg gebauten LST.

LST-1191 »Racine« am 1.1.1987 aus der Luft fotografiert. LST-1192 »Spartanburg County« in Little Creek am 1. April 1991 (bei Rückkehr von der Operation »Desert Storm«).

LST-1189 »San Bernardino« in der Coronado NAB in Kalifornien am 1.8. 1979 mit geöffneten Bugtoren und ausgefahrener Rampe; man beachte die Verlängerungsteile der Rampe.

Die Schiffe waren im Bugbereich insgesamt recht schlank und wurden nach achtern hin immer breiter; dort war auch eine Hubschrauberplattform vorhanden. Das signifikanteste Erkennungszeichen der Klasse war ein 45 Grad nach oben geneigter Ausleger für eine 34,2 m lange und 32 t schwere Laderampe am Bug, die für Lasten von bis zu 75 Tonnen ausgelegt war. Sie konnte über diesen sehr großen und dominant wirkenden Ausleger weit nach vorne gestreckt werden; davor konnten auch von dieser Klasse noch Ponton-Segmente zur weiteren Streckung ausgelegt werden, bis zu vier wurden (an den Seitenwänden der LST) mitgeführt. Vor dem Auslegen dieser Rampe wurde das gesamte obere Bugsegment nach beiden Seiten weggekippt, sodass die Fahrzeuge über die Rampe ausfahren konnten. Anders als bei früheren LST ermöglichte diese Bauform einen spitzeren, d.h. konventionellen Bug und begünstigte das Erreichen einer höheren Geschwindigkeit. Die Schiffe der »Newport«-Klasse verfügten zudem über eine Heckklappe, die vor allem für das Aussetzen von Schwimmfahrzeugen vorgesehen war; die Schiffe waren innen von Bug bis Heck, über das Oberdeck, durchgehend befahrbar. Ein Bug-Hilfsantrieb ermöglichte eine volle Wendung im Stand bzw. bessere Stabilisierung der Schiffe nach der Anlandung.
Die Kiellegungen der Schiffe fanden von 1.11.1966 bis 13.2.1971 statt, die Stapelläufe 3.2.1968 bis 4.12.1971. Sieben weitere Schiffe waren ursprünglich in Planung (FY 1971), wurden aber nicht in Auftrag gegeben.
Die Eigenbewaffnung bestand ursprünglich aus vier 76-mm-Geschützen, die in den 1980er Jahren durch zwei Phalanx CIWS ersetzt wurden. Besatzung: 14 Offiziere und 210 Mannschaften, regulär waren etwa 400 Marines an Bord untergebracht. Der Antrieb erfolgte über sechs Dieselmotoren auf zwei Wellen, die Geschwindigkeit wurde auch hier von der Navy stets nur mit »20+« angegeben, nie aber die genaue Geschwindigkeit bestätigt.

Einsatz/Verbleib: Indienststellungen für die Navy erfolgten vom 7.6.1969 bis 5.8.1972. Von den späten 1960er Jahren bis zur Jahrtausendwende waren die 20 LST der »Newport«-Klasse ein nicht wegzudenkender Teil der amphibischen US-Flotte und in zahlreichen Krisengebieten im Einsatz. Die ersten Schiffe wurden von der U.S. Navy 1992 außer Dienst gestellt, die letzten 2002.
Zwölf der Schiffe wurden an andere Seestreitkräfte abgegeben, nämlich an Australien (2), Mexiko (2), Spanien (2), Taiwan (2), Brasilien (1), Chile (1), Malaysien (1) und Marokko (1). Von den restlichen acht Schiffen in der U.S. Navy wurden sieben zwischen 2001 und 2018 als Zielschiffe versenkt; als letzte Einheit der »Newport«-Klasse befand sich die 1994 außer Dienst gestellte LST-1190 noch bis 2019 in der Reserveflotte (Abbruch unmittelbar bevorstehend).
Damit endet die Ära der Panzer-Landungsschiffe vom Typ LST in der amerikanischen Marine endgültig, nach fast 1200 Schiffen, von denen etwa 1100 fertiggestellt wurden.

LST-1189 »San Bernardino« mit geöffneten Bugtoren in der Coronado NAB am 1.8. 1979.

LST-1197 »Barnstable County« am Strand, mit geschlossenen Bugtoren, fotografiert im Bereich Atlantik am 1.10.1981 (mit LCU-1664).

6.1.1.6. Typ Landing Ship Medium (LSM-1-558)

LSM-1
LSM-2
LSM-3
LSM-4
LSM-5
LSM-6
LSM-7
LSM-8
LSM-9
LSM-10
LSM-11
LSM-12; Kriegsverlust im Zweiten Weltkrieg
LSM-13; 1946 an Nationalchina/Taiwan
LSM-14
LSM-15
LSM-16
LSM-17; 1946 an Frankreich; retourniert an USA 1956 und an Südkorea
LSM-18
LSM-19; 1956 an Südkorea
LSM-20; Kriegsverlust im Zweiten Weltkrieg
LSM-21
LSM-22
LSM-23
LSM-24
LSM-25
LSM-26
LSM-27
LSM-28
LSM-29
LSM-30; 1956 an Südkorea
LSM-31
LSM-32
LSM-33
LSM-34
LSM-35
LSM-36
LSM-37
LSM-38
LSM-39
LSM-40
LSM-41
LSM-42; 1946 an Nationalchina (1949 Volksrepublik China)
LSM-43; 1946 an Nationalchina (1949 Volksrepublik China)
LSM-44
LSM-45; 1958 an Griechenland
LSM-46
LSM-47
LSM-48
LSM-49
LSM-50
LSM-51
LSM-52
LSM-53
LSM-54; 1956 an Südkorea
LSM-55
LSM-56
LSM-57; 1958 an Südkorea
LSM-58; 1954 an Frankreich
LSM-59; Kriegsverlust im Zweiten Weltkrieg
LSM-60
LSM-61
LSM-62; 1946 an Nationalchina (1949 Volksrepublik China?)
LSM-63
LSM-64
LSM-65
LSM-66
LSM-67
LSM-68
LSM-69; 1948 an Nationalchina/Taiwan
LSM-70
LSM-71
LSM-72
LSM-73
LSM-74
LSM-75
LSM-76; 1946 an Nationalchina/Taiwan
LSM-77
LSM-78
LSM-79
LSM-80; 1948 an Nationalchina (1949 Volksrepublik China?)
LSM-81
LSM-82
LSM-83
LSM-84; 1956 an Südkorea
LSM-85; 1954 an Frankreich; 1956 an Südvietnam; 1975 Nordvietnam
LSM-86; 1948 an Argentinien; 1972 Paraguay
LSM-87
LSM-88; 1948 an Nationalchina (1949 Volksrepublik China?)
LSM-89
LSM-90
LSM-91
LSM-92
LSM-93
LSM-94
LSM-95
LSM-96; 1956 an Südkorea
LSM-97
LSM-98
LSM-99
LSM-100
LSM-101
LSM-102; 1958 an Griechenland
LSM-103
LSM-104
LSM-105
LSM-106
LSM-107
LSM-108
LSM-109
LSM-110; 1954 an Frankreich (1955 an Vietnam 1955; 1975 an Philippinen)
LSM-111
LSM-112; 1946 an Nationalchina (1949 Volksrepublik China)
LSM-113; 1947 an Chile
LSM-114
LSM-115
LSM-116
LSM-117
LSM-118
LSM-119
LSM-120
LSM-121
LSM-122
LSM-123
LSM-124; 1946 an Nationalchina (1949 Volksrepublik China)
LSM-125; 1954 an Frankreich; 1956 an USA retourniert und 1957 an Japan
LSM-126
LSM-127
LSM-128
LSM-129
LSM-130
LSM-131
LSM-132
LSM-133
LSM-134
LSM-135; Kriegsverlust im Zweiten Weltkrieg
LSM-136
LSM-137
LSM-138
LSM-139
LSM-140
LSM-141
LSM-142
LSM-143

LSM-144
LSM-145
LSM-146; 1948 an Nationalchina (1949 Volksrepublik China?)
LSM-147; 1948 an Nationalchina (1949 Volksrepublik China?)
LSM-148
LSM-149; Kriegsverlust im Zweiten Weltkrieg
LSM-150
LSM-151
LSM-152
LSM-153; 1946 an Nationalchina (1949 Volksrepublik China)
LSM-154; 1948 an Nationalchina (1949 Volksrepublik China?)
LSM-155; 1946 an Nationalchina/Taiwan
LSM-156
LSM-157; 1946 an Nationalchina/Taiwan
LSM-158
LSM-159; 1948 an Nationalchina (1949 Volksrepublik China?)
LSM-160
LSM-161; 1946 umklassifiziert als YF 866 (und 1959 Name USS Kodiak)
LSM-162
LSM-163
LSM-164
LSM-165
LSM-166
LSM-167
LSM-168
LSM-169; Kriegsverlust im Zweite Weltkrieg
LSM-170
LSM-171
LSM-172
LSM-173
LSM-174
LSM-175; 1959 Name USS Oceanside; 1961 Südvietnam; 1975 Philippinen
LSM-176
LSM-177
LSM-178
LSM-179
LSM-180
LSM-181
LSM-182
LSM-183
LSM-184
LSM-185
LSM-186
LSM-187
LSM(R)-188
LSM(R)-189
LSM(R)-190; Kriegsverlust im Zweiten Weltkrieg
LSM(R)-191
LSM(R)-192
LSM(R)-193
LSM(R)-194; Kriegsverlust im Zweiten Weltkrieg
LSM(R)-195; Kriegsverlust im Zweiten Weltkrieg
LSM(R)-196
LSM(R)-197
LSM(R)-198
LSM(R)-199
LSM-200
LSM-201
LSM-202
LSM-203
LSM-204
LSM-205
LSM-206
LSM-207
LSM-208; 1946 an Nationalchina (1949 Volksrepublik China)
LSM-209
LSM-210
LSM-211
LSM-212
LSM-213
LSM-214
LSM-215
LSM-216; 1946 an Dominikanische Republik
LSM-217
LSM-218; 1946 an Nationalchina (1949 Volksrepublik China)
LSM-219
LSM-220
LSM-221
LSM-222
LSM-223
LSM-224
LSM-225; 1946 an Nationalchina (1949 Volksrepublik China)
LSM-226; 1954 an Frankreich; 1956 an Südvietnam (1975 selbstversenkt)
LSM-227; 1958 an Griechenland
LSM-228
LSM-229
LSM-230
LSM-231
LSM-232
LSM-233
LSM-234
LSM-235
LSM-236; 1960 an Philippinen
LSM-237
LSM-238
LSM-239
LSM-240
LSM-241
LSM-242
LSM-243
LSM-244
LSM-245
LSM-246; 1948 an Nationalchina (1949 Volksrepublik China?)
LSM-247
LSM-248; 1946 an Nationalchina (1949 Volksrepublik China)
LSM-249; 1946 an Nationalchina (1949 Volksrepublik China?)
LSM-250
LSM-251
LSM-252
LSM-253
LSM-254
LSM-255
LSM-256; 1946 an Nationalchina/Taiwan
LSM-257
LSM-258
LSM-259
LSM-260
LSM-261
LSM-262
LSM-263
LSM-264
LSM-265
LSM-266
LSM-267; 1948 an Argentinien
LSM-268; 1955 an Südkorea
LSM-269
LSM-270
LSM-271
LSM-272
LSM-273
LSM-274
LSM-275, 1952 umklassifiziert als ARC-1 Portunus; 1959 an Portugal
LSM-276; 1963 an Südvietnam (1975 selbstversenkt; gehoben und i.D. für Nordvietnam)
LSM-277
LSM-278; 1948 an Nationalchina (1949 Volksrepublik China?)
LSM-279
LSM-280; 1948 an Nationalchina (1949 Volksrepublik China?)

LSM-281
LSM-282; 1946 an Nationalchina (1949 Volksrepublik China)
LSM-283
LSM-284; 1948 an Nationalchina (1949 Volksrepublik China?)
LSM-285; 1946 an Nationalchina/ Taiwan
LSM-286
LSM-287
LSM-288
LSM-289
LSM-290; 1948 an Nationalchina (1949 Volksrepublik China?)
LSM-291
LSM-292; 1948 an Nationalchina (1949 Volksrepublik China?)
LSM-293; 1948 an Nationalchina (1949 Volksrepublik China?)
LSM-294
LSM-295; 1947 an Chile
LSM-296
LSM-297
LSM-298
LSM-299
LSM-300
LSM-301; 1953 an Griechenland (1960 von U.S. Navy umklassifiziert als MMC-6)
LSM-302
LSM-303, 1953 an Griechenland (1960 von U.S. Navy umklassifiziert als MMC-7)
LSM-304
LSM-305
LSM-306
LSM-307
LSM-308; 1946 an Nationalchina (1949 Volksrepublik China?)
LSM-309
LSM-310
LSM-311
LSM-312
LSM-313; 1962 an Südvietnam (1975 Nordvietnam)
LSM-314
LSM-315; 1960 an Australien (Armee)
LSM-316; 1954 an Frankreich (1956 an Südkorea)
LSM-317
LSM-318; Kriegsverlust im Zweiten Weltkrieg
LSM-319; 1959 an Australien (Armee)
LSM-320; 1962 an Philippinen
LSM-321
LSM-322
LSM-323
LSM-324
LSM-325
LSM-326
LSM-327
LSM-328
LSM-329; 1958 an Spanien
LSM-330
LSM-331; 1960 an Spanien
LSM-332
LSM-333; 1946 an Thailand
LSM-334
LSM-335; 1951 umklassifiziert als T-LSM-335 (1970 vorgesehen T-AG-335)
LSM-336; 1946 an Nationalchina (1949 Volksrepublik China)
LSM-337; 1948 an Nationalchina (1949 Volksrepublik China?)
LSM-338; 1946 an Thailand
LSM-339; 1946 an Nationalchina (1949 Volksrepublik China?)
LSM-340
LSM-341
LSM-342
LSM-343; 1960 an Spanien
LSM-344
LSM-345
LSM-346
LSM-347
LSM-348
LSM-349; 1946 an Nationalchina (1949 Volksrepublik China?)
LSM-350
LSM-351
LSM-352
LSM-353
LSM-354; 1959 an Indonesien
LSM-355; 1954 an Frankreich; 1955 an Vietnam; 1975 an Philippinen
LSM-356
LSM-357
LSM-358
LSM-359
LSM-360
LSM-361
LSM-362; 1962 an Taiwan
LSM-363; 1946 an Nationalchina/Taiwan
LSM-364
LSM-365
LSM-366
LSM-367
LSM-368
LSM-369
LSM-370; 1959 an Venezuela
LSM-371
LSM-372
LSM-373; 1959 USS Lakeland
LSM-374; 1946 an Nationalchina (1949 Volksrepublik China?)
LSM-375
LSM-376; 1946 an Nationalchina (1949 Volksrepublik China?)
LSM-377
LSM-378
LSM-379
LSM-380
LSM-381
LSM-382
LSM-383
LSM-384
LSM-385
LSM-386; 1947 an Nationalchina (1949 Volksrepublik China?)
LSM-387; 1947 an Nationalchina (1949 Volksrepublik China?)
LSM-388
LSM-389
LSM-390, 1954 an Dänemark; 1960 umklassifiziert als MMC-8 (1965 an USA retourniert)
LSM-391; 1946 an Nationalchina (1949 Volksrepublik China)
LSM-392; 1954 an Dänemark; 1960 umklassifiziert als MMC-9 (1965 an USA retourniert)
LSM-393; 1946 an Nationalchina (1949 Volksrepublik China?)
LSM-394
LSM-395
LSM-396; 1959 an Peru
LSM-397
LSM-398; 1957 umklassifiziert als EAG-398 Hunting (OPTEVFOR; Sonar-Testschiff)
LSM-399; 1958 an Griechenland
LSM-400; 1947 an Chile
LSM(R)-401; 1955 USS Big Black River, 1969 umklassifiziert als LFR-401
LSM(R)-402; 1955 USS Big Horn River
LSM(R)-403; 1955 USS Blackstone River
LSM(R)-404; 1955 USS Black Warrior River, 1969 umklassifiziert als LFR-404
LSM(R)-405; 1955 USS Broadkill River, 1969 umklassifiziert als LFR-405
LSM(R)-406; 1955 USS Canadian River

LSM(R)-407; 1955 USS Chariton River
LSM(R)-408; 1955 USS Charles River
LSM(R)-409; 1955 USS Clarion River, 1969 umklassifiziert als LFR-409
LSM(R)-410; 1955 USS Clark Fork River
LSM(R)-411; 1955 USS Cumberland River
LSM(R)-412; 1955 USS Desplaines River, 1969 umklassifiziert als LFR-412
LSM-413
LSM-414
LSM-415
LSM-416
LSM-417; 1947 an Chile
LSM-418
LSM-419; 1955 an Südkorea
LSM-420
LSM-421
LSM-422; 1954 an Frankreich; 1956 retourniert und an Taiwan
LSM-423; 1948 an Nationalchina (1949 Volksrepublik China?)
LSM-424
LSM-425
LSM-426
LSM-427; 1948 an Nationalchina (1949 Volksrepublik China?)
LSM-428
LSM-429; 1950 T-LSM-429
LSM-430; 1946 an Nationalchina (1949 Volksrepublik China)
LSM-431; 1946 an Nationalchina/Taiwan
LSM-432
LSM-433; 1946 an Nationalchina/Taiwan
LSM-434
LSM-435
LSM-436
LSM-437
LSM-438
LSM-439; 1948 an Nationalchina (1949 Volksrepublik China?)
LSM-440
LSM-441
LSM-442; 1947 an Nationalchina/Taiwan
LSM-443
LSM-444; 1960 an Chile
LSM-445, 1954 umklassifiziert als YV-1 Catapult (Drone Aircraft Catapult Control Ship)
LSM-446, 1954 umklassifiziert als YV-2 Launcher (Radar Test and Evaluation Ship)
LSM-447
LSM-448
LSM-449
LSM-450
LSM-451
LSM-452
LSM-453
LSM-454
LSM-455
LSM-456; 1947 an Nationalchina/Taiwan
LSM-457; 1946 an Nationalchina/Taiwan
LSM-458
LSM-459
LSM-460
LSM-461; 1946 an Nationalchina (1949 Volksrepublik China)
LSM-462; 1955 an Südkorea
LSM-463; 1947 an U.S. Army, dann MSTS; 1961 an Philippinen
LSM-464
LSM-465
LSM-466
LSM-467
LSM-468
LSM-469; 1962 an Thailand
LSM-470; 1946 an Nationalchina (1949 Volksrepublik China?)
LSM-471; 1954 an Frankreich; 1956 retourniert und an Taiwan
LSM-472; 1959 an Taiwan
LSM-473
LSM-474; 1959 an Taiwan
LSM-475; 1946 an Nationalchina (1949 Volksrepublik China)
LSM-476
LSM-477; 1959 an Australien (Armee)
LSM-478; 1954 an Frankreich; 1956 retourniert und an Taiwan
LSM-479; 1954 an Frankreich
LSM-480
LSM-481, 1950 an Türkei (1960 von U.S. Navy umklassifiziert als MMC-10)
LSM-482; 1946 an Nationalchina (1949 Volksrepublik China)
LSM-483; 1958 an Dominikanische Republik
LSM-484, 1950 an Türkei (1960 von U.S. Navy umklassifiziert als MMC-11)
LSM-485
LSM-486
LSM-487
LSM-488
LSM-489; 1946 an Nationalchina (1949 Volksrepublik China)
LSM-490; 1952 an Türkei (1960 von U.S. Navy umklassifiziert als MMC-12)
LSM-491; 1958 an BRD (L-751 Eidechse)
LSM-492, 1952 an Norwegen (1960 von U.S. Navy umklassifiziert als MMC-13)
LSM-493, 1952 an Norwegen (1960 von U.S. Navy umklassifiziert als MMC-14)
LSM-494
LSM-495
LSM-496
LSM-497
LSM-498
LSM-499
LSM-500; 1952 an Dänemark
LSM(R)-501; 1955 umklassifiziert als IX-501 Elk River (Deep Submergence Support Ship)
LSM(R)-502; 1955 USS Escalante River
LSM(R)-503; 1955 USS Flambeau River
LSM(R)-504 1955 USS Gila River
LSM(R)-505; 1955 USS Grand River
LSM(R)-506; 1955 USS Green River
LSM(R)-507; 1955USS Greenbrier River
LSM(R)-508; 1955 USS Gunnison River, umklassifiziert als YV-3 Targeteer
LSM(R)-509; 1955 USS Holston River
LSM(R)-510; 1955 USS James River
LSM(R)-511; 1955 USS John Day River
LSM(R)-512; 1955 USS Lamiolle River, umklassifiziert als LFR-512
LSM(R)-513; 1955 USS Laramie River, umklassifiziert als LFR-513
LSM(R)-514; 1955 USS Maurice River
LSM(R)-515; 1955 USS Owyhee River, umklassifiziert als LFR-515
LSM(R)-516; 1955 USS Pearl River
LSM(R)-517; 1955 Pee Dee River
LSM(R)-518; 1955 USS Pit River
LSM(R)-519; 1955 USS Powder River
LSM(R)-520; 1955 USS Raccoon River
LSM(R)-521; 1955 USS Rainy River
LSM(R)-522; 1955 USS Red River, umklassifiziert als LFR-522
LSM(R)-523; 1955 USS Republican River
LSM(R)-524; 1955 USS St. Croix River
LSM(R)-525; 1955 USS St. Francis River, umklassifiziert als LFR-525
LSM(R)-526; 1955 USS St. Johns River
LSM(R)-527; 1955 USS St. Joseph River
LSM(R)-528; 1955 USS St. Marys River
LSM(R)-529; 1955 USS St. Regis River
LSM(R)-530; 1955 USS Salmon Falls River
LSM(R)-531; 1955 USS Smoky Hill River, umklassifiziert als LFR-531

LSM(R)-532; 1955 USS Smyrna River; 1958 an BRD (L-754 Otter) LSM(R)-533; 1955 USS Snake River LSM(R)-534; 1955 USS Thames River; 1958 an BRD (L-755 Natter) LSM(R)-535; 1955 USS Trinity River LSMR-536; 1955 USS White River, umklassifiziert als LFR-536 LSM-537; 1958 an BRD (L-758 Krokodil) LSM-538; 1958 an Dominikanische Republik LSM-539; 1958 an Ecuador	LSM-540; 1957 USS Raritan LSM-541; 1958 an Griechenland LSM-542; 1947 an Venezuela LSM-543; 1947 an Venezuela LSM-544; 1947 an Venezuela LSM-545; 1947 an Venezuela LSM-546; 1955 an Südkorea LSM-547; 1960 an Australien (Armee) LSM-548; 1947 an Venezuela LSM-549; fertiggestellt als ARSD-1 Gypsy LSM-550; fertiggestellt als ARSD-2	Mender LSM-551; fertiggestellt als ARSD-3 Salvager; 1967 YMLC 3 LSM-552; fertiggestellt als ARSD-4 Windlass; 1967 YMLC 4 LSM-553; 1958 an BRD (L-752 Salamander) LSM-554; 1958 an Peru LSM-555; 1958 an Ecuador LSM-556 LSM-557; 1958 an Griechenland LSM-558; 1958 an BRD (L-753 Viper)

Bauwerften (6)	- Brown Shipbuilding in Houston, Texas: LSM-1–125, 354–388, 459–552 - Charleston Naval Shipyard in Charleston, S.C.: LSM-126–200, 295–309, 389–413, 553–558 - Dravo Corp. in Wilmington, Del.: LSM-201–232, 414–446 - Western Pipe and Steel Co. in San Pedro, Ca.: LSM-233–252, 447–458 - Federal Shipbuilding in Newark, N.J.: LSM-253–294 - Pullman Standard Car in Chicago, Illinois: LSM-310–353
Stapelläufe	1944–1945
Wasserverdrängung	520 ts (fl: 1095)
Abmessungen (LxBxT)	62,0 x 10,5 x 1,1 m
Antrieb	2 Dieselmotoren, 1800 PS, 2 Wellen
Geschwindigkeit	13 kn
Bewaffnung	2 × 40 mm und 4 × 20 mm (und viele weitere Varianten)

LSM-458 im Puget Sound am 25.6.1946, Luftaufnahme.

Schiffserkennung: Landungsschiff mit nach oben offenem Haupt- bzw. Ladedeck und beidseitig hochgezogenen Bordwänden; kurze, ausgeprägt erhabene Back, kleiner, inselartiger (meist runder) Aufbau an der Steuerbordseite mittschiffs mit kleinem Mast; leicht geneigter und breiter Bug mit zweiflügeligem Tor, Spiegelheck.

Klassenbeschreibung: Entworfen Mitte 1943. Ursprünglich als »Landing Craft« mit Typenbezeichnung LCT(7) geplant, dann 1944 als »Landing Ship« der neuen Sonderkategorie LSM (Landing Ship Medium) klassifiziert Der Typ LSM verdrängte voll beladen ca. 1100 ts und lag damit von der Größe her zwischen dem Typ LST-1 (Landing Ship Tank) mit etwa 4000 ts und LCI (Landing Craft Infantry) mit ca. 400 ts. Anders ausgedrückt hatten sie etwas mehr als ein Viertel der Größe eines LST.
Der Bau begann erst im Februar 1944, LSM-1 lief am 23.3.1944 bei der Brown Shipbuilding Co. in Houston vom Stapel. Zwischen 1944 und 1945 wurden 558 LSM auf sechs Werften für die U.S. Navy in Auftrag gegeben.

LSM-201 in Fahrt in der Chesapeake Bay am 30.4.1944.

LSM-201, angelandet zu Übungszwecken in der Chesapeake Bay am 30.4.1944.

Die Länge betrug 62 m, Breite 10,5 m und der Tiefgang vorne leer 1,07 m und 2,34 m achtern, beladen vorne 1,93 m und achtern 2,51 m. Der Antrieb erfolgte durch zwei Dieselmotoren mit zusammen 2800 PS, die auf zwei Wellen wirkten und eine Geschwindigkeit von gut 13 Knoten ermöglichten. Sie waren damit schneller, aber auch deutlich manövrierfähiger als die größeren LST. Die Reichweite betrug 5000 Seemeilen bei 7 Knoten, es waren voll hochseegängige Schiffe.
Charakteristisch ist der sehr rund gestaltete Brückenaufbau, später gab es auch kantigere Versionen. Auch die LSM verfügten über ein zweiflügeliges Bugtor, das ergänzt durch eine Rampe zur Anlandung der Fahrzeuge direkt am Strand diente. Es gab nur ein (offenes) Fahrzeugdeck, was die Frage der Belüftung bzw. eines Aufzuges obsolet machte. Die Ladekapazität betrug etwa 150 t, in der Praxis ca. fünf Panzerfahrzeuge (oder drei schwere Kampfpanzer bzw. sechs LVT oder neun dreiachsige DUKW) und etwa 55 Mann an Landungstruppen (für kurzfristige Aufnahme stark erweiterbar). Die Eigenbesatzung bestand laut Entwurf aus vier Offizieren und 54 Mann. Als eine durchschnittliche Bewaffnungsvariante können 2 × 40-mm- und 4 × 20-mm-Flakgeschütze genannt werden.

LSM-250, Blick auf das Deck in der Mare Island NY am 22.8.1946.

LSM(R)-190 beim Abfeuern von 12,7-cm-Raketen.

Umbauten zu Feuerschutzschiffen und weiteren Spezialschiffen: 59 LSM wurden als LSM(R) klassifiziert (wobei das »R« für »Rocket« stand) und mit Raketenwerfern für den Landbeschuss ausgerüstet (siehe Auflistung; das Thema wird auch in einem separaten Sub-Abschnitt der Feuerschutzschiffe kurz behandelt).

Vier Einheiten wurden für Bergungs- und Rettungsaufgaben ausgestattet und auf ARS(D) umklassifiziert, einige als Kabelleger, Minenleger und für weitere Spezialaufgaben, wie in der Auflistung aller Einheiten ersichtlich.

LSM(R)-520 auf einer Luftaufnahme des Jahres 1954.

Nur sehr wenige LSM erhielten aus speziellen Gründen seitens der U.S. Navy einen Namen. Allfällige zivile Namen nach der Veräußerung von LSM an private Firmen werden in der Auflistung nicht berücksichtigt. Ab 1955 erhielten allerdings die Feuerunterstützungsschiffe LSM(R) Namen (so wie auch die LST), nicht aber die »normalen« LSM; die LSM(R) wurden nach amerikanischen Flüssen benannt.

Einsatz/Verbleib: Indienststellungen von LSM für die Navy erfolgten erst ab der zweiten Hälfte 1944, d.h. viel später als die größeren LST. Im fortgeschrittenen Kriegsverlauf gingen deshalb auch nur mehr sieben LSM und drei LSM(R) verloren, nämlich LSM 12, 20, 59, 135, 149, 169 und 318: LSM-12 und 149 durch Grundberührung, LSM-169 durch Minentreffer, die anderen vier durch Kamikaze-Treffer vor Okinawa sowie die Feuerunterstützungsschiffe LSM(R)-190, 194 und 195, alle drei durch Kamikaze-Treffer, ebenfalls vor Okinawa.

Nach Ende des Krieges wurden sehr viele LSM vorerst eingemottet, aber bald darauf ganz ausgemustert. Einige wurden für die Atombombenversuche am Bikini-Atoll als Zielschiffe aufgebraucht.

Etwa 120 Einheiten wurden in Summe von den USA an über 20 befreundete Seestreitkräfte abgegeben, nämlich an Nationalchina/Taiwan (fast 60), an Südkorea (12), Frankreich (12),

LSM-258 vor San Francisco im Jahr 1946, Steuerbord-Seitenansicht.

Südvietnam (9), Griechenland (8), Philippinen (6), Venezuela (6), Chile (5), BR Deutschland (6), Australien (4), Dänemark (3), Dominikanische Republik (3), Spanien (3), Thailand (3), Türkei (3), Ecuador (2), Argentinien (2), Norwegen (2), Peru (2), Portugal (1) und Indonesien (1).

Die tatsächliche Zahl ist natürlich auch hier aufgrund von Doppelnennungen oft scheinbar verschieden, denn diese Staaten haben von diesen Schiffen letztlich mehrere an andere Marinen weitergegeben, teils direkt, teils über vorherige Rückgabe an die USA. Viele Einheiten, die ab 1946 an Nationalchina gegangen waren, endeten 1949 in der Marine der Volksrepublik China, bei manchen, die es nicht 1949 nach Taiwan schafften, ist das genaue Schicksal nicht geklärt, d.h. sie gingen möglicherweise schon vor 1949 ohne adäquate Dokumentation verloren (zumal der frühe Schiffsbestand der Volksrepublik China historisch nur unzureichend erfasst ist). Die Zahl der an die Marine Tschiang Kai Scheks übergebenen LSM waren nämlich besonders groß, fast 60, einige Transfers durch andere Staaten nach 1949 eingerechnet; die Marine von Taiwan hatte nach 1949 jedenfalls nur insgesamt 17 LSM nachweislich in Verwendung.

Die Regierung in Saigon erhielt neun LSM, darunter mehrere aus Frankreich; nach dem Zusammenbruch Südvietnams 1975 flüchteten drei LSM erfolgreich auf die Philippinen, wo die dortige Marine schließlich auf insgesamt sechs LSM kam. Mindestens zwei LSM wurden für Nordvietnams Kriegsmarine in Dienst gestellt. In der Auflistung der LSM sind die Transfers und allfällige Weitergaben an andere Marinen aufgelistet, aber auch hier nicht die Übergabe an private Empfänger bzw. damit verbundene Namensgebungen.

Schon Ende der 1950er Jahre befand sich nur mehr etwa ein Dutzend im Naval Vessels Register der U.S. Navy, die dann in den 1960er Jahren endgültig gestrichen wurden.

LSM-258 auf einer Luftaufnahme vom 23.7.1944, mit gutem Blick auf das Fahrzeugdeck.

6.2. Konventionelle kleinere amphibische Fahrzeuge (LC – Landing Craft)

Hier verlassen wir nun endgültig den Bereich der Landungsschiffe (Landing Ships) und kommen in den Bereich der Landungsboote bzw. Landungsfahrzeuge (Landing Craft).
Die Palette der verwendeten und allein im Zweiten Weltkrieg zu Tausenden gebauten Fahrzeuge ist sehr weit und kann hier nur gestreift werden. Mit dem Konzept flutbarer Dockräume konnten an Bord amphibischer Mutterschiffe auch immer größere Typen von Landungsbooten mitgeführt werden.

6.2.1. Landing Craft Infantry: der Typ LCI(L)/LCI – (Rumpfnummern 1 bis 1139)

Die größten Einheiten unter den Landing Craft sind die LCI. Diese einheitliche Bezeichnung stammt aber erst aus dem Jahr 1949, die ursprüngliche Bezeichnung lautete LCI(L) für »Landing Craft Infantry (Large)«, zur Unterscheidung von den kleineren LCA (Landing Craft Assault) und LCVP (Landing Craft Vehicle Personnel) etc.; Konzept und Entwurf stammten auch hier aus Großbritannien. Vom Typ LCI(L) wurden von 1942 bis 1946 auf zehn US-Werften 1139 Einheiten in leicht verschiedenen Versionen in Auftrag gegeben, fertiggestellt wurden schließlich ca. 940 Einheiten.
Ausgestattet mit einer Rampe (oder Rampen) zur direkten Landung und Entladung am Strand betrug die Verdrängung 234 bis 238 ts (fl: 389 bis 395 ts), Länge 48,3 m, Breite 7,1 m, Tiefgang 1,6 m. Der Antrieb erfolgte über starke Dieselmotoren, 1600 PS, zwei Wellen (vier Motoren pro Welle), die Geschwindigkeit betrug 15–16 kn. Sie konnten ca. 200 Mann an Truppen aufnehmen (ursprüngliche Version 180 Mann, spätere bis 210). Die Besatzung bestand plangemäß aus drei Offizieren und 21 Mannschaften. Eine übliche Bewaffnungsvariante bestand aus vier bis fünf 20-mm-Flakgeschützen.
Es gab drei Haupttypen von LCI(L), die sich in erster Linie durch die Lage der Rampen und durch die Form der Brückenaufbauten unterschieden, die Rümpfe waren weitgehend gleich. Gebaut wurden sie auf zehn verschiedenen US-Werften, nämlich bei: New York Shipbuilding in Camden, N.J. (LCI-1–60), Consolidated Steel in Orange, Tex. (LCI-61–96, 943–1012), Bethlehem Steel in Hingham, Mass. (LCI-97–160), Federal Shipbuilding in Newark, N.J. (LCI-161–208), Lawley and Sons in Neponset, Ma. (LCI-209–238, 351–422, 658–724, 822–844, 902–910), New Jersey Shipbuilding in Barber, N.J. (LCI-239–318, 782–821, 866–901, 911–928, 1110–1139), Brown Shipbuilding in Houston, Tex. (LCI-319–350, 423–657), Commercial Iron Works in Portland, Ore. (LCI-725–781, 845–865, 929–942), Albina Engine and Machine Works in Portland, Ore. (LCI-1013–1051) und Defoe Shipbuilding in Bay City, Mi. (LCI-1052–1109). Die Stapelläufe erfolgten1942–1946.
Die LCI(L) wurden ab 1943 umfassend auf europäischen und pazifischen Kriegsschauplätzen eingesetzt, viele waren auch an Großbritannien auf »Lend-Lease«-Basis überstellt worden für die Royal Navy im Dienst; sie wurden nach dem Krieg retourniert.
Die meisten wurden 1946 von der US Navy außer Dienst gestellt und in die Reserve genommen, verkauft oder abgebrochen.
Interessanterweise wurden 30 LCI 1945 im Rahmen des Projekts »Hula« an die Sowjetunion transferiert, zwecks Vorbereitung auf mögliche amphibische Operationen gegen Japan.
Des Weiteren transferierte die U.S. Navy nach dem Krieg auch Einheiten an zahlreiche befreundete Marinen, an Argentinien (15), Frankreich (14), Nationalchina/Taiwan (13), Indonesien (7), Chile (6), Dominikanische Republik (3), Israel (2), Philippinen (3), Südkorea (1) und Thailand (2).
Erst ab 28.2.1949 wurden alle verbliebenen Einheiten als LCI (»Landing Ship Infantry«) klassifiziert.
Der Sub-Typ »Landing Craft Support (Large)« oder »LCS (L) Mark 3« wurde auf einem Standard-LCI-Rumpf gebaut, aber entsprechend modifiziert, um zahlreiche leichte Artilleriegeschütze aufnehmen zu können. 130 Einheiten dieser Kategorie wurden ab 1944 gebaut und im Februar 1949 als LSSL klassifiziert.
Der Typ LCI(L) diente auch als Grundlage für eine Reihe von Umbauten in Spezialschiffe wie: LC(FF) – Flotilla flagship (Flottillen-Flaggschiffe), LCI(G) – Gunboat (Artillerieträger bzw. Kanonenboote mit Geschützen), LCI(M) – Mortar (Artillerieträger mit Mörsern), LCI(R) – Rocket (Raketenträger).

LCI(L)-552 bei der Anlandung von Truppen in Südfrankreich im August 1944, links LCI(L)-522.

LCI(L)-350 in schwerer See im Zweiten Weltkrieg (mit Besatzung der USCG).

LCI(R)-73 mit Raketenwerfern als Feuerschutzschiff.

6.2.2. Landing Craft Tank: der Typ LCT/LSU/LCU (Rumpfnummern 1 bis 1666)

Die einheitliche Bezeichnung LCU (»Landing Craft Utility«) stammt erst aus dem Jahr 1949, im Zweiten Weltkrieg lautete die Bezeichnung LCT und wurde in der U.S. Navy im Juli 1942 eingeführt. Der Typ »Landing Craft Tank« (LCT) entspricht in der Bauart und Größendimension in etwa den Marinefährprahmen von Deutschlands Kriegsmarine.

Die Boote wurden umfassend auf europäischen und pazifischen Kriegsschauplätzen eingesetzt. Der Typ war vorwiegend zur Anlandung von Panzern und anderen Fahrzeugen vorgesehen und hatte ca. 133 bis 143 ts Wasserverdrängung (fl. ca. 285 ts), war ca. 36 m lang und 9,8 m breit bei 1,3 m Tiefgang, drei Dieselmotoren (auf drei Wellen) mit je 225 PS, 8 Knoten Geschwindigkeit, Reichweite 700 Seemeilen (bei 7 Knoten); Aufnahmevermögen an Fahrzeugen: 5 × 30-t- oder 4 × 40-t- oder 3 × 50-t-Panzer oder 9 LKW oder ca. 140 t Fracht. Besatzung 13 Mann, Bewaffnung 2 x 20-mm-Flakgeschütze (und viele weitere Varianten).

Im Krieg wurden im Prinzip zwei Versionen von LCT gebaut, die etwas kleinere Version Mk 5 (133 ts) hatte im Gegensatz zur Mk 6 (143 ts) nur eine Bugrampe, letztere eine Bug- und Heckrampe.

Ähnlich wie die Marinefährprahme der Kriegsmarine brachten sie nicht nur Panzer und Fahrzeuge an Land, sondern wurden als »Mädchen für alles« auch für viele andere Zwecke eingesetzt. Zahlreiche Boote wurden umgebaut, z.T. mit Geschützen ausgerüstet, andere mit Raketen, während andere als Minensucher dienten.

Im Zweiten Weltkrieg wurden in den USA 1435 LCT gebaut, etwa 30 zusätzliche Aufträge wurden storniert, in Summe wurden die Laufnummern LCT 1 bis LCT 1465 vergeben.

178 LCT wurden auf »Lend-Lease«-Basis an die Royal Navy transferiert (davon 176 Typ Mk 5), 17 gingen an die sowjetische Kriegsmarine (Typ Mk 6).

Am Ende des Krieges wurden alle MK 5 ausgesondert, viele direkt in Übersee abgebrochen bzw. zerstört, da die Heimbringung so viel überzähliger Einheiten nicht als sinnvoll erachtet wurde. Die verbliebenen Mk 6-Boote wurden am 28.2.1949 als LSU (»Landing Ship Uitilty«) umklassifiziert und diese wiederum am 15.4.1956 als LCU umklassifiziert.

Auch von diesen LCT/LSU/LCU wurden nach Kriegsende zahlreiche Einheiten an ausländische Marinen übergeben, nämlich an Burma, Chile, Nationalchina/Taiwan, Dominikanische Republik, Frankreich, Griechenland, Iran, Israel, Kambodscha, Peru, Philippinen, Südkorea, Thailand, Türkei, Vietnam und eine Einheit auch an die Bundesmarine (LCU-779; Typ Mk 6; die Bezeichnung lautete LCU-1, die NATO-Kennnummer L 7981).

Nach dem Krieg wurden vier neue Klassen aufgelegt, in Summe 200 Einheiten, die von 1952 bis 1971 gebaut wurden:

- LCU-1466-Klasse (1466–1609)
- LCU-1610-Klasse (1610–1626)
- LCU-1627-Klasse (1627–1645)
- LCU-1646-Klasse (1646–1666)

Die LCU-1466-Klasse (Standard 180 ts, 360 ts fl.) wurde in den 1950er Jahren gebaut, beginnend mit dem Koreakrieg.

Die Klassen LCU-1610, LCU-1627 und LCU-1647 wurden ab Ende der 1950er bis in die frühen 1970er Jahre gebaut. Die Navy besitzt davon gegenwärtig nur mehr etwa drei Dutzend. Das LCU ist heute das größte konventionelle Landungsboot, das an Bord amerikanischer Kriegsschiffe regulär mitgeführt wird. Es kann an Bord der amphibischen Mutterschiffe vom Typ LSD, LPD, LHA und LHD transportiert werden.

Die gegenwärtig vorhandenen LCU der sehr ähnlichen Klassen

1610, 1627 und 1646 weisen in etwa folgende Spezifikationen auf: ca. 200 ts Wasserverdrängung leer und bis zu 385 ts voll beladen, Abmessungen von 41,1 m Länge und 9,1 m Breite bei 2,1 m Tiefgang voll beladen (1,1 m leer). Vier Dieselmotoren sorgen für 8 Knoten Geschwindigkeit (beladen), ausgelegt ist der Typ für drei M1A1-Kampfpanzer oder etwa 350 bis 400 Marines als Landungstruppen. Die Frachtzuladung beträgt regulär 125 t, bei ruhiger See sind maximal bis 185 t möglich. Der letzte Neubau eines solchen Fahrzeugs der Navy, LCU-1666, erfolgte 1971 bei Defoe Shipbuilding in Bay City in Michigan (genehmigt im FY 1969). Ein Programm zum Ersatz der schon recht betagten Fahrzeuge ist im FY 2017 angelaufen. Nur am Rande sei erwähnt, dass die U.S. Army mit der LCU-2000-Klasse (auch benannt nach dem Typschiff USAV »Runnymede«) ebenfalls Fahrzeuge mit der Bezeichnung LCU unterhält (LCU-2001–2035). Sie verdrängen Standard 587 ts (bzw. 1087 ts fl.) und sind 53 m lang, also deutlich größer als die LCU der Navy.

LCT(6)-1144 (Mk 6) bei der Anlandung von Fahrzeugen in Südfrankreich im August 1944.

LCU-1653 im Dockbereich von LHD 1 »Wasp« am 5.10.2009.

6.2.3. Weitere Landungsboote und amphibische Kleinfahrzeuge

Landungsboote vom Typ LCM-6 (von LKA-61 »Muliphen«) im Jahr 1968 aufgenommen.

Die zahlreichen kleinen Typen von Landungsbooten werden hier nur mehr am Rande erwähnt, wie die in großer Stückzahl gebauten und sehr umfangreich genutzten LCM (Landing Craft Mechanized), die LCV (Landing Craft Vehicle) LCVP (Landing Craft Vehicle, Personnel), LCPL (Landing Craft/Personnel, Large) und kleinere Typen bis hinunter zum LCR(S) (Landing Craft Rubber, Small) sowie die amphibischen Fahrzeuge vom Typ LVT (Landing Vehicle Tracked) etc. Sie wurden allein im Zweiten Weltkrieg in vielen tausend Exemplaren produziert. Eine genauere Beschäftigung damit müsste nochmals ein eigenes Buch füllen.

In der mehrfach erwähnten SECNAVINST 5030.1E vom August 1968, die mit dem 1.1.1969 in Kraft trat und grundsätzlich Ordnung in das amphibische Klassifikationssystem brachte, wurden in einem zweiten Teil der Verordnung auch die kleinen Landungsboote aufgelistet, in einer »List of Combat Craft Classifications«:

• Landing Craft, Assault	LCA
• Landing Craft, Mechanized	LCM
• Landing Craft, Personnel, Large	LCPL
• Landing Craft, Personnel, Ramped	LCPR
• Landing Craft, Utility	LCU
• Landing Craft, Vehicle, Personnel	LCVP
• Amphibious Warping Tug	LWT

Die einzelnen Kategorien dieser Landungsfahrzeuge wurden bzw. werden vor allem an Bord der amphibischen Mutterschiffe verwendet. Besonders erwähnenswert bei den Kleinfahrzeugen, die nicht in der o.a. Auflistung der SECNAVINST 5030.1E von 1968 enthalten sind, ist noch das in den 1980er Jahren frontreif gewordene Luftkissen-Landungsboot, das in der U.S. Navy als LCAC (Landing Craft Air Cushion) bezeichnet wird. (LCAC-1–91 und ab LCAC-100; s. separates Kapitel 6.3.)

Links: Ein Amphibious Assault Vehicle vom Typ LVT-7, einschwimmend in den Dockraum von LHD-6 »Bonhomme Richard«, vor Kalifornien am 26.4.2004. Oben: Ein LVT-7 Schwimmpanzer am Strand von Hawaii 2005.

Landungsboot vom Typ LCM-6 am Strand, Aufnahme vom 1.5.1961 (ein LCM von APA-199 »Magoffin«).

Ein voll beladenes LCVP (von APA-13 »Joseph T. Dickman«) in der Normandie, 6.6.1944.

6.3. Luftkissen-Landungsboote (LCAC)

Luftkissen-Landungsboote hatten generell enormen Einfluss auf die Entwicklung der amphibischen Mutterschiffe nach dem Zweiten Weltkrieg. Schon ab 1966 testete die Navy den Typ PACV, ein Luftkissen-Patrouillenfahrzeug (Patrol Air Cushion Vehicle), auch an Bord amphibischer Schiffe (LSD-5). Sieben Einheiten wurden gebaut und während des Vietnamkriegs von der Navy und der Army zu Patrouillenzwecken eingesetzt. Das PACV verdrängte 7 t, war 11,5 lang und 7 m breit, 60 kn schnell, hatte zwei Mann Besatzung und war mit einem Zwillings-Maschinengewehr (12,7-mm) bewaffnet. Die wenigen Einheiten operierten hauptsächlich im Mekong-Delta. Nach Verlusten 1970 (als Hauptproblem galt der von den Booten verursachte Lärm) wurden die verbliebenen PACV der Coast Guard übertragen, wo sie bis 1975 als Air Cushion Vehicles (ACV) verwendet wurden.
Das Konzeptdesign für die umfassende Verwendung von Luftkissenfahrzeugen zur Anlandung von Truppen und Material begann in den frühen 1970er Jahren mit einem als AALC bezeichneten Testfahrzeug (Amphibious Assault Landing Craft). In weiterer Folge wurden zwei Prototypen gebaut, bezeichnet als JEFF A (von Aerojet General mit vier rotierenden Luftschrauben) und JEFF B (von Bell Aerospace mit zwei steuerbaren Propellern hinten), das an ein ebenfalls bereits in Vietnam getestetes Luftkissenfahrzeug mit Projektbezeichnung SK-10 (Bell SK-5/SR.N5) angelehnt war und schließlich als Grundlage für das frontreife Modell LCAC diente.
Die Beschaffung für die Navy begann im FY 1982 und dauerte bis zum FY 1993 an. LCAC-1 wurde 1984 an die Marine ausgeliefert. Es wurden 91 Stück für die U.S. Navy gebaut (LCAC-1–91), davon 77 bei Textron Marine und 14 bei Avondale. Sechs weitere wurden für die JMSDF gebaut.
Das Gewicht bzw. die Wasserverdrängung der LCAC beträgt 182 ts, die Eigenbesatzung besteht aus fünf Mann. Sie sind 26,4 m lang und 14,3 m breit und mit vier Gasturbinen ausgestattet, die zwei große Propeller am Heck antreiben. Die Standard-Zuladung beträgt 60 t, bis 75 t sind möglich, die Geschwindigkeit beträgt über 40 Knoten und die Reichweite 200 Seemeilen (bei Standard-Zuladung) bzw. über 70 Knoten leer.
Im Jahr 2000 begann die Navy mit einem Service Life Extension Program (SLEP) für 73 ihrer LCAC, das die Luftkissenfahrzeuge deutlich länger in Dienst halten wird (2020 sind über 60 davon abgeschlossen).
Das LCAC hat die Typenentwicklung moderner amphibischer Kriegsschiffe stark beeinflusst. Hintergründe dazu finden sich auch im Kapitel über amphibische Dockschiffe und Hubschrauberträger. Als Weiterentwicklung des Typs LCA war ab 2003 das HLCAC-Programm (Heavy Lift Landing Craft Air Cushion) mit einem Drittel mehr Zuladung geplant; das Projekt wurde vor einigen Jahren aber aus Kostengründen auf Eis gelegt und inzwischen völlig aufgegeben.
Ausblick: Als Kompensation für das stornierte HLCAC-Programm ist, neben lebensverlängernden Maßnahmen (SLEP) für die derzeit vorhandenen Einheiten, die Beschaffung von bis zu 73 neuen Luftkissen-Landungsbooten aus dem SSC-Programm (Ship-to-Shore Connector) vorgesehen, z.T. auch als LCAC-100-Klasse bezeichnet. Bereits im FY 2012 erhielt ein Konsortium aus Textron Marine and Land Systems, Alcoa Defense und L-3 Communications den Zuschlag für die Entwicklung und Umsetzung des SSC-Programms.
Es handelt sich um eine Weiterentwicklung der LCAC-1-Klasse, u.a. mit stärkeren Gasturbinen und Verwendung von mehr Leichtmetallen aus der Flugzeugindustrie, im Aussehen ist es sehr ähnlich der LCAC-1-Klasse. Jedes dieser neuen Fahrzeuge ist für 145 Marines-Landungstruppen oder 74 t Zuladung ausgelegt. Der erste fixe Bauauftrag (47,5 Millionen Dollar) für ein SSC-Luftkissenboot erging an Textron Marine 2015, wo bisher (Stand Ende April 2020) 24 Einheiten unter Vertrag sind. Die Auslieferung des ersten Bootes an die Navy (LCAC-100) erfolgte am 6.2.2020 (siehe Foto Seite 6).

LCAC-60 eindockend in LSD-48 »Ashland« im Mittelmeer am 20.4.2005.

Rechte Seite unten: LCAC-55 bei Manövern am 18.6.2006 (mit LHD-3 »Kearsarge«).

LCAC-88 im dafür maßgeschneiderten Dock von LHD-7 »Iwo Jima«, am 3.9.2005 aufgenommen.

Anhang

Abkürzungen

1. Allgemeine Abkürzungen

AACL	Amphibious Assault Landing Craft (Testbezeichnung LCAC)
ACV	Air Cushion Vehicles (Luftkissenfahrzeug der Coast Guard)
AEM/S	Advanced Enclosed Mast/Sensor (Stealth-Mast)
ASW	Anti Submarine Warfare
ATF	Amphibious Task Force (amphibische Einsatzgruppe)
B	Breite
BPDMS	Basic Point Defense Missile System
CATG	Commander Amphibious Task Group
CCA	Carrier-controlled Approach Radar
CCC	Control-Command-Communication
CIWS	Close-in Weapon System
CNO	Chief of Naval Operations
Co.	Company
Corp.	Corporation
DANFS	Dictionary of American Naval Fighting Ships
DUKW	Typenbezeichnung von General Motors für ein Amphibienfahrzeug
ECCM	Electronic Counter/Counter Measures
ESSM	Evolved Sea Sparrow Missile
dwt	Tons, deadweight
fl	Full load (im Sinne Maximalverdrängung)
Fla	Fliegerabwehr
FRAM	Fleet Rehabilitation and Modernisation Program
FY	Fiscal Year (als US-Haushaltsjahr; 1.Oktober bis 30. September)
HLCAC	Heavy Lift Landing Craft Air Cushion
ICBM	Inter-Continental Ballistic Missile
ITAWDS	Integrated Tactical Amphibious Warfare System
JMSDF	Japanese Maritime Self Defense Force (Nachkriegsmarine Japans)
L	Länge
LASH	Lighter Aboard Ship
LCS	Littoral Combat Ship = Küsten-Kampfschiff (nicht amphibisch)
LFC	Landing Force Commander
MAP	Military Assistance Program
MARAD	Maritime Administration
MC	Maritime Commission
MDAP	Military Defense Assistance Program
Mk	Mark (im Sinne Entwicklungsstufe eines Gerätes/Modells)
MSC	Military Sealift Comand
MV	Motor Vessel
NAB	Naval Amphibious Base
NDRF	National Defense Reserve Fleet
NRF	Naval Reserve Force
NTS	Naval Transportation Service
NVR	Naval Vessel Register (Schiffsregister der U.S. Navy)
OPTEVFOR	Operational Test and Evaluation Force
RAM	Rolling Airframe Missile
RDF	Rapid Deployment Force
RIMPAC	Rim of the Pacific Exercise
Ro/Ro	Roll on/ Roll off
SALT	Strategic Arms Limitation Talks
SAR	Search and Rescue
SCS	Sea Control Ship
SEAL	Sea-Air-Land Team (Spezialeinheit der U.S. Navy)
SECNAV	Secretary of the Navy (= U.S. Marineminister)
SECNAVINST	Instruction of the Secretary of the Navy (Ministerverordnung)
SDV	Swimmer Delivery Vehicle
SLEP	Service Life Extension Program
STOL	Short-Take-off and Landing
STOVL	Short Take-off and Vertical Landing
SS	Steam Ship
SSC	Ship-to-Shore Connector (Luftkissenfahrzeug/Projekt)
SSL-TM	Solid-State Laser – Technology Maturation (Laser-Waffensytem)
T	Tiefgang
t	Tonne (1000 kg)
ts	tons (Longtons zu 1016 kg)
UDT	Underwater Demolition Team (Spezialeinheit)
USAT	U.S. Army Transport (Präfix für Schiffe der U.S. Army)
USAV	U.S. Army Vessel (Präfix für Schiffe der U.S. Army)
USCG	U.S. Coast Guard
USCGC	U.S. Coast Guard Cutter (Präfix für USCG-Schiffe)
USMC	U.S. Marine Corps
USN	U.S. Navy
USNS	U.S. Naval Ship (Präfix für MSTS/MSC-Schiffe)
USS	U.S. Ship (Schiff im Dienst der Navy)
V/STOL	Vertical/Sort Take-off and Landing
WHEC	High Endurance Cutter (nach USCG-Klassifikationssytem ab 1965)

Die U.S. Navy liebt Abkürzungen, die in der Regel alle auch im DICNAVAB (Dictionary of Naval Abbreviatios) zu finden sind, der in zahlreichen Ausgaben erschienen ist (bei Naval Institue Press, Annapolis, Maryland).

2. Verwendete Klassifikationen der U.S. Navy

Nachstehend werden die deutsche Bezeichnung und die grundsätzliche englische Bedeutung der Buchstaben der verwendeten Navy-Klassifikationen erläutert (die amtliche Bezeichnung und die Bedeutung bzw. Herkunft sind hier nicht immer gleich). Zahlreiche Buchstaben werden bzw. wurden auch in doppelter Bedeutung verwendet und drücken oft die Unsicherheit und Schwierigkeit aus, neue Schiffstypen mit einer griffigen und sinnvollen Klassifikation in das bestehende System einzuordnen:

Auxiliary Ships (A); Hilfsschiffe:

AD	Auxiliary/Destroyer = Zerstörer-Tender
AE	Auxiliary/Explosive = Munitionstransporter
AF	Auxiliary/Forward Base = Depotschiff (Provisions Stores Ship)
AFSB(I)	Auxiliary/Advanced Forward Staging Base (Interim) = Depotschiff
AG	Auxiliary/General = Hilfsschiff genereller Art
AGC	Auxiliary/General/Command = Amphibisches Kommandoschiff
AGF	Auxiliary/General/ Flagship = Flaggschiff
AGM	Auxiliary/General/Missile Range Instrumentation = Telemetrieschiff
AGP	Auxiliary/General/Patrol = Tender für Kleinfahrzeuge (Patrol Craft Tender)

AGS Auxiliary/General/Survey = Vermessungsschiff (Forschungsschiff)
AH Auxiliary/Hospital = Lazarettschiff
AK Auxiliary/Cargo = Frachtschiff
AKA Auxiliary/Cargo/Attack = Amphibisches Frachtschiff
AKN Auxiliary/Cargo/Net = Netzleger mit Frachtkapzität
AKR Auxiliary/Cargo/Roll on/ Roll off = RoRo-Schiff
AKS Auxiliary/Cargo/General Store Issues Ship = Depot- und Lagerschiff
AN Auxiliary/Net = Netzleger
AO Auxiliary/Oiler = Tanker
AP Auxiliary/Transport = Truppentransporter
APA Auxiliary/Transport/Attack = Amphibischer Truppentransporter
APB Auxiliary/Personnel/Baracks = Wohnschiff (selbstfahrend)
APD Auxiliary/Transport/Destroyer = Amphibischer Schnelltransporter
APH Auxiliary/Transport/Hospital = Evakuierungstransporter (eine Art Lazarettschiff)
APL Auxiliary/Personnel/Lighter = Wohnschiff (nicht selbstfahrend)
APM Auxiliary/Transport/Mechanized Artillery = Transport-Docklandungsschiff
APS Auxiliary/Transport/Submarine = Amphibisches Transport-Unterseeboot
APSS Auxiliary/Transport/Submarine = Amphibisches Transport-Unterseeboot
APV Auxiliary/Transport/Aviation = Flugzeugtransporter
AR Auxiliary/Repair = Werkstattschiff
ARB Auxiliary/Repair/Battle Damage = Werkstattschiff für Gefechtsschäden
ARL Auxiliary/Repair/Landing = Werkstattschiff für Landungsfahrzeuge
ARC Auxiliary/Repair/Cable = Kabelleger und Kabelreparaturschiff
ARSD Auxiliary/Repair/Salvage Lifting Vessel/Depot = Bergungsschiff
ARST Auxiliary/Repair/Salvage Lifting/Tender = Bergungsschiff-Tender
ARV(A) Auxilairy/Repair/Aviation/Aircraft = Flugzeugreparaturschiff (für Flieger)
ARV(E) Auxilairy/Repair/Aviation/Engine = Flugzeugreparaturschiff (für Flugmotoren)
AVB Auxiliary/Aviation/Base = Flugfeld-Unterstützungsschiff
AVD Auxiliary/Aviation/Destroyer = Schneller Seeflugzeugtender
AVP Auxiliary/Aviation/Patrol = Kleiner Seeflugzeugtender

Cruiser (C); Kreuzer:
CG Cruiser/Guided Missile = Lenkwaffen-Kreuzer

Carrier (CV); Flugzeugträger:
CV Cruiser/Aviation = Flugzeugträger
CVA Cruiser/Aviation/Attack = Flottenflugzeugträger
CVHA Cruiser/Aviation/Helicopter/Assault = Amphibischer Hubschrauberträger
CVL Cruiser/Aviation/Light = Leichter Flottenflugzeugträger
CVS Cruiser/Aviation/Submarine = U-Jagd-Flugzeugträger

Destroyers (D); Zerstörer:
DD Destroyer = Flottenzerstörer
DDG Destroyer/Guided Missile = Lenkwaffenzerstörer
DE Destroyer/Escort = Geleitzerstörer
DER Destroyer/Escort/Radar = Frühwarn-Zerstörer

I-Kennungen:
IFS Inshore/Fire/Support = Amphib. Feuerschutzschiff (Küstenbeschussschiff)
IX »Unclassified-miscellaneous« = Spezialschiffe ohne genaue Zuordnung
IXSS »Unclassified-miscellaneous«/Submarine = Spezial-U-Boot ohne genaue Zuordnung

Landing Ships and Craft (L); Landungsschiffe und Landungsfahrzeuge:
LC Landing/Craft = Landungsboot
LCA Landing/Craft/Assault = Landungsboot
LCAC Landing/Craft/Air Cushion = Luftkissen-Landungsboot
LCC Landing Ship/Command/ Control = Amphibisches Kommandoschiff
LCC/JCC LCC in der Funktion als Joint Command Ship (für Streitkräfte der Region)
LCI Landing/Craft/Infantry/Infantry = Landungsboot
LC(FF) Landing/Craft/Infantry/Flotilla Flagship = Flottillen-Flaggschiff
LCI(G) Landing/Craft/Infantry (Gun) = Landungsboot als Artillerieträger
LCI(M) Landing/Craft/Infantry/Mortar = Landungsboot als Artillerieträger mit Mörsern
LCI(R) Landing/Craft/Infantry/Rocket = Raketenträger
LCM Landing/Craft/Mechanized = Landungsboot für Fahrzeuge
LCP Landing/Craft/Personnel = Landungsboot für Truppen
LCPL Landing/Craft/Personnel/Large = Großes Landungsboot für Truppen
LCPR Landing/Craft/Personnel/Ramped = Landungsboot mit Rampe
LCR(S) Landing Craft/Rubber (Small) = Schlauchboot als Landungsboot (klein)
LCT Landing Craft Tank = Landungsboot für Panzer
LCU Landing/Craft/Utility = Mehrzweck-Landungsboot
LCV Landing Craft/Vehicle = Fahrzeug-Landungsboot
LCVP Landing/Craft/Vehicle/Personnel = Landungsboot für Truppen und Fahrzeuge
LFR Landing/Fire/Rocket = Amphibisches Feuerschutzschiff (Raketenwerfer)
LFS Landing/Fire/Support = Amphibisches Feuerschutzschiff
LHA Landing/Helicopter/Assault = Amphibischer Hubschrauberträger
LHD Landing/Helicopter/Dock = Amphibisches Mehrzweckschiff
LKA Landing/Cargo/Attack = Amphibisches Frachtschiff
LPA Landing/Transport/Attack = Amphibischer Truppentransporter
LPD Landing/Transport/Dock = Amphibisches Transport-Dockschiff
LPH Landing/Transport/Helicopter = Amphibischer Hubschrauberträger
LPR Landing/Transport/Rapid = Amphibischer Schnelltransporter
LPSS Landing/Transport/Submarine = Amphibisches Transport-Unterseeboot
LSD Landing/Ship/Dock = Docklandungsschiff
LSM Landing/Ship/Medium = Mittelgroßes (Panzer-)Landungsschiff
LST Landing/Ship/Tank = Kampfwagen-Landungsschiff (Panzer-Landungsschiff)
LST(H) Landing Ship/Tank(Hospital) = LST als Lazarettschiff
LSU Landing Ship/Utility = Mehrzweck-Landungsboot (ab 1949 LCU)
LSV Landing Ship/Vehicle = Fahrzeuglandungsschiff (Ro/Ro-Schiff)
LVT Landing/Vehicle/Tracked = Schwimmpanzer
LVTP Landing/Vehicle/Tracked/Personnel = Schwimmpanzer
LWT Landing/Warping/Tug = Schleppboot (Landunsgboote)

Mine Ships (M); Minenschiffe:
MCS Mine/Countermeasures/Support Ship = Minensucher-Mutterschiff
MMC Mine/Minelayer/Coastal = Küstenminenleger
MSB Mine/Sweeper/Boat = Minensuchboot
MSS Mine/Sweeper/Special = Minensucher für besondere Aufgaben

Patrol Boats (P); Kleinfahrzeuge:
PACV Patrol Air Cushion Vehicle = Luftkissen-Patrouillenfahrzeug
PF Patrol Craft/Frigate = Patroullienfahrzeug (Fregatte)
PG Patrol Craft/Gunboat = Kanonenboot
PT Patrol Craft/Torpedo = Schnellboot

Submarine (S); Unterseeboote:
SF Submarine/Fleet = Flotten-Unterseeboot (alte Bezeichnung)
SM Submarine/Mine = Minen-Unterseeboot
SS Submarine = Flotten-Unterseeboot
SSBN Submarine/Ballistic/Nuclear = Strategisches (ballistisches) Unterseeboot
SSN Submarine/Nuclear = Nukleargetriebenes Unterseeboot
SSP Submarine/Transport = Amphibisches Transport-Unterseeboot

Yard (Y); Werft und Hafendienstschiffe:
YF Yard/Freight Lighter = Hafendienstschiff (Ersatzteilreserve etc,)
YMLC Yard/Medium Lift Craft = Bergungsschiff
YV Yard/Aviation = Hafendienstschiff im Zusammenhang mit Flugunterstützung

Bedeutung von Buchstaben vor einer US-Navy-Klassifikation:
Folgende vorangestellte und zumeist mit Bindestrich abgetrennte Buchstaben sind nicht Teil der Klassifikation, sondern der Zugehörigkeit zu einer bestimmten Organisation oder ein Sonderzeichen für eine künftige Verwendung:
B = British (d.h. Schiff des US-Bauprogramms für die Briten im Zweiten Weltkrieg), E = Evaluation (Testschiff der Operational Test and Evaluation Force), T = Transport (d.h. ein Schiff betrieben von MSTS/MSC), W = ursprünglich von »Watch« (d.h. ein Schiff betrieben von USCG)

Bildquellennachweis

Alle hier verwendeten Fotos und Illustrationen stammen, sofern nicht ausdrücklich anders angegeben, aus für die Öffentlichkeit freigegebenen Beständen der U.S. Navy und sind als Werke der Regierung der Vereinigten Staaten gemeinfrei.
Als Werke der Regierung der Vereinigten Staaten von Amerika gelten Fotografien, die von einem Beamten oder Angestellten der Regierung »als Teil der offiziellen Pflichten dieser Person« hergestellt wurden (»a work prepared by an officer or employee … as part of that person's official duties«). Dies trifft auf alle hier veröffentlichten Fotografien zu, d.h. sie stammen nicht nur aus den freigegebenen (»declassified«) Archivbeständen der U.S. Navy, in denen sich auch an die U.S. Navy übertragene Fotografien mit komplexerem Copyright-Status befinden könnten, sondern wurden alle von der U.S. Navy selbst hergestellt und sind in den Archiven ausdrücklich als eigene Aufnahmen der U.S. Navy ausgewiesen. Im Allgemeinen sind gemäß Artikel 105 des Urheberrechtsgesetzes solche Werke nach US-amerikanischem Recht nicht urheberrechtlich geschützt und daher gemeinfrei. Sie bedürfen aufgrund dieser Gesetzeslage auch keiner gesonderten Freigabe durch eine Regierungsinstitution.

Literaturverzeichnis (Auswahl)

1. Periodisch erscheinende Flottenhandbücher:

Alamanacco Navale, Institut Idrografico della Marina, Genua
Combat Fleets of the World, Naval Institute Press, Annapolis
Flottes de Combat, Editions d'Outre-Mer, Paris
Jane's Fighting Ships, Jane's Publishing Company, London
The Ships and Aircraft of the U.S. Fleet, Naval Institute Press, Annapolis
Weyers Flottentaschenbuch/Weyers Warships of the World, Bernard & Graefe Koblenz (davor J.F. Lehmanns München)

2. Bücher:

Amphibious Ships and Landing Craft Data Book. Herausgeber: United States Army, div. Jahrgänge
Alexander, Joseph H./Bartlett, Merrill L.: Sea Soldiers in the Cold War: Amphibious Warfare 1945–1991. Annapolis 1995
Bartlett, Merrill L.: Assault from the Sea. Annapolis 1983
Bracken, Eugene E.: The LSD. Landing Ship Dock. Norfolk 1965
Charles, Roland W.: Troopships of World War II. Washington 1947
Conway's All the World's Fighting Ships, Vo. I–IV, London 1979-1983
Cowin, Hugh W.: Conway's Directory of Modern Naval Power 1986. London 1985
Dictionary of American Naval Fighting Ships, Vol. I–VIII. Washington ab 1959 (Herausgeber: United States Department of the Navy, Office of the Chief of Naval Operations, Naval History Division; seit 2004 auch Online-Version)
Friedman, Norman: U.S. Aircraft Carriers. An Illustrated Design History. Annapolis 1982
Friedman, Norman: U.S. Destroyers. An Illustrated Design History. Annapolis 1985
Friedman, Norman: U.S. Small Combatants. Annapolis 1987
Friedman, Norman: U.S. Submarines Since 1945. Annapolis 1994
Friedman, Norman: U.S. Submarines Through 1945. Annapolis 1995
Friedman, Norman: U.S. Amphibious Ships and Craft. An Illustrated Design History. Annapolis 2002
Jordan, John: An Illustrated Guide to the Modern U.S. Navy. London 1982
Kirk, John/Klein, Aaron: Ships of the US Navy. London 1987
Lenton, H.T.: American Fleet and Escort Destroyers, Vol. I–II. London 1971
Lenton, H.T./Colledge, J.J.: Warships of World War II. London 1973
Lorelli, John A.: To foreign Shores: U.S. Amphibious Operations in World War II. Annapolis 1995
MacKay, Ron: The U.S. Navy's Interim LSM(R)s in World War II: Rocket Ships of the Pacific Amphibious Forces. Jefferson 2016
Morison, Samuel E.: History of the United States Naval Operations in World War II, Vol. I–XIV. Boston 1947–1960
Musgrove, H.E.: U.S. Naval Ships Data arranged by Hull Classification, Vol. I–III. Florissant 1975–1985
Office of Naval Intelligence (ONI): US Naval Vessels 1943 (ONI-54 Series). Originalausgabe 1943, Reprint 1986
Office of Naval Intelligence (ONI): Allied Landing Craft and Ships (ONI-226). Originalausgabe 1944, Reprint 1985
Polmar, Norman/Mersky, Peter B.: Amphibious Warfare: An Illustrated History. London 1988
Rottmann, Gordon: Landing Ship, Tank (LST) 1942–2002. Oxford 2005

Rottmann, Gordon: Landing Craft, Infantry and Fire Support. Oxford 2009
Sawyer, L.A./Mitchell, W.H.: The Liberty Ships. London-New York-Hamburg-Hong Kong 1985
Sawyer, L.A./Mitchell, W.H.: Victory Ships and Tankers
Sawyer, L.A./Mitchell, W.H.: From America to the United States. The History of the Long-Range Merchant Programme of the United States Maritime Commission. Vol. I–IV. Kendal 1979–1984
Scheina, Robert L.: U.S. Coast Guard Cutters & Craft of World War II. Annapolis 1982
Schenk, Peter/Klein, Karsten: Deutsche Landungsfahrzeuge, Berlin 2011
Silverstone, Paul H.: U.S. Warships of World War II. London 1965
Silverstone, Paul H.: U.S. Warships of World War I. London 1970
Silverstone, Paul H.:U.S. Warships since 1945. London 1986
Speller, Ian/Tuck, Chris: Amphibienfahrzeuge im Einsatz. Eine illustrierte Geschichte der Amphibieneinsätze 1914 bis heute. London 2001
Terzibaschitsch, Stefan: Schiffe und Flugzeuge der U.S. Flotte. München 1965
Terzibaschitsch, Stefan: Die Luftwaffe der U.S. Navy und des Marine Corps. München 1974
Terzibaschitsch, Stefan: Das FRAM-Modernisierungsprogramm der U.S. Navy. München 1975 (und Leonberg 1999)
Terzibaschitsch, Stefan: Flugzeugträger der U.S. Navy, Band 1: Flottenflugzeugträger. Bonn 1978 (und Leonberg 1986)
Terzibaschitsch, Stefan: Flugzeugträger der U.S. Navy, Band 2: Geleitflugzeugträger. Bonn 1979 (und Leonberg 1986)
Terzibaschitsch, Stefan: Die Flugzeuge der U.S. Navy, des Marine Corps und der Küstenwache. Koblenz-Bonn 1980 (1988)
Terzibaschitsch, Stefan: Aircraft Carriers of the US Navy. London 1981
Terzibaschitsch, Stefan: Escort Carriers and Aviation Support Ships of the US Navy. London 1981
Terzibaschitsch, Stefan: Seemacht USA: Rüstung, Organisation, Dislozierung, Entwicklung (2 Bände.) Bonn, 1981
Terzibaschitsch, Stefan: Zerstörer der U.S. Navy – Von der Farragut-Klasse bis zur Forrest-Sherman-Klasse Herford 1986
Terzibaschitsch, Stefan: Geleitschiffe der U.S. Navy von der Evarts-Klasse bis zur Claud-Jones-Klasse Herford 1988
Terzibaschitsch, Stefan: U-Boote der U.S. Navy. Herford 1990
Terzibaschitsch, Stefan: Submarines of the US Navy, London 1991
Terzibaschitsch, Stefan: 70 Jahre Flottenhilfsschiffe der U.S. Navy. Leonberg 1993
Terzibaschitsch, Stefan: 50 Jahre Amphibische Schiffe der U.S. Navy. Leonberg 1995
Terzibaschitsch, Stefan: Hafen-, Depot- und andere Dienstfahrzeuge der U.S. Navy. Leonberg 1997
Wetterhahn, Armin: US Standard-Fracht und Passagierschiffe 1938–1956. Hamburg 1957
Whitehurst, Clinton H.: U.S. Merchant Marine. In Search of an Enduring Maritime Policy. Annapolis 1983
Williams, Greg H.: World War II U.S. Navy Vessels in Private Hands: The Boats and Ships Sold and Registered for Commercial and Recreational Purposes Under the American Flag. Jefferson 2012
Whitley, M.J.: Zerstörer im Zweiten Weltkrieg. Stuttgart 1991

Drei Schiffe aus drei verschiedenen Typen der 20-Knoten-Flotte bei der Operation »Deckhouse V« am 4.1.1967: LPH-2 »Iwo Jima«, LSD-28 »Thomaston« und LPD-2 »Vancouver« (Amphibious Ready Group).

WEITERE INTERESSANTE BÜCHER ZUM THEMA

Die amerikanischen Seestreitkräfte mit ihren Flugzeugträgern gehören bis heute zu den schlagkräftigsten Militärverbänden. Dieser Band stellt sämtliche Flächenflugzeuge seit 1945 anhand von spektakulärem Bildmaterial, Fakten und technische Details vor.

176 Seiten, 180 Bilder, Format 230 x 265 mm
ISBN 978-3-613-04167-7
€ 24,90 / € (A) 25,60

Durch ihre weltweit operierenden Seestreitkräfte sind die USA führend im Betrieb von schiffsgestützten Helikoptern. Heiko Thiesler schildert die Entwicklung, Geschichte und den Einsatz sämtliche Hubschrauber der US Navy, dem Marine Corps und der Coast Guard seit 1945.

176 Seiten, 180 Bilder, Format 230 x 265 mm
ISBN 978-3-613-04257-5
€ 24,90 / € (A) 25,60

Dieser Band dokumentiert die Kriegsschiffe der Seemacht Österreich-Ungarn im Ersten Weltkrieg und deren Verbleib. Detailliert werden alle damals vorhandenen oder im Bau befindlichen Schlachtschiffe, Panzerkreuzer, Kreuzer, Zerstörer, Torpedoboote und Unterseeboote beschrieben.

144 Seiten, 235 Bilder, Format 210 x 280 mm
ISBN 978-3-613-04281-0
€ 19,95 / € (A) 20,60

Dieses Buch von Gabriele Faggioni behandelt die See- und Luftoperationen im Mittelmeer in den Jahren 1940 bis 1945. Dabei beschreibt er die wichtigsten Kampfhandlungen in chronologischer Reihenfolge und illustriert diese mit rund 170 historischen Abbildungen.

192 Seiten, 200 Bilder, Format 230 x 265 mm
ISBN 978-3-613-04183-7
€ 29,90 / € (A) 30,80

Stand August 2020
Änderungen in Preis und
Lieferfähigkeit vorbehalten.

Überall, wo es Bücher gibt, oder
WWW.MOTORBUCH-VERSAND.DE
Service-Hotline: 0711 / 78 99 21 51

Motor buch Verlag